建筑材料

（第5版）

魏鸿汉　主编

国家开放大学出版社·北京

图书在版编目（CIP）数据

建筑材料 / 魏鸿汉 . --5 版 . -- 北京：国家
开放大学出版社，2022.1
ISBN 978-7-304-11069-7

Ⅰ.①建… Ⅱ.①魏… Ⅲ.①建筑材料 – 开放教育 –
教材 Ⅳ.①TU5

中国版本图书馆 CIP 数据核字（2021）第 248817 号

建筑材料（第 5 版）

JIANZHU CAILIAO

魏鸿汉　主　编

出版·发行： 国家开放大学出版社

电话： 营销中心 010-68180820　　　总编室 010-68182524

网址： http://www.crtvup.com.cn

地址： 北京市海淀区西四环中路 45 号　**邮编：** 100039

经销： 新华书店北京发行所

策划编辑： 邹伯夏　　　　　　　**版式设计：** 何智杰

责任编辑： 陈艳宁　　　　　　　**责任校对：** 吕昀谿

责任印制： 武　鹏　沙　烁

印刷： 辽宁虎驰科技传媒有限公司

版本： 2022 年 1 月第 5 版　　　　2022 年 1 月第 1 次印刷

开本： 787mm × 1092mm　1/16　　　**印张：** 19.75　**字数：** 438 千字

书号： ISBN 978 – 7 – 304 – 11069 – 7

定价： 39.00 元

（如有缺页或倒装，本社负责退换）

意见及建议：OUCP_KFJY@ouchn.edu.cn

Preface | 第 5 版前言

本教材是国家开放大学开放教育建筑施工与管理、工程造价管理、道路桥梁工程施工与管理等相关专业系列教材之一，其内容根据国家开放大学"建筑材料"课程的教学大纲编写。本教材在内容上力求体现"以岗位职业能力为核心"的指导思想，突出施工一线岗位能力特色。《建筑材料》（第 4 版）自发行以来，在全国电大系统开放教育建筑施工与管理、工程造价管理及相关专业被连续使用。随着我国建筑材料工业，施工新技术、新工艺的发展和更新步伐日益加快，相应的规范、规程的更新周期缩短。为进一步体现开放教育发展的理念，尤其是高等职业教育"理论"和"实践"两个内容体系教学资源建设的要求，我们以新标准为依据，对《建筑材料》（第 4 版）的相应内容进行了补充和修编，主要体现在以下方面：

（1）根据第 4 版教材出版发行后陆续推出和颁布的相关标准规范，对全书各章节相关内容进行补充、调整及更新。

（2）修订了混凝土外加剂及相应要求的规定。

（3）修订了轻骨料混凝土配合比设计的相关内容。

（4）充实了同步并行使用的全媒体数字学习资源，便于学习者使用手机、平板电脑实现泛在自主学习。

根据远程开放教育的特点，为充分发挥现代信息技术教学手段的优势，使学习者更加便捷、高效地进行课程内容的学习，提高学习质量和学习效率，我们对原文字教材（第 4 版）和包括视频讲座、试验操演以及评价检测的学习资源包进行了充实和修订，创新性地编制了全媒体数字学习资源，并使其与文字教材等学习资源形成学习资源包的升级版，旨在为学习者提供人性化、高度适应性的学习支持服务。

全媒体数字学习资源集图、文、声、像、画于一体，把课程最为重点的学习内容用图、文、声、像、画进行立体化展示，使学习者获得及时、多角度的阅读视听、掌控、互动等全面体验。全媒体数字学习资源不仅方便了学习者在线或离线学习，还可以与远程教学平台结合起来，实现国家开放大学的泛在教学和学习者的泛在学习。对于全媒体数字学习资源，学习者可以通过扫描文字教材封底处的二维码，登录"开放云书院"后下载获取。

　　本教材由天津开放大学魏鸿汉教授任主编。文字教材修订过程中采用了由江苏建筑职业技术学院林丽娟教授、四川建筑职业技术学院杨魁教授、内蒙古建筑职业技术学院李晓芳教授、常州大学王柏林副教授、广东建设职业技术学院肖利才副教授提供的相关规范版本信息，更新的部分内容由国家开放大学邵运达教授编写。天津城建大学杨德建教授和天津市建材业协会副秘书长薛国威高级工程师主审。全媒体数字学习资源部分由邵运达教授任项目负责人并全程参与设计和制作，魏鸿汉教授任主讲，国家开放大学李淑老师、闫晓宇老师参与脚本的编写，河北地质大学解咏平副教授和中国建筑科学研究院有限公司曹力强高级工程师等专家参与了内容审核，国家开放大学音像出版社提供技术支持。演示试验是在北京中科诚达建设工程质量检测有限公司的支持下编录完成的，并得到陈兆伟工程师的大力帮助。国家开放大学学习资源部组织专家组进行了终审。在本教材的编制过程中，我们还得到了国家开放大学理工教学部、国家开放大学出版社等相关领导和专家的大力支持，在此一并表示感谢。

　　由于编者水平和经验有限，本教材难免存在疏漏和错误，衷心希望各位读者批评指正。

编　者

2021 年 10 月

    本教材是国家开放大学开放教育建筑施工与管理、工程造价管理、道路桥梁工程施工与管理等相关专业系列教材之一，其内容根据国家开放大学"建筑材料"课程的教学大纲编写。

    本教材在内容上力求体现"以岗位职业能力为核心"的指导思想，突出施工一线岗位能力特色。《建筑材料》（第 3 版）自发行以来，在全国电大系统开放教育建筑施工与管理、工程造价管理及相关专业被连续使用。随着我国建筑材料工业，施工新技术、新工艺的发展和更新步伐日益加快，相应的规范、规程的更新周期缩短。为进一步体现开放教育发展的理念，尤其是高等职业教育"理论"和"实践"两个内容体系教学资源建设的要求，我们以新标准为依据，对《建筑材料》（第 3 版）的相应内容进行了补充和修编，主要体现在以下方面：

    （1）根据第 3 版教材出版发行后陆续推出和颁布的相关标准规范，对相关内容进行调整及更新。

    （2）修订了建筑材料及制品燃烧性能分级标准及相应要求的规定。

    （3）修订了普通混凝土配合比设计示例的相关数据。

    （4）增加了同步并行使用的全媒体数字学习资源，便于学习者采用手机、平板电脑实现泛在自主学习。

    根据远程开放教育的特点，为充分发挥现代信息技术教学手段的优势，使学习者更加便捷、高效地进行课程内容的学习，提高学习质量和学习效率，我们对原文字教材（第 3 版）和包括视频讲座、试验操演以及评价检测的学习资源包进行了改造和修订，创新性地编制了全媒体数字学习资源，并使其与文字教材和形成性考核册等学习资源形成学习资源包的升级版，旨在为学习者提供人性化、高度适应性的学习支持服务。

    全媒体数字学习资源集图、文、声、像、画于一体，把课程最为重点的学习内容用图、文、声、像、画进行立体化展示，使学习者获得及时、多角度的阅读视听、掌控、互动等全面体验。全媒体数字学习资源不仅方便了学习者在线或离线学习，还可以与远程教学平台结合起来，实现国家开放大学的泛在教学和学习者的泛在学习。对于全媒体数字学习资源，学习者可以通过扫描文字教材封底处的二维码，登录"开放云书院"后下载获得。

　　文字教材部分第1章、第2章、第6章、第13章及各章的学习活动由天津广播电视大学魏鸿汉教授编写，第7章、第8章和各章试验部分由江苏建筑职业技术学院林丽娟副教授编写，第3章、第4章、第5章由四川建筑职业技术学院杨魁副教授编写，第9章、第12章由内蒙古建筑职业技术学院李晓芳副教授编写，第10章、第11章由广东建设职业技术学院肖利才副教授编写，本教材涉及规范更新的内容由国家开放大学邵运达副教授编写。本教材由魏鸿汉任主编，天津城建大学杨德建教授和天津市建材业协会副秘书长薛国威高级工程师主审。全媒体数字学习资源部分由邵运达副教授任项目负责人并全程参与设计和制作，魏鸿汉教授任主讲，国家开放大学李淑老师、闫晓宇老师参与脚本的编写，河北地质大学解咏平副教授和中国建筑科学研究院有限公司曹力强高级工程师等专家参与了内容审核，中央广播电视大学音像社提供技术支持。演示试验是在北京中科诚达建设工程质量检测有限公司的支持下编录完成的，并得到陈兆伟工程师的大力帮助，国家开放大学学习资源部组织专家组进行了终审。在本教材的编制过程中，我们还得到国家开放大学理工教学部、中央广播电视大学出版集团等相关领导和专家的大力支持，在此一并表示感谢。

　　由于编者水平和经验有限，本教材难免存在疏漏和错误，衷心希望各位读者批评指正。

编　者
2016年11月

Preface | 第 1 版前言

本书是中央广播电视大学建筑施工与管理专业系列教材之一，是建筑材料课程多种媒体教材中的主教材。本书根据 2005 年制定的"建筑材料"教学大纲和多种媒体一体化设计方案编写。

本教材按照中央广播电视大学建筑施工与管理专业专科培养目标的要求，结合教育部面向 21 世纪工学科课程教学和教学内容改革的有关精神，配合"广播电视大学开展人才培养模式改革"的研究成果编写，旨在以职业为导向，以学生为中心；在教学中以"必需"、"够用"为度，以适应电大学生远距离学习的特点，满足以业余自学为主的学生需求。

本门课程是一门理论性和实践性都较强的专业基础课，涉及的知识面较广。本教材突出建筑材料的性质与应用的讲解，并特别注重施工现场实际问题的解决。根据本专业培养目标的定位，本书对于理论性较强的问题以够用为度，不做过多、过深的阐述。

近年来，建筑材料的技术标准和规范有较大变化，本书一律采用最新标准和规范。根据建筑材料工业的不断发展和新技术、新工艺的不断涌现，本书在内容上注意反映新型建筑材料，以体现建筑材料工业发展的新趋势。

本书各章节根据材料的种类划分。在教材体例的设计上，在各章加设"学习目标""学习重点""学习建议""本章小结"和"思考题与习题"，供教师组织教学和指导学生自主学习使用。

本书第 1 章、第 2 章、第 6 章由天津广播电视大学建筑工程学院魏鸿汉编写，第 7 章、第 8 章、第 13 章由徐州建筑职业技术学院林丽娟编写，第 3 章、第 4 章、第 5 章由四川建筑职业技术学院杨魁编写，第 9 章、第 12 章由内蒙古建筑职业技术学院李晓芳编写，第 10 章、第 11 章由广东建设职业技术学院肖利才编写。魏鸿汉负责全书的统稿和定稿。天津城市建设学院张卓担任本书的主审，参与审定的还有天津市建筑科学研究院高育海、中央广播电视大学王圻。在本书的编写过程中，我们还得到了中央广播电视大学、中国建设教育协会、江苏广播电视大学、杭州广播电视大学和天津广播电视大学有关领导和专家的大力支持，在此一并表示感谢。

本教材适用于高等职业教育土建类各专业教学和自学使用，也可作为有关技术人员的参考用书。

由于编者水平和经验有限，书中难免存在疏漏和错误，衷心希望使用本书的读者批评指正。

编　者

2005 年 9 月

Contents | 目 录

1 CHAPTER 1

绪论

导言

　　建筑材料是指组成建筑物或构筑物各部分实体的材料。随着历史的发展、社会的进步，特别是科学技术的不断创新，建筑材料的内涵也在不断丰富。从人类文明发展早期的木材、石材等天然材料到近代以水泥、混凝土、钢材为代表的主体建筑材料，进而发展到现代由金属材料、高分子材料、无机硅酸盐材料互相结合而产生的众多复合材料，形成了建筑材料丰富多彩的大家族。纵观建筑历史的长河，建筑材料的日新月异无疑对建筑科学的发展起到了巨大的推动作用。

　　本章主要包括以下内容：

　　·建筑材料在建筑工程中的重要作用；

　　·建筑材料的分类；

　　·建筑材料的发展趋势；

　　·建筑材料的技术标准；

　　·本课程的学习目的及方法。

1.1 建筑材料在建筑工程中的重要作用

首先，建筑材料是建筑工程的物质基础。不论是高达 420.5 m 的上海金贸大厦，还是一幢普通的临时建筑，都由各种散体建筑材料经过缜密的设计和复杂的施工最终构建而成。建筑材料的物质性还体现在其使用的巨量性，一幢单体建筑一般重达几百至数千吨，甚至可达数万、几十万吨，这使建筑材料在生产、运输、使用等方面与其他门类材料不同。

其次，建筑材料的发展赋予了建筑物时代的特性和风格。西方古典建筑的石材廊柱、中国古代以木架构为代表的宫廷建筑、当代以钢筋混凝土和型钢为主体材料的超高层建筑，都呈现了鲜明的时代感。

再次，建筑设计理论不断进步和施工技术的革新不但受到建筑材料发展的制约，同时亦受到其发展的推动。大跨度预应力结构、薄壳结构、悬索结构、空间网架结构、节能型特色环保建筑的出现无疑都是与新材料的产生密切相关的。

最后，建筑材料的正确、节约、合理应用直接影响建筑工程的造价和投资。在我国，一般建筑工程的材料费用要占到总投资的 50%~60%，特殊工程的这一比例还要高。在中国这样一个发展中国家，我们对建筑材料的特性进行深入的了解和认识，最大限度地发挥其效能，进而使其达到最大的经济效益，这无疑具有非常重要的意义。

1.2 建筑材料的分类

建筑材料种类繁多，随着材料科学和材料工业的不断发展，新型建筑材料不断涌现。为了研究、应用和阐述的方便，可从不同角度对其进行分类。如按其在建筑物中所处的部位，可将其分为基础材料、主体材料、屋面材料、地面材料等。按其使用功能，可将其分为结构（梁、板、柱、墙体）材料、围护材料、保温隔热材料、防水材料、装饰装修材料、吸声隔音材料等。本书主要按建筑材料的化学成分和组成的归一性进行分类，将其分为无机材料、有机材料和由这两类材料复合形成的复合材料，见表 1-1。

表 1-1 建筑材料的分类

无机材料	金属材料	黑色金属：铁、非合金钢、合金钢
		有色金属：铝、锌、铜及其合金
	非金属材料	石材（天然石材、人造石材） 烧结制品（烧结砖、陶瓷面砖） 熔融制品（玻璃、岩棉、矿棉） 胶凝材料（石灰、石膏、水玻璃、水泥） 混凝土、砂浆 硅酸盐制品（砌块、蒸养砖、碳化板）
有机材料	植物材料	木材、竹材及其制品
	高分子材料	沥青、塑料、涂料、合成橡胶、胶黏剂
复合材料	金属非金属复合材料	钢纤维混凝土、铝塑板、涂塑钢板
	无机有机复合材料	沥青混凝土、塑料颗粒保温砂浆、聚合物混凝土

1.3 建筑材料的发展趋势

1.3.1 根据建筑物的功能要求研发新的建筑材料

建筑物的使用功能是随着社会的发展、人民生活水平的不断提高而不断丰富的，从其最基本的安全（主要由结构设计和结构材料的性能来保证）、适用（主要由建筑设计和功能材料的性能来保证），发展到当今的轻质高强、抗震、高耐久性、无毒环保、节能等诸多新的功能要求，建筑材料的研究从被动的以研究应用为主向开发新功能、多功能材料的方向转变。

1.3.2 高分子建筑材料应用日益广泛

石油化工工业的发展和高分子材料本身优良的工程特性促进了高分子建筑材料的发展和应用。塑料上下水管，塑钢、塑铝门窗，树脂砂浆，胶黏剂，蜂窝保温板，高分子有机涂料，新型高分子防水材料将广泛应用于建筑物，为建筑物提供许多新的功能和更强的耐久性。

1.3.3　用复合材料生产高性能的建材制品

单一材料的性能往往是有限的，不能满足现代建筑对材料提出的多方面的功能要求。如现代窗玻璃的功能要求应是采光、分隔、保温隔热、隔音、防结露、装饰等。但传统的单层窗玻璃除采光、分隔外，其他功能均不尽如人意。近年来广泛采用的中空玻璃，由玻璃、金属、橡胶、惰性气体等多种材料复合，发挥各种材料的性能优势，其综合性能明显改善。据预测，低辐射玻璃、中空玻璃、钢木组合门窗、塑铝门窗、用复合材料制作的建筑部件及高性能混凝土的应用范围将不断扩大。

1.3.4　充分利用工业废渣及廉价原料生产建筑材料

建筑材料应用的巨量性，促使人们去探索和开发建筑材料原料的新来源，以保证经济与社会的可持续发展。粉煤灰、矿渣、煤矸石、页岩、磷石膏、热带木材和各种非金属矿都是很有应用前景的建筑材料原料。由此开发的新型胶凝材料、烧结砖、砌块、复合板材将会为建材工业带来新的发展契机。

1.4　建筑材料的技术标准

标准一词从广义上讲是指对重复事物和概念所做的统一规定，它以科学、技术和实践的综合成果为基础，经有关方面协商一致，由主管部门批准发布，作为共同遵守的准则和依据。

与建筑材料的生产和选用有关的标准主要有产品标准和工程建设标准两类。产品标准是为保证建筑材料产品的适用性，对产品必须达到的某些或全部要求所制定的标准，其中包括品种、规格、技术性能、试验方法、检验规则、包装、储藏、运输等内容。工程建设标准是对工程建设中的勘察、规划、设计、施工、安装、验收等需要协调统一的事项所制定的标准，其中结构设计规范、施工及验收规范中也有与建筑材料的选用相关的内容。

本课程内容主要依据的是我国国内标准，包括国家标准和行业标准两类。国家标准由各行业主管部门和国家质量监督检验检疫总局联合发布，作为国家级的标准，各有关行业都必须执行。国家标准代号由标准名称、标准发布机构的组织代号、标准号和标准颁布时间四部分组成。如 GB/T 50107—2010《混凝土强度检验评定标准》为国家推荐标准（"T"代表"推荐"），其标准名称为"混凝土强度检验评定标准"、标准发布机构的组织代号为 GB（国家标准）、标准号为 50107、颁布时间为 2010 年。行业标准由各行业主管部门批准，在特定行业内执行，可分为建筑材料（JC）、建筑工程（JGJ）、石油工业（SY）和冶金工业（YB）

等，其标准代号组成与国家标准相同。除此两类外，国内各地方和企业还有地方标准和企业标准供使用。

我国加入 WTO（World Trade Organization，世界贸易组织）后，采用和参考国际通用标准和先进标准是加快我国建筑材料工业与世界步伐接轨的重要措施，对促进建筑材料工业的科技进步、提高产品质量和标准化水平、扩大建筑材料的对外贸易有着重要作用。

常用的国际标准有以下三类：

① 美国材料与试验协会标准（ASTM）等，属于国际团体和公司标准。

② 联邦德国工业标准（DIN）、欧洲标准（EN）等，属于区域性国家标准。

③ 国际标准化组织标准（ISO）等，属于国际性标准化组织的标准。

学习活动 1-1

技术标准的查阅渠道及方法

在此活动中，你将重点了解使用网络进行建筑材料国内技术标准查阅，掌握相应的方法后，能准确找到被查阅规范标准的版本更新情况，并能够保存有用的信息。

完成此活动需要花费约 30 min。

步骤 1：请你选取教材中提供的 3~4 个国家标准的名称、标准号，进入当地（省级）质量技术主管部门（如天津质量技术监督信息研究所，http://www.tjtsi.ac.cn/wenxian/w_index.asp）网站的相应查询模块，输入标准号并选择标准级别，即可获取所查寻规范标准的版本信息，以便进一步查询。版本查询一般为免费。

步骤 2：应用步骤 1 所获得的版本信息，进一步查阅全文。查阅全文可直接将已获取的版本信息（如 GB/T 50107—2010《混凝土强度检验评定标准》）输入搜索门户网站，选择有下载或阅读功能的网站即可查询全文。

反馈：

1. 填写表 1-2 的相关内容。

表 1-2　学习活动 1-1 用表

待查询标准代号	查询网站	版本相符性	查询结论

2. 根据反馈 1 的结果选择 1 个国家标准，查阅全文，并提交所下载的文档（全文或摘选），如果下载需付费，亦可提交阅览截屏。

1.5 本课程的学习目的及方法

建筑材料是土木工程类专业的一门重要专业基础课，它全面系统地介绍建筑工程施工和设计所涉及的建筑材料性质与应用的基本知识，为今后继续学习其他专业课，如建筑结构、施工技术和建筑工程计量与计价等打下基础，同时也能使学习者掌握建筑材料试验的基本技能。

建筑材料的种类繁多，各类材料的知识既有联系，又有很强的独立性。该门课程涉及化学、物理等方面的基本知识，因此要掌握好理论学习和实践认识两者间的关系。

在理论学习方面，学习者要重点掌握材料的组成、技术性质和特征、外界因素对材料性质的影响和应用的原则，且各种材料都应遵循这一主线来学习。理论是基础，学习者只有牢固掌握好基础理论知识，才能应对建筑材料科学的不断发展，在实践中灵活正确地应用。

建筑材料是一门应用技术学科，学习者特别要注意实践认知环节的学习。学习者要注意把所学的理论知识落实在材料的检测、验收、选用等实践操作技能上。在理论学习的同时，学习者要在教师的指导下，随时到工地或实验室穿插进行材料的认知实习，并完成课程所要求的建筑材料试验。在学习中学习者要科学运用文字教材、多媒体资源包及国开学习网提供的教学资源，以高质量完成该门课程的学习。

注：图标说明

教材中所采用的图标见表1-3，我们建议学习者在开始学习前，熟悉这些图标和它们的含义。在图标插入的位置，学习者可进行相应的媒体转换学习，以提高学习效果和资源使用效率。

表1-3　教材中所采用的图标

图　标	含　义	示　例
	数字化学习资源视频讲授	课程讲解：混凝土　背景资料 将向你展示近代主体建筑材料——混凝土的发展沿革及优越性能的图卷
	国开学习网学习资源	IP讲座：第1讲第二节　材料的物理性质
	数字化资源测试题	完成"建筑材料基本性质"测评

2 CHAPTER 2

建筑材料的基本性质

导言

在绪论中，你已经学习了建筑材料在建筑工程中的重要作用，以及建筑材料的分类、发展趋势、技术标准、课程的学习目的和方法，能够通过网络查询材料的技术标准信息。本章主要研究各类建筑材料共有的基本性能及其指标，作为我们研究各类建筑材料性能的出发点和工具。

建筑物要保证其正常使用，就必须具备基本的强度、防水、保温、隔音、耐热、耐腐蚀等功能，而这些功能往往是由所采用的建筑材料提供的。一般来说，建筑材料的基本性质可归纳为以下几类：

物理性质：包括材料的密度、孔隙状态、与水有关的性质、热工性能等。

化学性质：包括材料的抗腐蚀性、化学稳定性等，因材料的化学性质相差较大，故该部分内容在各章中分别叙述。

力学性质：材料的力学性质应包括在物理性质中，但因其对建筑物的安全使用有重要意义，故对其单独研究。它包括材料的强度、变形、脆性和韧性、硬度和耐磨性等。

耐久性：材料的耐久性是一项综合性质，虽很难对其进行量化描述，但对建筑物的使用至关重要。

本章主要包括以下内容：

- 材料的化学组成、结构和构造；
- 材料的物理性质；
- 材料的力学性质；
- 材料的耐久性；
- 材料基本性质试验。

2.1　材料的化学组成、结构和构造

IP讲座：第1讲第一节　材料的化学组成、结构和构造

2.1.1　材料的化学组成

材料化学组成的不同是造成其性能各异的主要原因。材料的化学组成通常从材料的元素组成和矿物组成两方面分析研究。

材料的元素组成，主要是指其化学元素的组成特点，例如不同种类合金钢的性质不同，主要是其所含合金元素如 C、Si、Mn、V 和 Ti 不同所致。硅酸盐水泥之所以不能用于海洋工程，主要是因为硅酸盐水泥石中所含的 $Ca(OH)_2$ 与海水中的盐类（Na_2SO_4 和 $MgSO_4$ 等）会发生反应，生成体积膨胀或疏松无强度的产物。

材料的矿物组成主要是指元素组成相同，但分子团组成形式各异的现象。如黏土和由其烧结而成的陶瓷中都含 SiO_2 和 Al_2O_3 两种矿物，其所含化学元素相同，均为 Si、Al 和 O 元素，但黏土在焙烧中由 SiO_2 和 Al_2O_3 分子团结合生成 $3SiO_2 \cdot Al_2O_3$ 矿物，即莫来石晶体，使陶瓷具有了强度、硬度等特性。

2.1.2　材料的微观结构

材料的微观结构主要是指材料在原子、离子、分子层次上的组成形式。材料的许多性质与材料的微观结构都有密切的关系。建筑材料的微观结构主要有晶体、玻璃体和胶体等形式。

晶体的微观结构特点是组成物质的微观粒子在空间的排列有确定的几何位置关系。如纯铝为面心立方体晶格结构，而液态纯铁在温度降至 1 535 ℃时，可形成体心立方体晶格结

构。强度极高的金刚石和强度极低的石墨，虽元素组成同为碳，但各自的晶体结构形式不同，形成了性质上的巨大反差。一般来说，晶体结构的物质具有强度高、硬度较大、有确定的熔点、力学性质各向异性的共性。建筑材料中的金属材料（钢和铝合金）和非金属材料中的石膏及水泥石中的某些矿物等都具有典型的晶体结构。

玻璃体微观结构的特点是组成物质的微观粒子在空间的排列呈无序混沌状态。玻璃体结构的材料具有化学活性高、无确定的熔点、力学性质各向同性的特点。粉煤灰、建筑用普通玻璃都具有典型的玻璃体结构。

胶体是建筑材料中常见的一种微观结构形式，通常由极细微的固体颗粒均匀分布在液体中形成。胶体与晶体、玻璃体最大的不同点是可呈分散相和网状结构两种结构形式，分别称为溶胶和凝胶。溶胶失水后成为具有一定强度的凝胶结构，可以把材料中的晶体或其他固体颗粒黏结为整体。如气硬性胶凝材料水玻璃和硅酸盐水泥石中的水化硅酸钙和水化铁酸钙都呈胶体结构。

2.1.3 材料的构造

材料在宏观可见层次上的组成形式称为构造，按照材料宏观组织和孔隙状态的不同，可将材料的构造分为以下类型。

1. 致密状构造

该种构造完全没有或基本没有孔隙。具有该种构造的材料一般密度较大，导热性较高，如钢材、玻璃、铝合金等。

2. 多孔状构造

该种构造具有较多的孔隙，孔隙直径较大（mm级以上）。具有该种构造的材料一般为轻质材料，具有较好的保温隔热性和隔音吸声性能，同时具有较强的吸水性，如加气混凝土、泡沫塑料、刨花板等具有多孔状构造。

3. 微孔状构造

该种构造具有众多直径微小的孔隙，具有该种构造的材料通常密度和导热系数较小，有良好的隔音吸声性能和吸水性，但抗渗性较差。石膏制品、烧结砖具有典型的微孔状构造。

4. 颗粒状构造

具有该种构造的材料为固体颗粒的聚集体，如石子、砂和蛭石等。具有该种构造的材料可由胶凝材料黏结为整体，也可单独以填充状态使用。该种构造的材料性质因材质不同而相差较大，如蛭石可用来直接铺设作为保温层，而砂、石子可作为骨料与胶凝材料拌和形成砂浆或混凝土。

5. 纤维状构造

木材、玻璃纤维、矿棉都具有纤维状构造。该种构造通常呈力学各向异性，其性质与纤维走向有关，一般具有较好的保温和吸声性能。

6. 层状构造

该种构造形式最适合于复合材料，可以综合各层材料的性能优势，其性能往往呈各向异性。胶合板、复合木地板、纸面石膏板、夹层玻璃都具有层状构造。

2.1.4　建筑材料的孔隙

材料实体内部和实体之间常常部分被空气所占据，一般称材料实体内部被空气所占据的空间为孔隙，而材料实体之间被空气所占据的空间称为空隙。孔隙状况对建筑材料的各种基本性质具有重要的影响。

孔隙一般由材料自然形成或由于人工制造过程中各种内、外界因素而产生，其主要形成原因有水的占据作用（如混凝土、石膏制品等）、火山作用（如浮石、火山渣等）、外加剂作用（如加气混凝土、泡沫塑料等）、焙烧作用（如陶粒、烧结砖等）等。

材料的孔隙状况可由孔隙率、孔隙连通性和孔隙直径三个指标来说明。

孔隙率是指孔隙体积占材料体积的比例。一般孔隙率越大，材料的密度越小、强度越低、保温隔热性越好、隔音吸声能力越高。

孔隙按其连通性可分为连通孔和封闭孔。连通孔是指孔隙之间、孔隙和外界之间都连通的孔隙（如木材、矿渣）；封闭孔是指孔隙之间、孔隙和外界之间都不连通的孔隙（如发泡聚苯乙烯、陶粒）；介于两者之间的称为半连通孔或半封闭孔。一般情况下，连通孔对材料的吸水性、吸声性影响较大，而封闭孔对材料的保温隔热性能影响较大。

孔隙按其直径的大小可分为粗大孔、毛细孔和极细微孔三类。粗大孔是指直径大于毫米级的孔隙，其主要影响材料的密度、强度等性能。毛细孔是指直径在微米级至毫米级的孔隙，这类孔隙对水具有强烈的毛细作用，主要影响材料的吸水性、抗冻性等性能。极细微孔的直径在微米级以下，其直径微小，对材料的性能影响不大。矿渣、石膏制品和陶瓷锦砖分别以粗大孔、毛细孔和极细微孔为主。

2.2　材料的物理性质

IP讲座：第1讲第二节　材料的物理性质

2.2.1　材料与质量有关的性质

材料与质量有关的性质主要是指材料的各种密度和描述其孔隙与空隙状况的指标，在这些指标的表达式中都有质量这一参数。为更简洁准确地学习有关的概念，我们先介绍一下材料的体积构成。

如图 2-1 所示，单体材料的体积主要由绝对密实的体积 V、开口孔隙体积（之和）$V_{开}$、闭口孔隙体积（之和）$V_{闭}$ 组成，为研究问题方便，我们又将绝对密实的体积 V 与闭口孔隙体积 $V_{闭}$ 的和定义为表观体积 V'，而将材料的自然体积即 $V+V_{闭}+V_{开}$

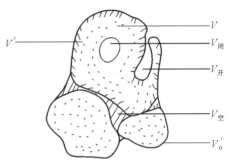

图 2-1　材料的体积构成

（或 $V+V_{孔}$）用 V_0 表示。对于堆积材料，将材料的空隙体积（之和）$V_{空}$ 与自然体积 V_0 的和定义为材料的堆积体积，用 V'_0 表示。

1. 材料的密度、表观密度、体积密度和堆积密度

广义的密度概念是指物质单位体积的质量。在研究建筑材料的密度时，由于对体积测试方法的不同和实际应用的需要，根据不同的体积内涵，我们可引出不同的密度概念。

（1）密度和表观密度

密度是指材料在绝对密实状态下，单位体积的质量，可用式（2-1）表示：

$$\rho = \frac{m}{V} \tag{2-1}$$

式中：ρ——材料的密度，g/cm^3 或 kg/m^3；

　　m——材料的质量，g 或 kg；

　　V——材料在绝对密实状态下的体积，cm^3 或 m^3。

对于绝对密实而外形规则的材料如钢材、玻璃等，可采用测量计算的方法求得 V。对于可研磨的非密实材料，如砌块、石膏，可采用研磨成细粉，再用密度瓶测定的方法求得 V。对于颗粒状外形不规则的坚硬颗粒，如砂或石子，可采用排水法测得体积，但此时所得体积为表观体积 V'，故对此类材料一般采用表观密度 ρ' 的概念。

$$\rho' = \frac{m}{V'} \tag{2-2}$$

式中：ρ'——材料的表观密度，g/cm^3 或 kg/m^3；

　　m——材料的质量，g 或 kg；

　　V'——材料的表观体积，cm^3 或 m^3。

（2）体积密度

材料的体积密度是材料在自然状态下，单位体积的质量，用式（2-3）表达：

$$\rho_0 = \frac{m}{V_0} \tag{2-3}$$

式中：ρ_0——体积密度，g/cm^3 或 kg/m^3；

m——材料的质量，g 或 kg；

V_0——材料的自然体积，cm^3 或 m^3。

材料自然体积的测量，对于外形规则的材料，如烧结砖、砌块，可采用测量计算的方法求得。对于外形不规则的散粒材料，亦可采用排水法，但材料须经涂蜡处理。根据材料在自然状态下含水情况的不同，体积密度又可分为干燥体积密度和气干体积密度（在空气中自然干燥）等。

（3）堆积密度

材料的堆积密度是指粉状、颗粒状或纤维状材料在堆积状态下单位体积的质量，用式（2-4）表达：

$$\rho_0' = \frac{m}{V_0'} \tag{2-4}$$

式中：ρ_0'——堆积密度，g/cm^3 或 kg/m^3；

m——材料的质量，g 或 kg；

V_0'——材料的堆积体积，cm^3 或 m^3，材料的堆积体积可采用容积筒来量测。

以上各有关的密度指标，在建筑工程的计算构件自重、配合比设计、测算堆放场地和材料用量时各有其应用。常用建筑材料的密度、体积密度、堆积密度和孔隙率见表2-1。

表 2-1 常用建筑材料的密度、体积密度、堆积密度和孔隙率

材料名称	$\rho/(g \cdot cm^{-3})$	$\rho_0/(kg \cdot m^{-3})$	$\rho_0'/(kg \cdot m^{-3})$	P
石灰岩	2.60	1 800~2 600	—	0.2%~4%
花岗岩	2.60~2.80	2 500~2 800	—	<1%
普通混凝土	2.60	2 200~2 500	—	5%~20%
碎石	2.60~2.70	—	1 400~1 700	—
砂	2.60~2.70	—	1 350~1 650	—
黏土空心砖	2.50	1 000~1 400	—	20%~40%
水泥	3.10	—	1 000~1 100（疏松）	—
木材	1.55	400~800	—	55%~75%
钢材	7.85	7 850	—	0
铝合金	2.7	2 750	—	0
泡沫塑料	1.04~1.07	20~50	—	—

注：习惯上 ρ 的单位采用 g/cm^3，ρ_0 和 ρ_0' 的单位采用 kg/m^3。

2. 材料的密实度和孔隙率

（1）密实度

密实度是指材料的体积内，被固体物质充满的程度，用 D 表示：

$$D = \frac{V}{V_0} = \frac{\rho_0}{\rho} \times 100\% \qquad (2\text{-}5)$$

（2）孔隙率

孔隙率是指孔隙体积占材料体积的比例，用 P 表示：

$$P = \frac{V_0 - V}{V_0} = \left(1 - \frac{\rho_0}{\rho}\right) \times 100\% \qquad (2\text{-}6)$$

由式（2-5）和式（2-6）可直接导出：

$$P + D = 1 \qquad (2\text{-}7)$$

材料的自然体积仅由绝对密实的体积和孔隙体积构成。如前所述，材料的孔隙率是反映材料孔隙状态的重要指标，与材料的各项物理、力学性能有密切的关系。几种常见材料的孔隙率见表 2-1。

3. 材料的填充率与空隙率

（1）填充率

填充率是指在散粒材料的堆积体积中，颗粒实体体积所占的比例，以 D' 表示：

$$D' = \frac{V_0}{V_0'} \times 100\% = \frac{\rho_0'}{\rho_0} \times 100\% \qquad (2\text{-}8)$$

（2）空隙率

空隙率是指在散粒材料的堆积体积内，颗粒之间的空隙体积所占的比例，以 P' 表示：

$$P' = \left(1 - \frac{V_0}{V_0'}\right) \times 100\% = \left(1 - \frac{\rho_0'}{\rho_0}\right) \times 100\% \qquad (2\text{-}9)$$

由式（2-8）和式（2-9）可直接导出：

$$P' + D' = 1 \qquad (2\text{-}10)$$

空隙率反映了散粒材料的颗粒之间相互填充的致密程度，对于混凝土的粗、细骨料，空隙率越小，说明其颗粒大小搭配得越合理，用其配制的混凝土越密实，也越节约水泥。

2.2.2　材料与水有关的性质

水对于正常使用阶段的建筑材料，绝大多数都有不同程度的有害作用。但在建筑物使用过程中，材料不可避免会受到外界雨、雪、地下水、冻融等的经常作用，故我们要特别注意建筑材料和水有关的性质，包括材料的亲水性和憎水性，以及材料的吸湿性、耐水性、抗渗性、抗冻性等。

1. 亲水性和憎水性

为说明材料与水的亲和能力，我们引入润湿角的概念，如图 2-2 所示。

在水、材料与空气的液、固、气三相交接处作液滴表面的切线，切线经过水与材料表面的夹角称为材料的润湿角，以 θ 表示。若润湿角 $\theta \leq 90°$，如图 2-2（a）所示，说明材料与水之间的作用力要大于水分子之间的作用力，故材料可被水浸润，称该种材料是亲水的。反之，当润湿角 $\theta > 90°$，如图 2-2（b）所示，说明材料与水之间的作用力要小于水分子之间的作用力，则材料不可被水浸润，称该种材料是憎水的。亲水材料（大多数的无机硅酸盐材料和石膏、石灰等）若有较多的毛细孔隙，则对水有强烈的吸附作用。而像沥青一类的憎水材料，则对水有排斥作用，故常用作防水材料。

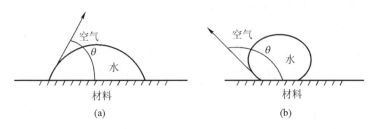

图 2-2 材料的润湿角示意图

2. 吸水性

材料的吸水性是指材料在水中吸收水分达饱和的能力，吸水性有质量吸水率和体积吸水率两种表达方式，分别以 W_w 和 W_v 表示：

$$W_w = \frac{m_2 - m_1}{m_1} \times 100\% \qquad (2-11)$$

$$W_v = \frac{V_w}{V_0} \times 100\% = \frac{m_2 - m_1}{V_0} \times \frac{1}{\rho_w} \times 100\% \qquad (2-12)$$

式中：W_w——质量吸水率；

　　　W_v——体积吸水率；

　　　m_2——材料在吸水饱和状态下的质量，g；

　　　m_1——材料在绝对干燥状态下的质量，g；

　　　V_w——材料所吸收水分的体积，cm^3；

　　　ρ_w——水的密度，常温下可取 1 g/cm^3。

对于质量吸水率大于 100% 的材料，如木材等，通常采用体积吸水率，而对于大多数材料，通常采用质量吸水率。两种吸水率存在以下关系：

$$W_v = W_w \cdot \rho_0 / \rho_w \qquad (2-13)$$

这里的 ρ_0 应是材料的干燥体积密度，单位采用 g/cm^3。影响材料吸水性的主要因素有材料本身的化学组成、结构和构造状况，尤其是孔隙状况。一般来说，材料的亲水性越强，孔隙率越大，连通的毛细孔隙越多，其吸水率越大。不同的材料，吸水率变化范围很大，花岗岩为 0.5%~0.7%，外墙面砖为 6%~10%，内墙釉面砖为 12%~20%，普通混凝土为 2%~4%。材料的吸水率越大，其吸水后强度下降越大，导热性增大，抗冻性随之下降。

3. 吸湿性

材料的吸湿性是指材料在潮湿空气中吸收水分的能力。吸湿性以含水率表示：

$$W = \frac{m_K - m_1}{m_1} \times 100\% \tag{2-14}$$

式中：W——材料的含水率；

m_K——材料吸湿后的质量，g；

m_1——材料在绝对干燥状态下的质量，g。

影响材料吸湿性的因素，除材料本身（化学组成、结构、构造、孔隙）外，还包括环境的温度和湿度。材料堆放在工地现场，不断向空气中挥发水分，同时从空气中吸收水分，其含水率的稳定是达到挥发与吸收动态平衡时的一种状态。在混凝土的施工配合比设计中要考虑砂和石料含水率的影响。

4. 耐水性

耐水性是指材料在长期饱和水的作用下，不被破坏、强度也不显著降低的性质。耐水性用软化系数表示：

$$K_P = \frac{f_W}{f} \tag{2-15}$$

式中：K_P——软化系数，其取值为 0~1；

f_W——材料在吸水饱和状态下的抗压强度，MPa；

f——材料在绝对干燥状态下的抗压强度，MPa。

软化系数越小，说明材料的耐水性越差。材料浸水后，材料组成微粒间的结合力会降低，强度下降。通常，K_P 大于 0.80 的材料，可被认为是耐水材料。长期受水浸泡或处于潮湿环境的重要结构物的 K_P 应大于 0.85；次要建筑物或受潮较轻的情况下，K_P 也不宜小于 0.75。

5. 抗渗性

抗渗性是指材料抵抗压力水或其他液体渗透的性质。地下建筑物、水工建筑物或屋面材料都需材料具有足够的抗渗性，以防止渗水、漏水现象。

抗渗性可用渗透系数表示。根据水力学的渗透定律，在一定的时间 t 内，透过材料试件的水量 Q 与试件截面面积 A 及材料两侧的水头差 H 成正比，而与试件厚度 d 成反比，其比例数 k 即定义为渗透系数。

$$\text{由：} \quad Q = k\frac{HAt}{d} \qquad\qquad \text{可得：} \quad k = \frac{Qd}{HAt} \tag{2-16}$$

式中：Q——透过材料试件的水量，cm^3；

H——水头差，cm；

A——渗水面积，cm^2；

d——试件厚度，cm；

t——渗水时间，h；

k——渗透系数，cm/h。

材料的抗渗性，也可用抗渗等级 P 表示，即在标准试验条件下，材料的最大渗水压力（MPa）。如抗渗标号为 P6，表示该种材料的最大渗水压力为 0.6 MPa。

材料的抗渗性主要与材料的孔隙状况有关。材料的孔隙率越大，连通孔隙越多，其抗渗性越差。绝对密实的材料和仅有闭口孔或极细微孔的材料实际是不渗水的。

6. 抗冻性

抗冻性是指材料在吸水饱和状态下，抵抗多次冻融循环，不被破坏、强度也不显著降低的性质。

建筑物或构筑物在自然环境中，温暖季节被水浸湿，寒冷季节又受冰冻，如此多次反复交替作用，会在材料孔隙内壁因水的结冰体积膨胀（约9%）而产生高达 100 MPa 的应力，使材料产生严重破坏。同时冰冻也会使墙体材料由于内外温度不均匀而产生温度应力，进一步加剧破坏作用。

抗冻性用抗冻等级 F 表示。例如，抗冻等级 F10 表示在标准试验条件下，材料强度下降不大于 25%，质量损失不大于 5%，所能经受的冻融循环的次数最多为 10 次。抗冻等级是根据建筑物的种类、材料的使用条件和部位、当地的气候条件等因素确定的。如陶瓷面砖、普通烧结砖等墙体材料要求抗冻等级为 F15 或 F25，而水工混凝土的抗冻标号要求可高达 F500。

2.2.3 材料与热有关的性质

1. 导热性

导热性是指材料传导热量的能力，可用导热系数表示。材料导热示意图如图 2-3 所示。根据热工试验可知，材料传导的热量 Q 与材料的厚度 d 成反比，而与其导热面积 A、材料两侧的温度差（$T_1 > T_2$）、导热时间 t 成正比，计算公式如下：

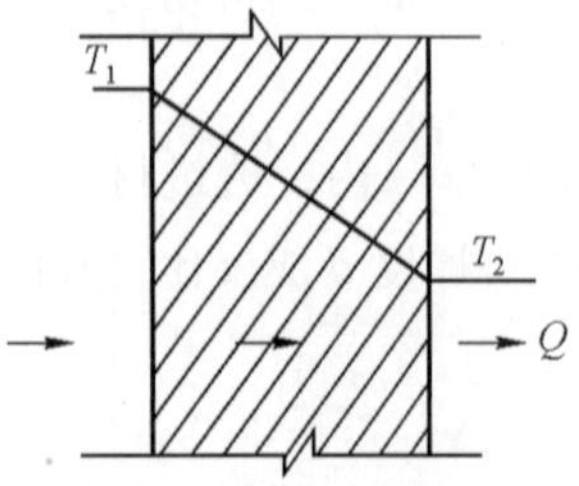

图 2-3 材料导热示意图

$$Q = \lambda \frac{A(T_1 - T_2)t}{d} \qquad (2-17)$$

比例系数 λ 则定义为导热系数。由式（2-17）可得：

$$\lambda = \frac{Qd}{A(T_1 - T_2)t} \qquad (2-18)$$

式中：λ——导热系数，W/（m·K）；

　　　$T_1 - T_2$——材料两侧温差，K；

　　　d——材料厚度，m；

　　　A——材料导热面积，m^2；

　　　t——导热时间，s。

建筑材料导热系数的范围为 0.023~400 W/（m·K），数值变化幅度很大，见表 2-2。导热系数越小，材料的保温隔热性越强。一般将 λ 小于 0.25 W/（m·K）的材料称为绝热材料。

表 2-2　常用建筑材料及空气、水、冰的热工性能指标

名　称	$\lambda/[W \cdot (m \cdot K)^{-1}]$	比热容/$[J \cdot (g \cdot K)^{-1}]$
钢	55	0.48
铝合金	370	—
烧结砖	0.55	0.84
混凝土	1.8	0.88
泡沫塑料	0.03	1.30
松木	0.15	1.63
空气	0.024	1.00
水	0.60	4.19
冰	2.20	2.05

材料的导热系数主要与以下各因素有关：

① 材料的化学组成和物理结构。一般金属材料的导热系数要大于非金属材料，无机材料的导热系数大于有机材料，晶体结构材料的导热系数大于玻璃体或胶体结构的材料。

② 孔隙状况。因空气的 λ 仅为 0.024 W/（m·K），且材料的热传导方式主要是对流，故材料的孔隙率越高、闭口孔隙越多、孔隙直径越小，则导热系数越小。

③ 环境的温度和湿度。因空气、水、冰的导热系数依次增大（见表 2-2），故保温材料在受潮、受冻后，导热系数可增大近 100 倍。因此，在保温材料使用过程中一定要注意防潮防冻。

2. 热容

材料受热时吸收热量，冷却时放出热量的性质称为热容。

比热容是指单位质量的材料温度升高 1 K（或降低 1 K）时所吸收（或放出）的热量，其表达式为

$$C = \frac{Q}{m(T_2 - T_1)}$$　　　　　　　（2-19）

式中：C——材料的比热容，J/（g·K）；

　　　Q——材料吸收（或放出）的热量，J；

　　　m——材料的质量，g；

　　　T_2-T_1——材料受热（或冷却）前后的温度差，K。

材料的热容可用热容量表示，它等于比热容 C 与质量 m 的乘积，单位为 kJ/K。材料的热容量对于稳定建筑物内部温度的恒定和冬季施工有很重要的意义。热容量大的材料可缓和室内温度的波动，使其保持恒定。

3. 耐燃性和耐火性

耐燃性是指材料在火焰和高温作用下可否燃烧的性质。国家标准GB 8624—2012《建筑材料及制品燃烧性能分级》明确了建筑材料及制品燃烧性能的基本分级为A、B_1、B_2、B_3 四级，其中A级为不燃材料（如钢铁、砖、石等），B_1 为难燃材料（如纸面石膏板、水泥刨花板等），B_2 为可燃材料（如木材、竹材等），B_3 为易燃材料（如聚苯泡沫）。在建筑物的不同部位，根据其使用特点和重要性可选择不同耐燃性的材料。

耐火性是指材料在火焰和高温作用下，保持其不被破坏、性能不明显下降的能力，用其耐受时间来表示，称为耐火极限。要注意耐燃性和耐火性概念的区别，耐燃的材料不一定耐火，耐火的材料一般耐燃。如钢材是非燃烧材料，但其耐火极限仅有 0.25 h，故钢材虽为重要的建筑结构材料，但其耐火性较差，使用时须进行特殊的耐火处理。

2.3　材料的力学性质

　IP 讲座：第 1 讲第三节　材料的力学性质

材料的力学性质是指材料在外力作用下，抵抗破坏的能力和变形方面的性质。它对建筑物的正常、安全使用是至关重要的。

在描述材料的力学性质时，要常用到与受力和变形相对应的两个概念，即应力和应变。应力是作用于材料表面或内部单位面积的力，通常以"σ"表示。应变是材料在外力作用方向上，所发生的相对变形值，通常以"ε"表示，对于拉、压变形，$\varepsilon = \frac{\Delta L}{L}$（$\Delta L$ 为试件受力方向上的变形值，L 为试件原长）。

2.3.1 强度和强度等级

1. 材料的强度

材料在外力作用下抵抗破坏的能力称为强度。材料的强度也可定量地描述为材料在外力作用下发生破坏时的极限应力值，常用"f"表示。材料强度的单位为兆帕（MPa）。

根据材料所受外力的不同，材料的常用强度有抗压强度、抗拉强度、抗剪强度和抗弯（抗折）强度，如图 2-4 所示。

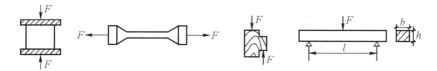

图 2-4　常见强度试验示意图

抗压强度、抗拉强度、抗剪强度可计算如下：

$$f = \frac{P_{max}}{A} \qquad (2-20)$$

式中：f——材料抗压、抗拉、抗剪强度，MPa；

　　　P_{max}——材料受压、受拉、受剪破坏时的极限荷载，N；

　　　A——材料受力的截面面积，mm^2。

材料的抗弯强度取决于外力作用形式。一般所采用的截面是矩形截面，试件放在两支点间，在跨中点处作用有集中荷载，此时抗弯（抗折）强度可计算如下：

$$f_t = \frac{3P_{max}L}{2bh^2} \qquad (2-21)$$

式中：f_t——材料的抗弯（抗折）强度，MPa；

　　　P_{max}——试件破坏时的极限荷载，N；

　　　L——试件两支点的间距，mm；

　　　b，h——试件矩形截面的宽和高，mm。

常见建筑材料的强度见表 2-3。由表可见，不同材料的各种强度是不同的。花岗岩、普通混凝土等的抗拉强度比抗压材料小几十至几百倍，因此，这类材料只适于作受压构件（基础、墙体、桩等）。钢材的抗压强度和抗拉强度相等，作为结构材料性能最为优良。

2. 影响材料强度试验结果的因素

在进行材料强度试验时，我们发现以下因素往往会影响强度试验的结果。

（1）试件的形状和大小

一般情况下，大试件的强度往往小于小试件的强度。棱柱体试件的强度要小于同样尺度的正立方体试件的强度。

表 2-3　常用建筑材料的强度　　　　　　　　　MPa

建筑材料名称	抗压强度	抗拉强度	抗折强度
花岗岩	100~250	5~8	10~14
普通混凝土	5~60	1~9	—
轻骨料混凝土	5~50	0.4~2	—
松木（顺纹）	30~50	80~120	60~100
钢材	240~1 500	240~1 500	—

（2）加荷速度

进行强度试验时，加荷速度越快，所测强度值越高。

（3）温度

一般情况下，试件温度越高，所测强度值越低。但钢材在温度下降到某一负值时，其强度值会突然下降很多。

（4）含水状况

含水试件的强度较干燥试件的低。

（5）表面状况

做抗压试验时，承压板与试件间摩擦越小，所测强度值越低。

可见材料的强度试验结果受多种因素的影响，因此我们在进行某种材料的强度试验时，必须按相应的统一规范或标准进行，不得随意改变试验条件。

3. 强度等级

强度等级是材料按强度的分级，如硅酸盐水泥按 7 d、28 d 的抗压、抗折强度值划分为 42.5、52.5、62.5 等强度等级。强度等级是人为划分的，是不连续的，根据强度划分强度等级时，规定的各项指标都合格，才能定为某强度等级，否则就要降低级别。而强度具有客观性和随机性，其试验值往往是连续分布的。强度等级与强度间的关系，可简单表述为"强度等级来源于强度，但不等同于强度"。

4. 比强度

比强度是指材料的强度与其体积密度之比，是衡量材料轻质高强性能的指标。木材的强度值虽比混凝土低，但其比强度高于混凝土，这说明木材与混凝土相比是典型的轻质高强材料。

2.3.2　弹性和塑性

弹性和塑性是材料的变形性能。它们主要描述的是材料变形的可恢复特性。

弹性是指材料在外力作用下发生变形，当外力解除后，能完全恢复到变形前形状的性质，这种变形称为弹性变形或可恢复变形。如图 2-5（a）所示为弹性材料的变形曲线。其加荷和卸荷是完全重合的两条直线，表示其变形的可恢复性。该直线与横轴夹角的正切，称为弹性模量，以 E 表示。$E=\sigma/\varepsilon$，弹性模量 E 值越大，说明材料在相同外力作用下的变形越小。

塑性是指材料在外力作用下发生变形，当外力解除后，不能完全恢复原来形状的性质。这种变形称为塑性变形或不可恢复变形。完全弹性的材料实际是不存在的，大部分材料是弹性、塑性分阶段或同时发生的，如图 2-5（b）和图 2-5（c）所示分别为软钢和混凝土的 σ-ε 曲线，虚线表示卸荷过程，可见都存在着不可恢复的残余变形，故常将其称为弹塑性材料。

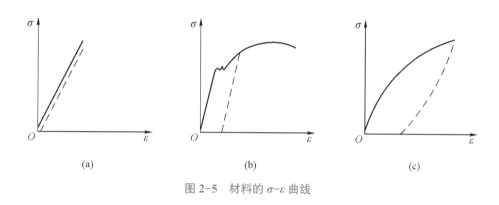

图 2-5　材料的 σ-ε 曲线

2.3.3　韧性和脆性

在冲击、振动荷载作用下，材料可吸收较大的能量产生一定的变形而不被破坏的性质称为韧性或冲击韧性。建筑钢材（软钢）、木材、塑料等是较典型的韧性材料。路面、桥梁、吊车梁及有抗震要求的结构都要考虑材料的韧性。

脆性是指当外力达到一定限度时，材料发生无先兆的突然破坏，且破坏时无明显塑性变形的性质。脆性材料的力学性能特点是抗压强度远大于抗拉强度，破坏时的极限应变值极小。砖、石材、陶瓷、玻璃、混凝土、铸铁等都是脆性材料。与韧性材料相比，冲击荷载和振动作用对脆性材料是相当不利的。

2.3.4　硬度和耐磨性

硬度是指材料表面耐较硬物体刻画或压入而产生塑性变形的能力。木材、金属等韧性材料的硬度，往往采用压入法来测定，压入法硬度的指标有布氏硬度和洛氏硬度，分别等于压入荷载值除以压痕的面积或深度。而陶瓷、玻璃等脆性材料的硬度往往采用刻画法来测定，称为莫氏硬度，根据刻画矿物（滑石、石膏、磷灰石、正长石、硫铁矿、黄玉、金刚石等）的不同分为 10 级。

耐磨性是指材料表面抵抗磨损的能力，用磨损率表示，它等于试件在标准试验条件下磨损前后的质量差与试件受磨表面积之商。磨损率越大，材料的耐磨性越差。

2.4　材料的耐久性

建筑材料除应满足各项物理、力学的功能要求外，还必须经久耐用，反映这一要求的性能即耐久性。耐久性是指材料使用过程中，在内、外部因素的作用下，经久不被破坏、不变质，保持原有性能的性质。

影响材料耐久性的外部因素是多种多样的。环境的湿度、温度及冻融变化等物理作用会引起材料的体积胀缩，周而复始会使材料变形、开裂甚至破坏。材料长期与酸、碱、盐或其他有害气体接触，会发生腐蚀、碳化、老化等化学作用而逐渐丧失使用功能。木材等天然纤维材料会由于自然界中的虫、菌的长期生物作用而产生腐朽、虫蛀，进而造成严重破坏。

影响材料耐久性的外部因素，往往又通过其内部因素发生作用。

与材料耐久性有关的内部因素，主要是材料的化学组成、结构和构造的特点。当材料含有易与其他外部介质发生化学反应的成分时，就会出现由其抗渗性和耐腐蚀能力差而引起的破坏。如玻璃因其玻璃体结构呈现出的导热性较小，而弹性模量又很大，故其极不耐温度剧变作用。若材料含有较多的开口孔隙，则会加强外部侵蚀性介质对材料的有害作用，从而使其耐久性急剧下降。

材料的耐久性是一种综合性能，不同材料的耐久性往往由不同的具体内容所体现。如混凝土的耐久性，主要以抗渗性、抗冻性、抗腐蚀性和抗碳化性所体现。钢材的耐久性，主要取决于其抗锈蚀性，而沥青的耐久性则主要取决于其大气稳定性和温度敏感性。

材料耐久性的测定需经过长期的观察，这往往满足不了工程的需要。因此，常常根据使用要求，用一些实验室可测定的，又能基本反映其耐久性特性的短时试验指标来表达。如常用软化系数来反映材料的耐水性；用实验室的冻融循环（数小时一次）试验得出的抗冻等级来说明材料的抗冻性；采用较短时间的化学介质浸渍来反映实际环境中的水泥石长期腐蚀等。

学习活动 2-1

各密度指标与材料微观结构和应用性能的关系

在此活动中你将根据材料的密度指标特点判断材料的微观孔隙状况，并区分材料不同的应用性能。

完成此活动需要花费 15 min。

步骤 1：请你写下材料的 4 个密度指标的表达式、体积构成。然后结合所给出的密度指标特点标记对应的微观孔隙状况并记入表 2-4。

表 2-4　密度指标表

密度指标	表达式	体积构成	密度指标特点	微观孔隙状况
① 密度		①=②≠③		
② 表观密度		②=③		
③ 体积密度		①=③		
④ 堆积密度				

步骤 2：应用步骤 1 所获得的分析思路，根据表 2-4 给出的各材料密度指标任选 3 种，表述对应的孔隙（空隙）状况，并结合各自的组成，对强度、吸水性、导热性等应用性能给出大致的评价。

反馈：

1. 填写所给列表的相关内容。注意"密度指标特点"给出的是对于同一材料可能出现的密度指标间的关系，如不可能出现，则注明"不可能"即可。

2.（答题要点示例）根据表 2-1 所示的普通混凝土的相关信息，并结合相关知识可知：普通混凝土——无机非金属材料——较密实、孔隙率低——强度高——有一定的吸水性——导热性较高。

2.5　材料基本性质试验

▷　试验演示：建筑材料基本性质试验

2.5.1　材料的密度试验

1. 试验目的

通过试验测定材料的密度，计算材料的密实度与孔隙率。

本试验以水泥的密度测定为例。

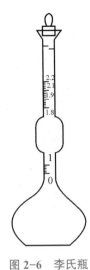

图 2-6　李氏瓶

2. 主要仪器设备

李氏瓶（见图 2-6）、天平、无水煤油、烘箱、恒温水槽等。

3. 试验准备

水泥试样预先通过 0.9 mm 的方孔筛，在 105 ℃ ± 5 ℃下干燥 1 h，并在干燥器内冷却至室温。

4. 试验步骤

① 将无水煤油注入李氏瓶中直至 0 与 1 mL 刻度间，盖上瓶塞放入恒温水槽内。在 20 ℃时使刻度部分浸入水中恒温 30 min，记下第一次读数 V_1（mL）。

② 从恒温水槽中取出李氏瓶，用滤纸将李氏瓶细长颈内没有煤油的部分擦拭干净。

③ 称取水泥试样 60 g，精确至 0.01 g。用小匙将水泥试样装入李氏瓶中，反复摇动至没有气泡排出。再次将李氏瓶置于恒温水槽中恒温 30 min，记下第二次读数 V_2（mL）。两次读数时恒温水槽温度差不能大于 0.2 ℃。

5. 结果整理

① 水泥的密度 ρ 按式（2-22）计算，精确至 0.01 g/cm³：

$$\rho = \frac{m}{V_2 - V_1} \qquad (2-22)$$

式中：m——试样质量，g；

　　　V_1——第一次读数，mL；

　　　V_2——第二次读数，mL。

② 以两次试验结果的算术平均值作为测定值。两次试验结果相差不得超过 0.02 g/cm³。

2.5.2　材料的表观密度试验

1. 试验目的

① 通过测定颗粒状材料包括内部封闭孔隙体积的表观体积，计算材料的表观密度，为确定材料的孔隙状况提供依据。

② 试验方法有容量瓶法和广口瓶法，其中容量瓶法用来测定砂的表观密度，广口瓶法用来测定石子的表观密度。本试验分别以砂和石子的表观密度测定为例介绍两种试验方法。

2. 主要仪器设备

天平、烘箱、广口瓶（1 000 mL）、容量瓶（500 mL）、方孔筛（4.75 mm）等。

3. 试验准备

① 将砂缩分至 660 g 左右，在温度为 105 ℃ ± 5 ℃的烘箱中烘干至恒量，待冷却至室温

后，分为大致相等的两份备用。

② 将石子筛去公称粒径 5 mm 以下的颗粒，用四分法缩分至规定的质量，刷洗干净后分成大致相等的两份备用。

4. 试验步骤

① 砂的表观密度试验。称取烘干的试样 300 g（m_0），将试样装入容量瓶中，注入冷开水至接近 500 mL 刻度。摇转容量瓶，使试样在水中充分搅动以排除气泡，塞紧瓶塞，静置 24 h。然后用滴管添水，使水面与瓶颈刻度线平齐，再塞紧瓶塞，擦干瓶外水分，称其质量（m_1）。倒出瓶内的水和试样，洗净容量瓶，再向瓶内注入冷开水至瓶颈刻度线，塞紧瓶塞，擦干瓶外水分，称其质量（m_2）。

② 石子的表观密度试验。将试样浸水饱和，装入广口瓶中。注入饮用水，用玻璃片覆盖瓶口，以上下、左右摇晃的方法排除气泡。气泡排尽后，向瓶中添加饮用水，直到水面凸出瓶口边缘。然后用玻璃片沿瓶口迅速滑行，使其紧贴瓶口水面。擦干瓶外水分后，称出试样、水、广口瓶和玻璃片的总质量（m_1）。将瓶中试样倒入浅盘中，放入 105 ℃ ±5 ℃的烘箱中烘干至恒量，待冷却至室温后称其质量（m_0）。将瓶洗净并重新注入饮用水，用玻璃片紧贴瓶口水面，擦干瓶外水分后，称出水、广口瓶和玻璃片的总质量（m_2）。

5. 结果整理

① 表观密度 ρ' 按式（2-23）计算，精确至 0.01 g/cm³：

$$\rho' = \frac{m_0}{m_0 + m_2 - m_1} - \alpha_t \qquad (2\text{-}23)$$

式中：m_0——烘干后试样的质量，g；

m_1——试样、水、容量瓶（或广口瓶与玻璃片）的质量，g；

m_2——水、容量瓶（或广口瓶与玻璃片）的质量，g；

α_t——不同水温下砂（石子）的表观密度修正系数。

当温度为 15 ℃、16 ℃、17 ℃、18 ℃、19 ℃、20 ℃、21 ℃、22 ℃、23℃、24 ℃、25 ℃时，相应的修正系数分别为 0.002、0.003、0.003、0.004、0.004、0.005、0.005、0.006、0.006、0.007、0.008。

② 以两次试验结果的算术平均值作为测定值，若两次试验结果之差大于 0.02 g/cm³，须重新试验。

2.5.3 材料的体积密度试验

1. 试验目的

通过试验测定材料的体积密度，用来确定材料外观体积和孔隙率。本试验以测定几何形状规则的材料（如砖）及几何形状不规则的材料（如石料）的体积密度为例。

2. 主要仪器设备

游标卡尺、天平、烘箱等。

3. 试验准备

① 将试样 5 块放入烘箱内，在 105 ℃ ±5 ℃的温度下烘干至恒量，取出放入干燥器中冷却至室温待用。

② 当几何形状不规则试样溶于水或其吸水率大于 0.5% 时，须对试样进行蜡封处理（蜡封法）。

4. 试验步骤

① 几何形状规则的材料。用游标卡尺量出试样尺寸，计算出试样的体积（V_0）。用天平称量出试样的质量（m）。

② 几何形状不规则的材料。此类材料体积密度的测定采用"排液法"。

用天平称量出试样的质量（m）。对试样进行蜡封处理：将试样置于熔融的石蜡中，1~2 s 后取出，使试样表面沾上一层蜡膜，以防水分渗入试样。

5. 结果整理

① 体积密度 ρ_0 按式（2-24）计算，精确至 10 kg/m³：

$$\rho_0 = \frac{m}{V_0} \qquad (2-24)$$

式中：m——试样的质量，kg；

$\quad\quad V_0$——试样的体积，包括开口孔隙、闭口孔隙及材料绝对密实体积，m³。

② 以五次试验结果的算术平均值作为测定值。

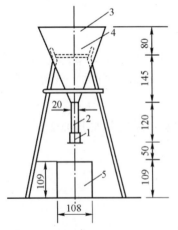

1—漏斗；2—ϕ 20 mm 管子；3—活动门；
4—筛；5—容量筒（金属）。

图 2-7　标准漏斗（单位：mm）

2.5.4　材料的堆积密度试验

1. 试验目的

通过试验测定材料的堆积密度，用来计算材料的质量及空隙率。本试验以测定砂和石子的堆积密度为例，介绍两种测定堆积密度的方法。

2. 主要仪器设备

① 砂。天平、容量筒（容积为 1 L）、标准漏斗（见图 2-7）或料勺、烘箱、方孔筛（方孔直径 4.75 mm）、垫棒（直径 10 mm、长 500 mm 的圆钢）。

② 石子。磅秤、容量筒、垫棒（直径 16 mm、长 600 mm 的圆钢）等。

3. 试验准备

① 砂。用浅盘装砂约 3 L，在温度为 105 ℃ ±5 ℃的烘箱中烘干至恒量，冷却至室温，筛去公称粒径大于 5 mm 的颗粒，分成大致相等的两份备用。

② 石子。将石子用四分法缩分至规定的质量，在 105 ℃ ±5 ℃的烘箱中烘干，也可摊在清洁的地面上风干，拌匀后分成大致相等的两份备用。

4. 试验步骤

（1）砂

① 松散堆积密度。取试样一份，用标准漏斗或料勺，将其从容量筒中心上方 50 mm 处徐徐倒入，让试样以自由落体落下，当容量筒上部试样呈堆体，且容量筒四周溢满时，即停止加料。用直尺将多余的试样沿筒口中心线向两个相反方向刮平，称取试样和容量筒总质量（m_2），精确至 1 g（下同）。倒出试样，称取空容量筒质量（m_1）。

② 紧密堆积密度。取试样一份，分两层装入容量筒。装完一层后，在筒底垫放一根直径为 10 mm 的圆钢，将筒按住，左右交替颠击底面各 25 下。然后装入第二层，第二层装满后用同样方法颠实（筒底所垫圆钢的方向应与颠实第一层时的放置方向垂直）。两层装完并颠实后，再加试样直至超出容量筒筒口，然后用直尺将多余的试样沿筒口中心线向两个相反方向刮平，称其质量（m_2）。

（2）石子

① 松散堆积密度。取试样一份，置于平整干净的地板（或铁板）上，用平头铁锹铲起试样，使其自由落入容量筒内，此时，从铁锹的齐口至容量筒上口的距离应保持为 50 mm 左右，装满容量筒并除去凸出筒口表面的颗粒，并以合适的颗粒填入凹陷空隙，使表面稍凸起部分和凹陷部分的体积大致相等，称取试样和容量筒总质量（m_2）。

② 紧密堆积密度。将试样一份分三层装入容量筒，装完一层后，在筒底垫放一根直径为 16 mm 的圆钢（第二层时圆钢放置方向与第一层时垂直，第三层时与第二层时垂直），将筒按住，左右交替颠击底面各 25 下。待三层装填完毕后，加料直到试样超出容量筒口，用钢筋沿筒口边缘滚转，刮下高出筒口的颗粒，用合适的颗粒填平凹处，使表面稍凸起部分和凹陷部分的体积大致相等，称取试样和容量筒总质量（m_2）。

5. 结果整理

① 砂、石子的堆积密度（松散、紧密）ρ_0' 按式（2-25）计算，精确至 10 kg/m^3：

$$\rho_0' = \frac{m_2 - m_1}{V} \times 1\,000 \qquad (2\text{-}25)$$

式中：m_2——试样和容量筒总质量，kg；

$\quad\quad m_1$——容量筒质量，kg；

$\quad\quad V$——容量筒的容积，L。

② 以两次试验结果的算术平均值作为测定值。

2.5.5　材料的孔隙率、空隙率的计算

① 孔隙率 P 按式（2-26）计算，精确至 1%：

$$P = \left(1 - \frac{\rho_0}{\rho}\right) \times 100\% \qquad\qquad (2\text{-}26)$$

式中：ρ_0——材料的体积密度，kg/m^3；

　　　ρ——材料的密度，kg/m^3。

② 空隙率 P' 按式（2-27）计算，精确至 1%：

$$P' = \left(1 - \frac{\rho_0'}{\rho'}\right) \times 100\% \qquad\qquad (2\text{-}27)$$

式中：ρ_0'——材料的堆积密度，kg/m^3；

　　　ρ'——材料的表观密度，kg/m^3。

小结

　　本章所讨论的建筑材料的各种基本性质是全书的重点，掌握和了解这些性质对于认识、研究和应用建筑材料具有极为重要的意义。

　　建筑材料的各种基本性质中，重点介绍了其物理性质，包括：与质量有关的性质（密度、表观密度、体积密度、堆积密度、孔隙率和密实度）；与水有关的性质（吸水性和吸水率、含水性和含水率、耐水性和软化系数等）；与热有关的性质（导热性和导热系数、耐燃性和耐火性等）；材料的力学性质（强度与强度等级、弹性和塑性、脆性和韧性）；材料的耐久性。

　　本章还介绍了材料的组成、结构和构造，理解这些概念对于深入理解和掌握材料的各种基本性质是很有帮助的。

自测题

思考题

1. 说明材料的体积构成与各种密度概念之间的关系。

2. 何谓材料的亲水性和憎水性？材料的耐水性如何表示？

3. 试说明材料导热系数的物理意义及影响因素。

4. 材料的强度与强度等级间的关系是什么？

5. 材料的孔隙状态包括哪几方面的内容？材料的孔隙状态是如何影响密度、体积密度、抗渗性、抗冻性、导热性等性质的？

6. 一般来说墙体或屋面材料的导热系数越小越好，而热容值却以适度为好，请说明其原因。

7. 材料的密度、体积密度、表观密度、堆积密度是否随其含水量的增加而加大？为什么？

8. 能否认为材料的耐久性越高越好？如何全面理解材料的耐久性与其应用价值间的关系？

计算题

1. 已知某砌块的外包尺寸为 240 mm×240 mm×115 mm，其孔隙率为 37%，干燥质量为 2 487 g，浸水饱和后质量为 2 984 g，试求该砌块的体积密度、密度、质量吸水率。

2. 某种石子经完全干燥后，质量为 482 g，将其放入盛有水的量筒中吸水饱和后，体积由原来的 452 cm³ 上升至 630 cm³，取出石子，擦干表面水后称其质量为 487 g，试求该石子的表观密度、体积密度及吸水率。

3. 一种密度为 2.7 g/cm³ 的材料，浸水饱和状态下的体积密度为 1.862 g/cm³，其体积吸水率为 4.62%，试求此材料干燥状态下的体积密度和孔隙率各为多少？

测验评价

完成"建筑材料的基本性质"测评

3 CHAPTER 3

建筑石材

导言

    石材具有不燃、耐水、耐压、耐久的特点，可用作建筑物的基础、墙体、梁柱等；另外，石材具有美观、高雅的特点，建筑装饰石材的使用也很广泛。但是，石材本身存在着质量大、抗拉和抗弯强度小、连接困难等缺点。

3.1 岩石的基本知识

岩石是由各种不同地质作用所形成的天然固态矿物的集合体。矿物是在地壳中受不同的地质作用，所形成的具有一定化学组成和物理性质的单质或化合物。由单一矿物组成的岩石称为单矿岩，由两种或两种以上矿物组成的岩石称为多矿岩。

3.1.1 造岩矿物

造岩矿物是指组成岩石的矿物。建筑上常用的岩石有花岗岩、正长岩、闪长岩、石灰岩、砂岩、大理岩和石英岩等。这些岩石中存在的主要矿物有长石、石英、云母、方解石、白云石和硫铁矿等。它们的主要性质见表 3-1。

表 3-1 常见造岩矿物的主要性质

序号	名称	矿物颜色	莫氏硬度	密度/ ($g \cdot cm^{-3}$)	化学成分	备 注
1	长石	灰色、白色	6	约 2.6	$KAlSi_3O_8$	多见于花岗岩中
2	石英	无色、白色等	7	约 2.6	SiO_2	多见于花岗岩和石英岩中
3	云母	黄色、灰色、浅绿色	2~3	约 2.9	$KAl_2(OH)_2$ [$AlSi_3O_{10}$]	有弹性，多以杂质状存在
4	方解石	白色或灰色等	3	2.7	$CaCO_3$	多见于石灰岩和大理岩中
5	白云石	白色、浅绿色、棕色	3.5	2.83	$CaCO_3$ $MgCO_3$	多见于白云岩中
6	硫铁矿	亮黄色	6	5.2	FeS_2	为岩石中的杂质

3.1.2 岩石的种类及性质

1. 岩石的种类

（1）按岩石的成因分类

自然界的岩石按其成因可分为三类：由地球内部的岩浆上升到地表附近或喷出地表，冷却凝结而成的岩石称为岩浆岩；由岩石风化后再经搬运、沉积、胶结而成的岩石称为沉积岩；岩石在温度、压力作用或化学作用下变质再结晶而成的岩石称为变质岩。

（2）按岩石形状分类

石材用于建筑工程，可分为砌筑用石材和装饰用石材。砌筑用石材分为毛石和料石。装饰用石材主要为板材。

2. 岩石的性质

（1）物理性质

① 表观密度。造岩矿物的密度为 2.6~3.3 g/cm³。由于岩石中存在孔隙，因此除轻石软质凝灰岩外，其余岩石的表观密度为 2~3 g/cm³。

② 硬度。岩石的硬度大，强度也高，其耐磨性和抗刻画性也好，其磨光后有良好的镜面效果。但是，硬度高的岩石开采困难，加工成本高。

③ 岩石的物理风化。岩石的风化分为物理风化和化学风化。物理风化是指岩石温度发生明显变化而产生不均匀的热胀冷缩或受干、湿循环的影响，发生长期反复胀缩而产生微细裂纹。在寒冷地区，渗入岩石缝隙中的水还会因结冰而体积增大，加剧岩石的开裂，进而导致其风化剥落，最后造成岩石破坏的现象。

（2）力学性质

岩石的抗压强度很大，而抗拉强度很小，后者为前者的 1/20~1/10，是典型的脆性材料。这是岩石区别于钢材和木材的主要特征之一，也是限制石材作为结构材料使用的主要原因。

岩石的抗压强度取决于其母岩的抗压强度，它是以三个边长为 70 mm 的立方体试块的抗压强度平均值表示的。根据抗压强度的大小，石材共分九个强度等级：MU100、MU80、MU60、MU50、MU40、MU30、MU20、MU15、MU10。

岩石的矿物组成对其抗压强度有一定的影响。组成花岗岩的主要矿物成分中石英是很坚硬的矿物，其含量越高，花岗岩的强度也越高；而云母为片状矿物，易于分裂成柔软的薄片，云母含量越高，则其强度越低。沉积岩的抗压强度与胶结物成分有关，由硅质物质胶结的沉积岩，其抗压强度较大；由石灰石物质胶结的，其抗压强度次之；由黏土物质胶结的，其抗压强度最小。

岩石的结构与构造特征对石材的抗压强度也有很大的影响。结晶质石材的强度较玻璃质的高，等粒结构的石材强度较斑状结构的高，构造致密的石材强度较疏松多孔的高。

（3）化学性质

① 化学风化。通常认为岩石是一种非常耐久的材料，然而，按材质而言，其抵抗外界风化作用的能力是比较差的。石材的化学风化是指雨水和大气中的气体（O_2、CO_2、CO、SO_2、SO_3 等）与造岩矿物发生长期的化学反应，进而造成岩石剥落破坏的现象。

化学风化与物理风化经常相互促进。例如，在物理风化作用下石材产生裂缝，雨水渗入其中，就促进了化学风化作用。另外，发生化学风化作用之后，石材的孔隙率增加，就易受物理风化的影响。

不同种类岩石的耐久性从抗物理风化、化学风化的综合性能来看，一般花岗岩耐久性最佳，安山岩次之，软质砂岩和凝灰岩最差。大理岩的主要成分碳酸钙的化学性质不稳定，故容易风化。

② 耐化学侵蚀性。不同种类的岩石因其造岩矿物组成化学性质的差异而有不同的耐化学侵蚀性。如以碱性矿物为主的石灰岩耐酸性能极差，而以酸性矿物为主的花岗岩耐酸性能则极佳。

3.2 常用的建筑石材

天然石材是将开采来的岩石，对其形状、尺寸和表面质量三方面进行一定的加工处理后所得到的材料。建筑石材是指主要用于建筑工程砌筑或装饰的天然石材。砌筑用石材有毛石和料石之分，装饰用石材主要是指各类和各种形状的天然石质板材。

3.2.1 毛石

毛石，又称片石或块石，它是由爆破直接获得的石块。其依据平整程度又分为乱毛石和平毛石两类。

1. 乱毛石

乱毛石形状不规则，一般在一个方向的长度为 300~400 mm，质量为 20~30 kg，其中部厚度一般不宜小于 150 mm。乱毛石主要用来砌筑基础、勒角、墙身、堤坝、挡土墙壁等，也可作毛石混凝土的集料。

2. 平毛石

平毛石是乱毛石略经加工而成的。它的形状较乱毛石整齐，其基本上有六个面，但表面粗糙，中部厚度不小于 200 mm。平毛石常用于砌筑基础、墙身、勒角、桥墩、涵洞等。

3.2.2 料石

料石，又称条石，是由人工或机械开采出的较规则的六面体石块，略经加工凿琢而成。按其加工后的外形规则程度，分为毛料石、粗料石、半细料石和细料石四种。

1. 毛料石

毛料石的外形大致方正，一般不加工或仅稍加修整，高度不应小于 200 mm，叠砌面凹入深度不大于 25 mm。

2. 粗料石

粗料石截面的宽度、高度应不小于 200 mm，且不小于长度的 1/4，叠砌面凹入深度不大于 20 mm。

3. 半细料石

半细料石的规格尺寸同粗料石，但叠砌面凹入深度不应大于 15 mm。

4. 细料石

经过细加工的细料石，外形规则，规格尺寸同粗料石，但叠砌面凹入深度不大于 10 mm。

上述料石常由砂岩、花岗岩等质地比较均匀的岩石开采琢制，至少应有一个面的角整齐，以便互相合缝。它们主要用于砌筑墙身、踏步、地坪、拱和纪念碑；形状复杂的料石制品，用于柱头、柱脚、楼梯踏步、窗台板、栏杆和其他装饰面等。

3.2.3 饰面石材

1. 天然花岗石板材

建筑装饰工程上所指的花岗石是指以花岗岩为代表的一类装饰石材，包括各类以石英、长石为主要组成矿物，并含有少量云母和暗色矿物的岩浆岩和花岗质的变质岩，如花岗岩、辉绿岩、辉长岩、玄武岩、橄榄岩等。从外观特征看，花岗石常呈整体均粒状结构，称为花岗结构。

（1）特性

花岗石构造致密、强度高、密度大、吸水率极低、质地坚硬、耐磨，属酸性硬石材。

花岗石的化学成分有 SiO_2、Al_2O_3、CaO、MgO、Fe_2O_3 等，其中 SiO_2 的含量常为 60% 以上，为酸性石材，因此，其耐酸、抗风化、耐久性好，使用年限长。花岗石所含石英在高温下会发生晶变，体积膨胀而开裂，因此不耐火。

（2）分类、等级及技术要求

天然花岗石板材按形状可分为毛光板（MG）、普型板（PX）、圆弧板（HM）和异型板（YX）四类；按其表面加工程度可分为细面板（YG）、镜面板（JM）和粗面板（CM）三类。

根据国家标准 GB/T 18601—2009《天然花岗石建筑板材》，毛光板（按厚度偏差、平面度公差、外观质量等）、普型板（按规格尺寸偏差、平面度公差、角度公差及外观质量等）、圆弧板（按规格尺寸偏差、直线度公差、线轮廓度公差及外观质量等）均分为优等品（A）、一等品（B）、合格品（C）三个等级。

天然花岗石板材的技术要求包括规格尺寸允许偏差、平面度允许公差、角度允许公差、外观质量和物理性能。

（3）天然放射性

天然石材的放射性是人们普遍关注的问题。经检验证明，绝大多数的天然石材中所含放射性物质极微，不会对人体造成任何危害。但部分花岗石产品放射性指标超标，会在长期使用过程中对环境造成污染，因此有必要限制其使用。国家标准 GB 6566—2010《建筑材料放射性核素限量》中规定，装修材料（花岗石、建筑陶瓷、石膏制品等）按照天然放射性核素

（镭 –226、钍 –232、钾 –40）的放射性比活度及外照射指数的限值分为 A、B、C 三类：A 类产品的产销与使用范围不受限制；B 类产品不可用于 I 类民用建筑物的内饰面，但可用于 II 类民用建筑物、工业建筑物的内饰面及其他一切建筑物的内、外饰面；C 类产品只可用于建筑物的外饰面及室外其他用途。

放射性水平超过限值的花岗石和大理石产品，其中的镭、钍等放射性元素在衰变过程中将产生天然放射性气体氡。氡是一种无色、无味、感官不能觉察的气体，特别易在通风不良的地方聚集，可导致肺、血液、呼吸道病变。

目前国内使用的众多天然石材产品，大部分是符合 A 类产品要求的，但不排除有少量的 B 类、C 类产品。因此，装饰工程中应选用经放射性测试，且获得了放射性产品合格证的产品。此外，在使用过程中，还应经常打开居室门窗，促进室内空气流通，使氡稀释，达到减少污染的目的。

（4）应用

花岗石板材主要应用于大型公共建筑或装饰等级要求较高的室内外装饰工程。花岗石因不易风化，外观色泽可保持百年以上。因此，粗面和细面花岗石板材常用于室外地面、墙面、柱面、勒脚、基座、台阶；镜面花岗石板材主要用于室内外地面、墙面、柱面、台面、台阶等，特别适宜做大型公共建筑大厅的地面。

2. 天然大理石板材

建筑装饰工程上所指的大理石是广义的，除指大理岩外，还泛指具有装饰功能，可以磨平、抛光的各种碳酸盐岩和与其有关的变质岩，如石灰岩、白云岩、钙质砂岩等。大理石板材主要成分为碳酸盐矿物。

（1）特性

天然大理石质地较密实、抗压强度较高、吸水率低、质地较软，属碱性中硬石材。它易加工、开光性好，常被制成抛光板材，其色调丰富、材质细腻，极富装饰性。

大理石的化学成分有 CaO、MgO、SiO_2 等，其中 CaO 和 MgO 的总量占 50% 以上，故大理石属碱性石材。在大气中受硫化物及水汽形成的酸雨长期作用，大理石容易发生腐蚀，造成表面强度降低，变色掉粉，失去光泽，影响其装饰性能。因此，除少数大理石，如汉白玉、艾叶青等质纯、杂质少、比较稳定、耐久的板材品种可用于室外以外，绝大多数大理石板材只宜用于室内。

（2）分类、等级及技术要求

天然大理石板材按形状分为普型板（PX）和圆弧板（HM）。国际和国内板材的通用厚度为 20 mm，亦称为厚板。随着石材加工工艺的不断改进，厚度较小的板材也开始应用于装饰工程，常见的有 10 mm、8 mm、7 mm、5 mm 等，亦称为薄板。

根据 GB/T 19766—2016《天然大理石建筑板材》，天然大理石板材按板材的规格尺寸偏差、平面度公差、角度公差及外观质量分为优等品（A）、一等品（B）和合格品（C）三个等级。

天然大理石板材的技术要求包括规格尺寸允许偏差、平面度允许公差、角度允许公差、外观质量和物理性能。

天然大理石、花岗石板材采用"平方米"计量，出厂板材均应注明品种代号标记、商标、生产厂名。配套工程用材料应在每块板材侧面标明其图纸编号。包装时应将光面相对，并按板材品种规格、等级分别包装。运输搬运过程中应严禁滚摔碰撞。板材直立码放时，倾斜角不大于15°；平放时地面必须平整，垛高不高于1.2 m。

（3）应用

天然大理石板材是装饰工程中的常用饰面材料，一般用于宾馆、展览馆、剧院、商场、图书馆、机场、车站、办公楼、住宅等工程的室内墙面、柱面、服务台、栏板、电梯间门口等部位。由于其耐磨性相对较差，虽也可用于室内地面，但不宜用于人流较多场所的地面。由于大理石耐酸腐蚀能力较差，除个别品种外，一般只适用于室内。

学习活动 3-1

大理石和花岗石适用性的区别

在此活动中你将通过简单的试验，认知大理石和花岗石的适用性，以增强根据工程特点选择适用材料品种的意识和能力。

完成此活动需要花费 15 min。

步骤1：准备大理石和花岗石边角料（最好选抛光料）各一块以及少许稀盐酸溶液。将酸液用吸管滴一些在两种石料表面。

步骤2：观察石料表面滴酸液处发生的变化，或将试块表面擦拭干净，观察相应部位光泽程度的变化。

反馈：

1. 大理石表面有气泡产生或失去光泽，而花岗石无前述变化。

2. 说明了大理石、花岗石耐酸腐蚀性能的差异及工程适用性的不同。

3. 青石板材

青石板属于沉积岩类（砂岩），其主要成分为石灰石、白云石，随着岩石深埋条件的不同和其他杂质（如铜、铁、锰、镍等金属氧化物）的混入，形成多种色彩。青石板质地密实、强度中等、易于加工，可采用简单工艺凿割成薄板或条形板。青石板材是理想的建筑装饰材料，用于建筑物墙裙、地坪铺贴以及庭园栏杆（板）、台阶等，具有古建筑的独特风格。

常用青石板的色泽为豆青色和深豆青色以及青色带灰白结晶颗粒等多种。青石板根据加工工艺的不同分为粗毛面板、细毛面板和剁斧板等多种，可根据建筑意图加工成光面（磨光）板。青石板的主要产地有浙江台州、原江苏吴县、北京石景山区等。

青石板材以"立方米"或"平方米"计量，其包装、运输、储存条件类似于花岗石板材。

4. 人造饰面石材

人造饰面石材是采用无机或有机胶凝材料作为胶黏剂，以天然砂、碎石、石粉或工业渣等为粗、细填充料，经成型、固化、表面处理而成的一种人造材料。它一般具有质量轻、强度大、厚度薄、色泽鲜艳、花色繁多、装饰性好、耐腐蚀、耐污染、便于施工、价格较低的特点。按照所用材料和制造工艺的不同，可把人造饰面石材分为水泥型人造石材、聚酯型人造石材、复合型人造石材、烧结型人造石材和微晶玻璃型人造石材。其中，聚酯型人造石材和微晶玻璃型人造石材是目前应用较多的品种。

人造饰面石材适用于室内外墙面、地面、柱面、台面等。

小结

本章主要介绍了岩石的形成和分类；建筑石材的分类、性能和应用。

抗压强度高是建筑石材的优势性能。根据抗压强度的高低，可将石材分为九个等级，以此区分石材使用性能的好坏。

建筑石材有毛石、料石和饰面石材之分。毛石、料石的应用历史长且仍在大量使用。饰面石材由于具有极高的艺术观赏价值，其使用范畴日益扩大。

自测题

思考题

1.分析造岩矿物、岩石、石材之间的相互关系。

2.岩石的性质对石材的使用有何影响？举例说明。

3.岩石按成因划分主要有哪几类？简述它们之间的变化关系。

4.岩石孔隙大小对其哪些性质有影响，为什么？

5.毛石和料石有哪些用途，与其他建筑材料相比有何优势（从经济、工程、与自然的关系三方面分析）？

6.天然石材的强度等级是如何划分的？举例说明。

7.天然大理石板材、花岗石板材和青石板材有哪些用途？

8.如何认识天然石材的放射性？其按照天然放射性核素的放射性比活度及外照射指数的限值如何分类？各类的应用范围是如何规定的？

测验评价

完成"建筑石材"测评

4 CHAPTER 4

气硬性胶凝材料

导言

在上一章中，你已经学习了建筑材料的基本性质，了解和初步掌握了研究各类建筑材料性能的出发点和分析工具。本章主要介绍气硬性胶凝材料石灰、石膏、水玻璃的品种、分类、技术性能和选择应用。

胶凝材料是指能将块状、散粒状材料黏结为整体的材料。根据硬化的条件不同，胶凝材料分为气硬性胶凝材料和水硬性胶凝材料两类。

气硬性胶凝材料是指只能在空气中凝结、硬化、保持和发展强度的胶凝材料；水硬性胶凝材料是指既能在空气中硬化，更能在水中凝结、硬化，并保持和发展强度的胶凝材料。

石灰和石膏是建筑上应用历史悠久的气硬性胶凝材料。由于石灰和石膏的生产原料广泛，工艺简单，成本低廉，所以至今仍被广泛应用于建材工业或直接应用于建筑工程。

本章主要包括以下内容：

• 石灰；

• 石膏；

• 水玻璃。

4.1　石灰

课程讲解：石灰　背景资料介绍

通过《石灰吟》（明·于谦），你将了解石灰丰富的文化底蕴

4.1.1　石灰的品种和生产

1. 石灰的品种

石灰是将以碳酸钙（$CaCO_3$）为主要成分的岩石（如石灰岩、贝壳石灰岩等）经适当煅烧、分解、排出二氧化碳（CO_2）而制得的块状材料，其主要成分为氧化钙（CaO），其次为氧化镁（MgO）。根据生石灰中氧化镁含量的不同，生石灰分为钙质生石灰和镁质生石灰。钙质生石灰中的氧化镁含量小于5%；镁质生石灰中的氧化镁含量为5%~24%。

建筑用石灰有生石灰（块灰）、生石灰粉、熟石灰粉（又称建筑消石灰粉、消解石灰粉、水化石灰）和石灰膏等几种形态。

2. 石灰的生产

生产石灰的过程就是煅烧石灰石，使其分解为生石灰和二氧化碳的过程，其反应如下：

$$CaCO_3 \xrightarrow{900\,℃} CaO + CO_2 \uparrow$$

当煅烧温度达到700 ℃时，石灰岩中的次要成分碳酸镁开始分解为氧化镁，反应如下：

$$MgCO_3 \xrightarrow{700\,℃} MgO + CO_2 \uparrow$$

当入窑石灰石块度较大，煅烧温度较高时，石灰石块的中心部位达到分解温度时，其表面已超过分解温度，得到的石灰石晶粒粗大，遇水后熟化反应缓慢，称为过火石灰。若煅烧温度较低，大块石灰石的中心部位不能完全分解，此时称为欠火石灰。过火石灰熟化十分缓慢，而且可能在石灰应用之后熟化，致体积膨胀，造成起鼓开裂，影响工程质量。欠火石灰则降低了石灰的质量，也影响了石灰石的产灰量。

课程讲解：石灰　石灰的生产

请关注石灰生产与环保、节能的关系

4.1.2 石灰的熟化和石灰浆的硬化

1. 石灰的熟化

石灰的熟化是指生石灰（CaO）加水之后水化为熟石灰［$Ca(OH)_2$］的过程。其反应方程式如下：

$$CaO+H_2O == Ca(OH)_2$$

生石灰具有强烈的消解能力，水化时放出大量的热（约 950 kJ/kg），其放热量和放热速度都比其他胶凝材料大得多。生石灰水化的另一个特点是体积增大 1~2.5 倍。煅烧良好、氧化钙含量高、杂质含量低的生石灰（块灰），其熟化速度快、放热量大、体积膨胀也大。

生石灰熟化的方法有淋灰法和化灰法。淋灰法就是在生石灰中均匀加入其体积 70% 左右的水（理论值为 31.2%），便可得到颗粒细小、分散的熟石灰粉。工地上调制熟石灰粉时，每堆放半米高的生石灰块，淋其体积 60%~80% 的水，再堆放再淋，使之成粉且不结块为止。目前多用机械方法将生石灰熟化为熟石灰粉。化灰法是在生石灰中加入适量的水（约为块灰质量的 2.5~3 倍），得到的浆体称为石灰乳，石灰乳沉淀后除去表层多余水分后得到的膏状物称为石灰膏。调制石灰膏通常在化灰池和储灰坑中完成。为了消除过火石灰在使用中造成的危害，石灰膏（乳）应在储灰坑中存放半个月以上，然后方可使用。这一过程叫作"陈伏"。陈伏期间，石灰浆表面应敷盖一层水，以隔绝空气，防止石灰浆表面碳化。

> 课程讲解：石灰 石灰的熟化

2. 石灰浆的硬化

石灰浆的硬化包括干燥硬化、结晶硬化和碳酸化硬化。

（1）干燥硬化

浆体中大量水分向外蒸发，形成大量彼此相通的孔隙，尚留于孔隙内的自由水由于水的表面张力产生毛细管压力，使石灰粒子更加紧密，因而获得强度的过程称为干燥硬化。浆体进一步干燥时，这种作用也随之加强。但这种由于干燥获得的强度类似于黏土干燥后的强度，其强度值不高，而且，当再遇到水时，其强度又会丧失。

（2）结晶硬化

浆体中高度分散的胶体粒子，被粒子间的扩散水层所隔开，当水分逐渐减少时，扩散水层逐渐减薄，因而胶体粒子在分子力的作用下互相黏结，形成凝聚结构的空间网，从而获得强度的过程称为结晶硬化。在存在水分的情况下，由于氢氧化钙能溶解于水，故胶体凝聚结构逐渐通过通常的、由胶体逐渐变为晶体的过程，转变为较粗晶粒的结晶结构网，从而使强度提高。但是，由于这种结晶结构网的接触点溶解度较高，故当再遇到水时，强度会降低。

（3）碳酸化硬化

浆体从空气中吸收 CO_2 气体，形成不溶解于水的碳酸钙。这个过程称为浆体的碳酸化（简称碳化）。其反应如下：

$$Ca(OH)_2 + CO_2 + nH_2O = CaCO_3 + (n+1)H_2O$$

上述硬化过程中的各种变化是同时进行的。对强度增长起主导作用的是结晶硬化，干燥硬化也起一定的附加作用。表层的碳化作用，固然可以获得较高的强度，但进行得非常慢，而且从反应式看，这个过程的进行，一方面必须有水分存在，另一方面又生成较多的水，这将不利于干燥硬化和结晶硬化。由于石灰浆的这种硬化机理，故它不宜用于长期处于潮湿状态或反复受潮的地方。具体使用时，往往给石灰浆中掺入填充材料，如掺入砂配成石灰砂浆使用，掺入砂可减少收缩，更主要的是砂的掺入能在石灰浆内形成连通的毛细孔道促使内部水分蒸发并进一步碳化，以加速硬化。为了避免收缩产生裂缝，常在石灰浆中加纤维材料，制成石灰麻刀灰、石灰纸筋灰等。

> 课程讲解：石灰 石灰的硬化

4.1.3 石灰的技术要求

生石灰是以石灰中活性氧化钙和氧化镁含量的高低，过火石灰和欠火石灰及其他杂质含量的多少作为主要指标来评价其质量优劣的。根据建材行业标准 JC/T 479—2013《建筑生石灰》，按照生石灰的加工情况，其可分为建筑生石灰和建筑生石灰粉；按生石灰的化学成分，其可分为钙质石灰和镁质石灰，根据化学成分的含量，每类又分成各个级别，具体见表 4-1。建筑生石灰的技术指标见表 4-2。

表 4-1　建筑生石灰的分类

类　别	名　称	代　号
钙质石灰	钙质石灰 90	CL90
	钙质石灰 85	CL85
	钙质石灰 75	CL75
镁质石灰	镁质石灰 85	ML85
	镁质石灰 75	ML75

根据建材行业标准 JC/T 481—2013《建筑消石灰粉》，建筑消石灰（熟石灰）按扣除游离水和结合水后 CaO+MgO 的百分含量进行分类，具体见表 4-3。建筑消石灰的技术指标见表 4-4。

表 4-2　建筑生石灰的技术指标

名　称	氧化钙+氧化镁	氧化镁	二氧化碳	三氧化硫	产浆量，以（dm³/10 kg）计	细　度	
						0.20 mm 筛余量	90 μm 筛余量
CL90-Q CL90-QP	≥ 90%	≤ 5%	≤ 4%	≤ 2%	≥ 26% —	— ≤ 2%	— ≤ 7%
CL85-Q CL85-QP	≥ 85%	≤ 5%	≤ 7%	≤ 2%	≥ 26% —	— ≤ 2%	— ≤ 7%
CL75-Q CL75-QP	≥ 75%	≤ 5%	≤ 12%	≤ 2%	≥ 26% —	— ≤ 2%	— ≤ 7%
ML85-Q ML85-QP	≥ 85%	>5%	≤ 1%	≤ 2%	—	— ≤ 2%	— ≤ 7%
ML75-Q ML75-QP	≥ 75%	>5%	≤ 7%	≤ 2%	—	≤ 7%	≤ 2%

注：表中"-Q""-QP"分别表示生石灰和生石灰粉。

表 4-3　建筑消石灰的分类

类　别	名　称	代　号
钙质消石灰	钙质消石灰 90	HCL90
	钙质消石灰 85	HCL85
	钙质消石灰 75	HCL75
镁质消石灰	镁质消石灰 85	HML85
	镁质消石灰 80	HML80

表 4-4　建筑消石灰的技术指标

名　称	氧化钙+氧化镁	氧化镁	三氧化硫	细　度		游离水	体积安定性
				0.20 mm 筛余量	90 μm 筛余量		
HCL90	≥ 90%	≤ 5%	≤ 2%	≤ 2%	≤ 7%	≤ 2%	合格
HCL85	≥ 85%	≤ 5%					
HCL75	≥ 75%	≤ 5%					
HML85	≥ 85%	>5%					
HML80	≥ 80%	>5%					

材料技术指标列表的识读

在此活动中你将重点学习识读技术标准提供的技术指标列表，了解通过数据横纵向的对比，得知技术特性变化规律的方法，通过表观数据认识材料的性能内在变化，以提高正确认知和指导建筑材料选择应用的职业能力。

完成此活动需要花费 20 min。

步骤 1：请你阅读表 4-2，注意第一行（横向）所列的各项技术指标随产品类别的不同，相应技术数据的变化规律。可通过对自己提问"每一种生石灰 CaO+MgO 含量随类别的不同是如何变化的？"，进而认识所反映的规律和本质。

步骤 2：按照步骤 1 的思路继续分析表 4-2。

反馈：

1. 试思考其他技术指标设定的范围有何意义，例如，"为什么对 CO_2 含量要求是'不大于'？"等。

2. 教师对学习者的活动结论给予指导评价。

4.1.4 石灰的技术性质和应用

1. 石灰的技术性质

① 良好的保水性。生石灰熟化为石灰浆时，氢氧化钙粒子呈胶体分散状态。其颗粒极细，直径约为 1 μm，颗粒表面吸附一层较厚的水膜。由于粒子数量很多，石灰总表面积很大，这是它保水性良好的主要原因。利用这一性质，将石灰掺入水泥砂浆中，配合成混合砂浆，能够克服水泥砂浆容易泌水的缺点。

② 凝结硬化慢、强度低。由于空气中的 CO_2 含量低，而且碳化后形成的碳酸钙硬壳阻止 CO_2 向内部渗透，也阻止水分向外蒸发，结果使 $CaCO_3$ 和 $Ca(OH)_2$ 结晶体生成量少且生成缓慢，已硬化的石灰强度很低。1∶3 的石灰砂浆，28 天的强度只有 0.2~0.5 MPa。

③ 吸湿性强。生石灰吸湿性强，保水性好，是传统的干燥剂。

④ 体积收缩大。石灰浆体凝结硬化过程中，蒸发大量水分，毛细管失水收缩，引起体积收缩。石灰收缩变形会使制品开裂，因此它不宜单独用来制作建筑构件及制品。

⑤ 耐水性差。若石灰浆体尚未硬化就处于潮湿环境中，由于石灰中水分不能蒸发出去，则其硬化停止；若是已硬化的石灰，长期受潮或受水浸泡，则由于 $Ca(OH)_2$ 可溶于水，已硬化的石灰会溃散。因此，石灰胶凝材料不宜用于潮湿环境及易受水浸泡的部位。

⑥ 化学稳定性差。石灰是碱性材料，与酸性物质接触时，易发生化学反应，生成新物质。此外，石灰及含石灰的材料长期处在潮湿空气中，容易发生碳化生成碳酸钙。

2. 石灰的应用

① 粉刷墙壁和配制石灰砂浆或水泥混合砂浆。用熟化并陈伏好的石灰膏，稀释成石灰乳，可用作内、外墙及天棚的涂料，一般多用于内墙涂刷。以石灰膏为胶凝材料，掺入砂和水拌和后，可制成石灰砂浆；在水泥砂浆中掺入石灰膏后，可制成水泥混合砂浆，在建筑工程中用量很大。

② 配制灰土和三合土。熟石灰粉可用来配制灰土（熟石灰＋黏土）和三合土（熟石灰＋黏土＋砂、石或炉渣等填料）。常用的三七灰土和四六灰土，分别表示熟石灰和砂土的体积比例为3∶7和4∶6。由于黏土中含有的活性氧化硅和活性氧化铝与氢氧化钙反应可生成水硬性产物，使黏土的密实程度、强度和耐水性得到改善，因此灰土和三合土广泛用于建筑的基础和道路的垫层。

③ 生产无熟料水泥、硅酸盐制品和碳化石灰板。

无熟料水泥是指具有一定潜在水硬性的材料（如粒化高炉矿渣、粉煤灰、煤矸石、天然火山灰）与石灰混合而制成的水泥，其生产过程不需煅烧，故节约能源，但其性能尤其是耐久性不够稳定。

硅酸盐制品是指以硅酸盐为主要成分的建筑材料，包括粉煤灰砌块、灰砂砖等，其中的钙质成分主要由石灰提供，是建筑材料的主要类别。

碳化石灰板是一种对石灰石综合利用、零碳排放的环保绿色建筑板材，具有良好的应用前景。

对于石灰的储存和运输，必须注意：生石灰要在干燥环境中储存和保管；若储存期过长，则必须在密闭容器内存放；运输中要有防雨措施；要防止石灰受潮或遇水后水化，熟化热量集中放出可能导致火灾；磨细生石灰粉在干燥条件下储存期一般不超过一个月，最好随产随用。

4.2 石膏

课程讲解：石膏　石膏的背景资料

石膏在西亚地区用于建筑已有四五千年的历史，是人类最早认知和使用的胶凝材料之一

建筑石膏是一种以硫酸钙为主要成分的气硬性胶凝材料。石膏及其制品具有轻质、高强、隔热、阻火、吸声、形体饱满、容易加工等一系列优良性能，是室内装饰工程常用的装饰材料。建筑装饰工程中常用的石膏品种有建筑石膏、模型石膏、高强石膏和粉

刷石膏。

4.2.1　石膏的生产与品种

建筑上常用的石膏，主要是由天然二水石膏（或称生石膏）经过煅烧、磨细而制成的。天然二水石膏出自天然石膏矿，因其主要成分为 $CaSO_4 \cdot 2H_2O$，其中含两个结晶水而得名。将天然二水石膏在不同的压力和温度下煅烧，可以得到不同的石膏产品。

1. 建筑石膏

建筑石膏是将天然二水石膏（生石膏）加热至 110 ℃ ~170 ℃，部分结晶水脱出后得到半水石膏（熟石膏），再经磨细得到的粉状的石膏品种，反应式为

$$CaSO_4 \cdot 2H_2O = CaSO_4 \cdot \frac{1}{2}H_2O + \frac{3}{2}H_2O$$

这种常压下生产的建筑石膏称为 β 型半水石膏。若在上述条件下煅烧一等或二等的半水石膏，然后磨得更细些，则这种 β 型半水石膏被称为模型石膏，是建筑装饰制品的主要原料。

2. 高强石膏

将天然二水石膏在 0.13 MPa、124 ℃的压蒸锅内蒸炼，则生成比 β 型半水石膏晶体粗大的 α 型半水石膏，称为高强石膏。由于高强石膏晶体粗大，比表面积小，调成可塑性浆体时需水量只是建筑石膏需水量的一半，因此硬化后具有较高的密实度和强度。高强石膏可以用于室内抹灰，制作装饰制品和石膏板。若掺入防水剂，则可制成高强抗水石膏，可在潮湿环境中使用。

石膏的品种很多，虽然各品种的石膏在建筑中均有应用，但是用量最多、用途最广的是建筑石膏。

4.2.2　石膏的凝结与硬化

> 课程讲解：石膏　石膏的凝结与硬化

建筑石膏与适量的水混合后，起初形成均匀的石膏浆体，但紧接着石膏浆体失去塑性，成为坚硬的固体。这是因为半水石膏遇水后，将重新水化生成二水石膏，放出热量并逐渐凝结硬化。水化反应式如下：

$$CaSO_4 \cdot \frac{1}{2}H_2O + \frac{3}{2}H_2O = CaSO_4 \cdot 2H_2O$$

建筑石膏的凝结硬化的微观机理如下：半水石膏遇水后溶解，并生成不稳定的过饱和

溶液，溶液中的半水石膏经过水化成为二水石膏。由于二水石膏在水中的溶解度（20 ℃为2.05 g/L）较半水石膏的溶解度（20 ℃为8.16 g/L）小得多，所以二水石膏溶液会很快达到过饱和，因此很快析出胶体微粒并且不断转变为晶体。由于二水石膏的析出破坏了原来半水石膏溶解的平衡状态，这时半水石膏会进一步溶解，以补偿二水石膏析晶而在液相中减少的硫酸钙含量。如此不断地进行半水石膏的溶解和二水石膏的析出，直到半水石膏完全水化为止。与此同时，浆体中的自由水因水化和蒸发逐渐减少，浆体变稠，失去塑性。以后水化物晶体继续增长，直至完全干燥，强度发展到最大值，完成硬化过程。

4.2.3　石膏的技术要求

建筑石膏呈洁白粉末状，密度为2.6~2.75 g/cm³，堆积密度为800~1 100 kg/m³。建筑石膏的技术要求主要有细度、凝结时间和强度。按2 h强度的差别，可将建筑石膏分为3.0、2.0和1.6三个等级，根据国家标准GB/T 9776—2008《建筑石膏》，建筑石膏的物理力学性能指标见表4-5。

表4-5　建筑石膏的物理力学性能指标

等级	细度（0.2 mm方孔筛筛余）	凝结时间/min		2 h强度/MPa	
		初凝	终凝	抗折强度	抗压强度
3.0				≥ 3.0	≥ 6.0
2.0	≤ 10%	≥ 3	≤ 30	≥ 2.0	≥ 4.0
1.6				≥ 1.6	≥ 3.0

注：指标中有一项不合格者，应予以降级或报废。

4.2.4　石膏的性质特点与应用

1. 石膏的性质特点

与石灰等胶凝材料相比，石膏的性质特点如下：

① 凝结硬化快。建筑石膏的初凝和终凝时间很短，加水后6 min即可凝结，终凝不超过30 min，在室温自然干燥条件下，约1周时间可完全硬化。为施工方便，常掺加适量缓凝剂，如硼砂、纸浆废液、骨胶、皮胶等。

② 孔隙率高，表观密度小，保温、吸声性能好。建筑石膏水化反应的理论需水量仅为其质量的18.6%，但施工中为了保证浆体有必要的流动性，其加水量常达60%~80%，多余水分蒸发后，将形成大量孔隙，硬化体的孔隙率可达50%~60%。硬化体的多孔结构特点使建筑石膏制品具有表观密度小、质轻，保温隔热性能好和吸声性强等优点。

③ 具有一定的调湿性。多孔结构特点使石膏制品的热容量大、吸湿性强，当室内温度、湿度变化时，由于制品的"呼吸"作用，环境温度、湿度能得到一定的调节而保持恒定。

④ 耐水性、抗冻性差。石膏是气硬性胶凝材料，吸水性大，长期在潮湿环境中，其晶体粒子间的结合力会削弱，直至溶解，因此不耐水、不抗冻。

⑤ 凝固时体积微膨胀。建筑石膏在凝结硬化时具有微膨胀性，其体积膨胀率为0.05%~0.15%。这种特性可使成型的石膏制品表面光滑、轮廓清晰、线角饱满、尺寸准确。干燥时不产生收缩裂缝。

⑥ 防火但不耐火。二水石膏遇火后，结晶水蒸发，形成蒸汽幕，可阻止火势蔓延起到防火作用。但建筑石膏不耐火，长时间经受高温，二水石膏会脱水分解形成无水硫酸钙，强度降低甚至丧失。

学习活动 4-2

石膏技术特性的应用意义

在此活动中你将通过实物观察和日常生活经验，加深对上述石膏技术特性的实际应用意义的认识，进一步提高根据工程特点选择适用材料品种的意识和能力。

完成此活动需要花费 15 min。

步骤 1：在学校样品室或材料市场观察装饰石膏制品（饰线、饰物等）的断面和表面表观状况。

步骤 2：取一块石膏制品的碎块浸入水中，观察其吸水性（可根据水泡确定）和耐水性（可根据浸水后溃散或强度的变化确定）。

反馈：

1. 石膏为什么最适宜做定型装饰线？
2. 说明石膏制品不适用于室外的原因。

2. 石膏的应用

（1）室内抹灰及粉刷

将建筑石膏加水调成浆体，可用作室内粉刷材料。

将建筑石膏加水、砂拌和成石膏砂浆，可用于室内抹灰。石膏砂浆隔热保温性能好，热容量大，吸湿性强，因此能够调节室内温度、湿度，使其经常保持均衡状态，给人以舒适感。粉刷后的墙面表面光滑、细腻、洁白美观。这种抹灰墙面还具有绝热、阻火、吸声以及施工方便、凝结硬化快、黏结牢固等特点，石膏砂浆为室内高级粉刷和抹灰材料。石膏抹灰的墙面及天棚，可以直接涂刷油漆或粘贴墙纸。

（2）建筑装饰制品

以模型石膏为主要原料，掺加少量纤维增强材料和胶料，加水搅拌成石膏浆体。将浆体注入各种各样的金属（或玻璃）模具中，就获得了花样、形状不同的石膏装饰制品，如平板、多孔板、花纹板、浮雕板等。石膏装饰板具有色彩鲜艳、品种多样、造型美观、施工方便等优点，是室内墙面和顶棚常用的装饰制品。

（3）石膏板

近年来，随着框架轻板结构的发展，石膏板的生产和应用也迅速发展起来。石膏板具有轻质、隔热保温、吸声、不燃以及施工方便等性能，还具有原料来源广泛、燃料消耗少、生产设备简单、生产周期短等优点。常见的石膏板主要有纸面石膏板、纤维石膏板和空心石膏板。另外，新型石膏板材不断涌现。

建筑石膏容易受潮吸湿，凝结硬化快，因此在运输、储存的过程中，应注意避免受潮。石膏长期存放，强度也会降低。一般储存三个月后，强度下降 30% 左右。因此，建筑石膏储存时间不宜过长，若超过三个月，应重新检验并确定其等级。

4.3 水玻璃

 IP 讲座：第 2 讲第三节　水玻璃

水玻璃俗称泡花碱，是一种可溶解于水的、由碱金属氧化物和二氧化硅结合而成的气硬性硅酸盐胶凝材料，常用的是钠水玻璃。

4.3.1　水玻璃的生产与组成

1. 水玻璃的生产

钠水玻璃的生产是将主要原料纯碱（Na_2CO_3）与石英砂（SiO_2）磨细，按一定比例配合，在玻璃熔炉内加热至 1 400 ℃ ~1 500 ℃，熔融生成硅酸钠。其反应如下：

$$Na_2CO_3 + n\,SiO_2 \xrightarrow{1\,400\ ℃\sim1\,500\ ℃} Na_2O \cdot nSiO_2 + CO_2 \uparrow$$

所得产物为块状的固体硅酸钠，然后用非蒸压法或蒸压法溶解，即可得到常用的液态水玻璃。

2. 水玻璃的组成

水玻璃的化学通式为 $R_2O \cdot nSiO_2$。其中，R_2O 表示碱金属氧化物，多为 Na_2O，其次是 K_2O；n 表示水玻璃的模数，表示水玻璃中 SiO_2 与碱金属氧化物物质的量之比。

我国生产的水玻璃模数一般为 2.4~3.3，建筑工程中常用模数为 2.6~2.8 的硅酸钠水玻璃。

4.3.2　水玻璃的硬化

水玻璃溶液是气硬性胶凝材料，在空气中，它能与 CO_2 发生反应，生成硅胶，其反应式为

$$Na_2O \cdot nSiO_2+CO_2+mH_2O == Na_2CO_3+nSiO_2 \cdot mH_2O$$

硅胶（ $nSiO_2 \cdot mH_2O$ ）脱水析出固态的 SiO_2 。但这种反应很缓慢，因此水玻璃在自然条件下，其凝结与硬化速度也缓慢。

若在水玻璃中加入硬化剂，则硅胶析出速度大大加快，从而加速了水玻璃的凝结和硬化。常用固化剂为氟硅酸钠（ Na_2SiF_6 ）。一般情况下，氟硅酸钠的适宜掺量为水玻璃质量的12%~15%。

水玻璃的模数和密度对凝结、硬化速度影响较大。当模数较高时，硅胶容易析出，水玻璃凝结、硬化快；当水玻璃密度较小时，溶液黏度小，反应和扩散速度较快，水玻璃凝结、硬化速度也快。而当模数较低或密度较大时，则凝结、硬化都较慢。

此外，温度和湿度对水玻璃凝结、硬化速度也有明显影响。温度高、湿度小时，水玻璃硬化反应加快，生成的硅酸凝胶脱水亦快；反之，水玻璃凝结、硬化速度也慢。

4.3.3　水玻璃的性质

1. 强度高

水玻璃硬化后具有较高的黏结强度、抗拉强度和抗压强度。水玻璃硬化后的强度与水玻璃模数、密度、固化剂用量及细度，以及填料、砂和石的用量及配合比等因素有关，同时还与配制、养护、酸化处理等施工质量有关。

2. 耐酸性强

硬化后的水玻璃，其主要成分为 SiO_2 ，所以它的耐酸性很强。尤其是在强氧化性酸中，水玻璃具有较强的化学稳定性，但水玻璃类材料不耐碱性介质的侵蚀。

3. 耐热性好

水玻璃硬化形成 SiO_2 空间网状骨架，因此具有良好的耐热性能。若以镁质耐火材料为骨料配制水玻璃混凝土，其使用温度可达 1 100 ℃。

4.3.4　水玻璃的应用

1. 涂刷材料表面，浸渍多孔性材料，加固地基

以水玻璃涂刷石材表面，可增强石材表面的抗风化能力，提高建筑物的耐久性。以密度为 1.35 g/cm³ 的水玻璃浸渍或多次涂刷黏土质砖、水泥混凝土等多孔材料，可以提高材料

的密实度和强度，其抗渗性和耐水展性均有提高。但需要注意，切不可用水玻璃处理石膏制品。因为含 $CaSO_4$ 的材料与水玻璃可生成 Na_2SO_4，其具有结晶膨胀性，会使材料受结晶膨胀作用而被破坏。将模数为 2.5~3 的水玻璃和氯化钙溶液一起灌入土壤中，生成的硅酸凝胶在潮湿环境下因吸收土壤中水分而处于膨胀状态，使土壤固结，地基抗渗性得到提高。

2. 配制防水剂

以水玻璃为基料，加入两种或四种矾的水溶液，称为二矾或四矾防水剂。这种防水剂可以掺入硅酸盐水泥砂浆或混凝土中，以提高砂浆或混凝土的密实性和凝结硬化速度。四矾防水剂凝结速度快，一般不超过 1 min，适用于堵塞漏洞、缝隙等抢修工程。

3. 水玻璃混凝土

以水玻璃为胶结材料，以氟硅酸钠为固化剂，掺入铸石粉等粉状填料，以及细、粗骨料，经混合搅拌、振捣成型、干燥养护及酸化处理等加工而成的复合材料称为水玻璃混凝土。若采用的填料和骨料为耐酸材料，则称为水玻璃耐酸混凝土；若选用耐热的砂、石骨料，则称为水玻璃耐热混凝土。

水玻璃混凝土具有机械强度高，耐酸和耐热性能好，整体性强，材料来源广泛，施工方便，成本低及使用效果好等特点。

小结

本章主要介绍气硬性胶凝材料石灰、石膏、水玻璃的硬化机理、性质和应用。石灰的硬化机理为干燥、结晶和碳化；石膏的硬化机理为溶解、水化、凝结和硬化；水玻璃的硬化机理则主要为碳化。

石灰的主要性质为保水、吸湿、硬化时收缩大、强度低、成型好；石膏的主要性质为保温、吸声、阻火、硬化快、不耐水；水玻璃的主要性质为强度高、耐酸性强、耐热性好。石灰主要用于砌筑和抹面；石膏主要用于装饰和生产艺术装饰品；水玻璃主要用于护面、加固，以及生产耐热、耐酸混凝土。

自测题

思考题

1．简述石灰的熟化特点。

2．简述石膏的性能特点。

3．水玻璃模数、密度与水玻璃性质有何关系？

4．生石灰块灰、生石灰粉、熟石灰粉和石灰膏等石灰制品在使用时有何特点，使用中应注意哪些问题？

5．石膏制品为什么具有良好的保温隔热性和阻燃性？

6．石膏抹灰材料和其他抹灰材料的性能有何特点？举例说明。

测验评价

完成"气硬性胶凝材料"测评（资源包的气硬性胶凝材料与水泥在一个测评中，可安排在第 5 章后一并完成）

5

CHAPTER 5

水泥

📖 导言

在上一章中，你已经学习了气硬性胶凝材料石膏、石灰和水玻璃的相关知识，了解和初步掌握了研究胶凝材料性能的基本方法。本章主要介绍水硬性胶凝材料水泥，其中以通用硅酸盐水泥为主线介绍其品种、分类、技术性能和选择应用，并简要介绍其他种类的水泥产品。

凡细磨材料与水混合后成为塑性浆体，经一系列物理化学作用凝结硬化变成坚硬的石状体，并能将砂石等散粒状材料胶结成为整体的水硬性胶凝材料，通称为水泥。

水泥是建筑工业三大基本材料之一，使用广、用量大，素有"建筑工业的粮食"之称。水泥大量应用于建筑、水利、道路、国防等工程中；近年来，宇航、信息及其他新兴工业中对各种具有特种性能的水泥基复合材料的需求量也越来越大。水泥通常作为胶凝材料与骨料及增强材料一起制成混凝土、钢筋混凝土、预应力混凝土构件，也可配制成砌筑砂浆、防水砂浆、装饰砂浆，用于建筑物的砌筑、抹面和装饰。

水泥品种繁多，按其主要水硬性物质的不同，可分为硅酸盐水泥、铝酸盐水泥、硫铝酸盐水泥、铁铝酸盐水泥等系列，其中以硅酸盐水泥生产量最大，应用最为广泛。

　　硅酸盐水泥是由以硅酸钙为主要成分的水泥熟料、一定量的混合材料和适量石膏共同磨细制成的。按其性能和用途不同，水泥可分为通用水泥、专用水泥和特性水泥三大类。

　　课程讲解：水泥　背景资料
　　水泥的发明推动了近代建筑的划时代变革，中国水泥工业的发展更标志着中国建材工业的起步和繁荣

5.1　通用硅酸盐水泥概述

　　通用硅酸盐水泥是指以硅酸盐水泥熟料、适量的石膏及规定的混合材料制成的水硬性胶凝材料。它包括硅酸盐水泥、普通硅酸盐水泥、矿渣硅酸盐水泥、火山灰质硅酸盐水泥、粉煤灰硅酸盐水泥和复合硅酸盐水泥。通用硅酸盐水泥的国家标准为 GB 175—2007《通用硅酸盐水泥》。

5.1.1　通用硅酸盐水泥的生产

　　课程讲解：水泥　水泥的生产

　　通用硅酸盐水泥的生产原料主要是石灰质原料和黏土质原料。石灰质原料，如石灰石、白垩等，主要提供氧化钙；黏土质原料，如黏土、页岩等，主要提供氧化硅、氧化铝与氧化铁。有时为调整化学成分，还须加入少量辅助原料，如铁矿石。

　　为调整通用硅酸盐水泥的凝结时间，在生产的最后阶段还要加入石膏。

　　通用硅酸盐水泥生产流程示意图如图 5-1 所示。

　　总之，通用硅酸盐水泥生产的主要工艺就是两磨（磨细生料、磨细熟料）一烧（生料煅烧成熟料）。

5.1.2　通用硅酸盐水泥的组分与组成材料

　　1. 组分
　　通用硅酸盐水泥的组分见表 5-1。

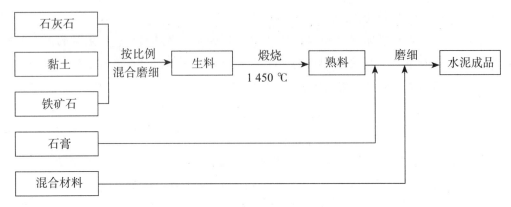

图 5-1 通用硅酸盐水泥生产流程示意图

表 5-1 通用硅酸盐水泥的组分[①]（GB 175—2007）

品种	代号	组分（质量分数）				
		熟料 + 石膏	粒化高炉矿渣	火山灰质混合材料	粉煤灰	石灰石
硅酸盐水泥	P·Ⅰ	100%	—	—	—	—
	P·Ⅱ	≥ 95%	≤ 5%	—	—	—
		≥ 95%	—	—	—	≤ 5%
普通硅酸盐水泥	P·O	≥ 80% 且 < 95%	>5% 且 ≤ 20%			—
矿渣硅酸盐水泥	P·S·A	≥ 50% 且 < 80%	>20% 且 ≤ 50%	—	—	—
	P·S·B	≥ 30% 且 < 50%	>50% 且 ≤ 70%	—	—	—
火山灰质硅酸盐水泥	P·P	≥ 60% 且 < 80%	—	>20% 且 ≤ 40%	—	—
粉煤灰硅酸盐水泥	P·F	≥ 60% 且 < 80%	—	—	>20% 且 ≤ 40%	—
复合硅酸盐水泥	P·C	≥ 50% 且 < 80%	>20% 且 ≤ 50%			

2. 组成材料

通用硅酸盐水泥由硅酸盐水泥熟料、石膏、混合材料和助磨剂等组成。

（1）硅酸盐水泥熟料

硅酸盐水泥熟料是由主要含 CaO、SiO_2、Al_2O_3、Fe_2O_3 的原料，按适当比例磨成细粉成为生料，再将生料送入水泥窑（立窑或回转窑）中进行高温煅烧（约 1 450 ℃），烧至部分熔融，得到的以硅酸钙为主要矿物成分的水硬性胶凝物质。其中硅酸钙矿物质量分数不小于 66%，氧化钙和氧化硅的质量比不小于 2.0。

生料在煅烧过程中，首先是石灰石和黏土分别分解出 CaO、SiO_2、Al_2O_3 和 Fe_2O_3，然后

---

① 各水泥品种分类及代号的相关内容详见本章后续内容。

在 800 ℃~1 200 ℃的温度范围内相互反应，经过一系列的中间反应过程后，生成硅酸二钙（$2CaO \cdot SiO_2$）、铝酸三钙（$3CaO \cdot Al_2O_3$）和铁铝酸四钙（$4CaO \cdot Al_2O_3 \cdot Fe_2O_3$）；在 1 400 ℃~1 450 ℃的温度范围内，硅酸二钙又与 CaO 在熔融状态下发生反应生成硅酸三钙（$3CaO \cdot SiO_2$）。这些经过反应形成的化合物——硅酸三钙、硅酸二钙、铝酸三钙和铁铝酸四钙，统称为水泥熟料矿物组成。

水泥中各熟料矿物单独与水作用时，表现出不同的性能。水泥熟料矿物组成、含量及特性如表 5-2 所示。

表 5-2　水泥熟料矿物组成、含量及特性

矿物性能		矿物名称			
		硅酸三钙	硅酸二钙	铝酸三钙	铁铝酸四钙
矿物组成		$3CaO \cdot SiO_2$	$2CaO \cdot SiO_2$	$3CaO \cdot Al_2O_3$	$4CaO \cdot Al_2O_3 \cdot Fe_2O_3$
简写式		C_3S	C_2S	C_3A	C_4AF
矿物含量		37%~60%	15%~37%	7%~15%	10%~18%
矿物特性	硬化速度	快	慢	最快	快
	早期强度	高	低	低	中
	后期强度	高	高	低	低
	水化热	大	小	最大	中
	耐腐蚀性	差	好	最差	中

水泥中各熟料矿物的含量，决定着水泥某一方面的性能。改变熟料矿物成分之间的比例，水泥的性质就会发生相应的变化。例如，提高硅酸三钙的相对含量，就可以制得高强水泥和早强水泥；再如，提高硅酸二钙的相对含量，同时适当降低硅酸三钙与铝酸三钙的相对含量，即可制得低热水泥或中热水泥。

学习活动 5-1

熟料矿物含量对水泥性能的影响

在此活动中，你将根据所给水泥中不同的熟料矿物含量推测相对应水泥产品的性能特点，并说明理由，逐步提高由材料的物理化学组成推测其应用性能特点的能力和举一反三的逻辑推断学习能力。

完成此活动需要花费 20 min。

步骤 1：阅读以下资料，有甲、乙两种硅酸盐水泥熟料，其矿物组成及其含量见表 5-3。

表 5-3 学习活动 5-1 资料表

组别	C_3S	C_2S	C_3A	C_4AF
甲	53%	21%	10%	13%
乙	45%	30%	7%	15%

步骤 2：根据所给数据分析甲、乙两种水泥产品在早期强度、后期强度、水化热、凝结时间、耐腐蚀性方面的相对性能特点。

反馈：

1. 自行设计并填写包括步骤 1 和步骤 2 所有信息的汇总表格。

2. 教师给予评价或学习者之间进行交互评价。

（2）石膏

石膏（如天然二水石膏、硬石膏、混合石膏）是通用硅酸盐水泥的重要组成部分，其主要作用是调节水泥的凝结时间以及生产工业副产品石膏（以硫酸钙为主要成分的工业副产品，如磷石膏、氟石膏、硼石膏、盐石膏等）。

（3）混合材料

混合材料也是通用硅酸盐水泥的重要组成材料，主要是指为改善水泥性能、调节水泥强度等级而加入水泥中的矿物质材料。根据其性能，混合材料可分为活性混合材料与非活性混合材料。

① 活性混合材料。

IP 讲座：第 3 讲 活性混合材料

活性混合材料是指具有火山灰性或潜在的水硬性，或兼有火山灰性和水硬性的矿物质材料，其绝大多数为工业废料或天然矿物，应用时不需再煅烧。活性混合材料的主要作用是改善水泥的某些性能、扩大水泥强度等级范围、降低水化热、增加产量和降低成本。

活性混合材料的种类如下：

a. 粒化高炉矿渣与粒化高炉矿渣粉。粒化高炉矿渣是高炉炼铁的熔融矿渣，经水或水蒸气急速冷却处理所得到的质地疏松、多孔的粒状物，也称水淬矿渣。将符合规定要求的粒化高炉矿渣经干燥、粉磨，得到达到一定细度要求并且符合活性指数的粉体，称为粒化高炉矿渣粉。粒化高炉矿渣在急冷过程中，熔融矿渣的黏度增加很快，来不及结晶，大部分呈玻璃态（一般占 80% 以上），潜存较高的化学能，即潜在活性。如熔融矿渣自然冷却，凝固后呈结晶态，活性很小，则属非活性混合材料。粒化高炉矿渣的活性来源主要是其中的活性氧化硅和活性氧化铝。粒化高炉矿渣的化学成分与硅酸盐水泥熟料相近，差别在于矿渣的氧化钙含量比熟料低，而氧化硅含量较高。粒化高炉矿渣中氧化铝和氧化钙含量越高，氧化硅含量越低，则矿渣活性越高，所配制的矿渣水泥强度亦越高。

b. 火山灰质混合材料。火山灰质混合材料泛指以活性氧化硅及活性氧化铝为主要成分的活性混合材料。它的应用是从天然火山灰开始的，故而得名，其实并不限于火山灰。火山灰质混合材料的结构特点是疏松多孔、内比表面积大，易产生反应。

按火山灰质混合材料活性的主要来源，其可分为如下三类：

• 含水硅酸质混合材料。此类混合材料主要有硅藻土、蛋白质、硅质渣等。其活性来源为活性氧化硅。

• 铝硅玻璃质混合材料。此类混合材料主要是火山爆发喷出的熔融岩浆在空气中急速冷却所形成的玻璃质多孔的岩石，如火山灰、浮石、凝灰岩等。其活性来源为活性氧化硅和活性氧化铝。

• 烧黏土质混合材料。此类混合材料主要有烧黏土、炉渣、燃烧过的煤矸石等。其活性来源是活性氧化铝和活性氧化硅。掺这种混合材料的水泥水化后水化铝酸钙含量较高，其抗硫酸盐腐蚀性较差。

c. 粉煤灰。粉煤灰是煤粉锅炉吸尘器所吸收的微细粉尘，又称飞灰。粉煤灰以氧化硅和氧化铝为主要成分，经熔融、急冷却成为富含玻璃体的球状体。从化学组分分析，粉煤灰属于火山灰质混合材料一类，其活性主要取决于玻璃体的含量以及无定形 Al_2O_3 及 SiO_2 含量，但粉煤灰结构致密，并且颗粒形状及大小对其活性也有较大影响，其细小球形玻璃体含量越高，活性越高。

② 非活性混合材料。非活性混合材料是指在水泥中主要起填充作用，而对水泥的基本物理化学性能无影响的矿物质材料。它在常温下不能与氢氧化钙和水发生反应或反应甚微，也不能产生凝结硬化。它掺在水泥中的主要作用是扩大水泥强度等级范围、降低水化热、增加产量、降低成本等。常用的非活性混合材料主要有石灰石（$w_{Al_2O_3} \leq 2.5\%$）、砂岩以及不符合质量标准的活性混合材料等。

（4）助磨剂

水泥粉磨时允许加入助磨剂，其加入量应不大于水泥质量的 0.5%，技术要求应符合规定标准。

5.1.3　通用硅酸盐水泥的技术要求

1. 化学指标

通用硅酸盐水泥的化学指标如表 5-4 所示。

不溶物是指水泥经酸和碱处理后，不能被溶解的残余物。它是水泥中非活性组分的反映，主要由生料、混合材料和石膏中的杂质产生。

烧失量是指水泥经高温灼烧以后的质量损失率，主要由水泥中未煅烧组分产生，如未烧透的生料、石膏带入的杂质、掺和料及存放过程中的风化物等。当样品在高温下灼烧时，会发生氧化、还原、分解及化合等一系列反应并放出气体。

表 5-4　通用硅酸盐水泥的化学指标　（GB 175—2007）

品种	代号	不溶物	烧失量	三氧化硫	氧化镁	氯离子
硅酸盐水泥	P·Ⅰ	≤ 0.75%	≤ 3.0%	≤ 3.5%	≤ 5.0%[①]	≤ 0.06%[③]
	P·Ⅱ	≤ 1.50%	≤ 3.5%			
普通硅酸盐水泥	P·O	—	≤ 5.0%			
矿渣硅酸盐水泥	P·S·A	—	—	≤ 4.0%	≤ 6.0%[②]	
	P·S·B	—	—		—	
火山灰质硅酸盐水泥	P·P	—	—	≤ 3.5%	≤ 6.0%[②]	
粉煤灰硅酸盐水泥	P·F	—	—			
复合硅酸盐水泥	P·C	—	—			

① 如果水泥压蒸安定性试验合格，则水泥中氧化镁的含量（质量分数）允许放宽至 6.0%。

② 如果水泥中氧化镁的含量（质量分数）大于 6.0%，则需进行水泥压蒸安定性试验并合格。

③ 当有更低要求时，该指标由买卖双方协商确定。

2. 碱含量

通用硅酸盐水泥除主要矿物成分以外，还含有少量其他化学成分，如钠和钾的化合物。碱含量用 $Na_2O+0.658K_2O$ 的计算值来表示。当用于混凝土的水泥中碱含量过高，骨料又具有一定的活性时，会发生有害的碱集料反应。因此，国家标准 GB 175—2007 规定：若使用活性骨料，用户要求提供低碱水泥时，水泥中碱含量不得大于 0.6% 或由买卖双方商定。

3. 物理指标

（1）细度

水泥细度是指水泥颗粒粗细的程度。

水泥与水的反应从水泥颗粒表面开始，逐渐深入颗粒内部。水泥颗粒越细，其比表面积越大，与水的接触面积越多，水化反应进行得越快、越充分。因此，水泥的细度对水泥的性质有很大影响。通常水泥越细，凝结硬化越快，强度（特别是早期强度）越高，收缩也增大。但水泥越细，越易吸收空气中水分而受潮形成絮凝团，反而会使水泥活性降低。此外，提高水泥的细度会增加粉磨时的能耗，降低粉磨设备的生产率，增加成本。

国家标准 GB 175—2007 规定，硅酸盐水泥的细度采用比表面积测定仪（勃氏法）检验，矿渣硅酸盐水泥、火山灰质硅酸盐水泥、粉煤灰硅酸盐水泥和复合硅酸盐水泥的细度采用 80 μm 方孔筛的筛余表示。

（2）凝结时间

水泥从加水开始到失去流动性，即从可塑状态发展到固体状态所需要的时间称为凝结时间。凝结时间又分为初凝时间和终凝时间。初凝时间是指从水泥加水拌和时起到水泥浆开始失去塑性所需的时间；终凝时间为从水泥加水拌和时起到水泥浆完全失去可塑性，并开始具有强度的时间。

水泥凝结时间是以标准稠度的水泥净浆，在规定的温湿度条件下，用凝结时间测定仪来测定的（见水泥试验）。

规定水泥的凝结时间，在施工中有重要意义。初凝时间不宜过短是为了有足够的时间对混凝土进行搅拌、运输、浇注和振捣；终凝时间不宜过长是为了使混凝土尽快硬化，产生强度，以便尽快拆去模板，提高模板周转率。

（3）安定性

水泥凝结硬化过程中，体积变化是否均匀适当的性质称为安定性。一般来说，硅酸盐水泥在凝结硬化过程中体积略有收缩，这些收缩绝大部分是在硬化之前完成的，因此水泥石（包括混凝土和砂浆）的体积变化比较均匀适当，即安定性良好。如果水泥中某些成分的化学反应不能在硬化前完成而在硬化后进行，并伴随体积不均匀的变化，便会在已硬化的水泥石内部产生内应力，达到一定程度时会使水泥石开裂，从而引起工程质量事故，即安定性不良。

水泥安定性不良，一般是由熟料中所含游离氧化钙、游离氧化镁过多或掺入的石膏过多等造成的。

熟料中所含的游离氧化钙和游离氧化镁均属过烧物质，水化速度很慢，在已硬化的水泥石中继续与水反应，在水泥石中产生膨胀应力，降低水泥石强度，严重时会造成水泥石开裂甚至崩溃。其化学反应式如下：

$$CaO+H_2O == Ca(OH)_2$$
$$MgO+H_2O == Mg(OH)_2$$

若水泥中所掺石膏过多，在水泥硬化以后，石膏还会继续与水化铝酸钙起反应，生成水化硫铝酸钙，体积增大，也会引起水泥石开裂。

国家标准 GB 175—2007 规定：由游离的 CaO 过多引起的水泥安定性不良可用沸煮法（分为雷氏法和试饼法）检验，在有争议时以雷氏法为准。试饼法是用标准稠度的水泥净浆做成试饼，经恒沸 3 h 以后，用肉眼观察未发现裂纹，用直尺检查没有弯曲，则安定性合格。反之，则为安定性不良。雷氏法是按规定方法制成圆柱体试件，然后测定沸煮前后试件尺寸的变化来评定安定性是否合格。

由于游离氧化镁的水化作用比游离氧化钙更加缓慢，所以必须用水泥压蒸安定性试验方法才能检验出它的危害作用。石膏的危害则需长期浸在常温水中才能发现。

（4）强度

水泥作为胶凝材料，强度是它最重要的性质之一，也是划分强度等级的依据。

水泥强度一般是指水泥胶砂试件单位面积上所能承受的最大外力，根据外力作用方式的不同，可把水泥强度分为抗压强度、抗折强度、抗拉强度等，这些强度之间既有内在的联系，又有很大的区别。水泥的抗压强度最高，一般是抗拉强度的 10~20 倍，实际建筑结构中主要利用水泥的抗压强度较高的特点。

硅酸盐水泥的强度主要取决于四种熟料矿物的比例和水泥细度，此外还和试验方法、试验条件和养护龄期有关。

国家标准 GB 175—2007 规定：将水泥、标准砂及水按规定比例（水泥：标准砂：水 = 1∶3∶0.5），用规定方法制成的规格为 40 mm×40 mm×160 mm 的标准试件，在标准条件（1 d 内放在 20 ℃±1 ℃、相对湿度 90% 以上的养护箱中，1 d 后放入 20 ℃±1 ℃的水中）下养护，测定其 3 d 和 28 d 龄期时的抗折强度和抗压强度。根据 3 d 和 28 d 时的抗折强度和抗压强度划分硅酸盐水泥的强度等级，并按照 3 d 强度的大小将其分为普通型和早强型（用 R 表示）。

（5）水化热

水泥在水化过程中所放出的热量，称为水泥的水化热。大部分的水化热是在水化初期（3~7 d）放出的，以后则逐步减少。水泥放热量大小及速率与水泥熟料的矿物组成和细度有关。

硅酸盐水泥水化热很大，冬季施工时，水化热有利于水泥的正常凝结硬化。但对于大体积混凝土工程，如大型基础、大坝和桥墩等，水化热是有害因素。由于混凝土本身是热的不良导体，积聚在内部的水化热不易散出，其内部温度常高达 50 ℃~60 ℃。由于混凝土表面散热很快，内外温差引起的应力可使混凝土产生裂缝。所以，水化热是大体积混凝土工程施工时必须考虑的问题。水化热还容易在水泥混凝土结构中引起微裂缝，影响混凝土结构的完整性和耐久性。因此，大体积混凝土工程中要严格控制水泥的水化热。

5.1.4　水泥的储运与验收

1. 质量评定

通用硅酸盐水泥性能中，凡化学指标中任一项及凝结时间、强度、安定性中的任一项不符合标准规定指标的即不合格品。

2. 储运与包装

水泥储运方式，主要有散装和袋装。散装水泥从出厂、运输、储存到使用，直接通过专用工具进行，采用散装方式具有较好的经济和社会效益。袋装水泥一般采用 50 kg 包装袋的形式。其他包装形式由供需双方协商确定，但有关袋装质量，应符合规定要求。水泥包装袋上应清楚标明：执行标准、水泥品种、代号、强度等级、生产者名称、生产许可证标志（QS）及编号、出厂编号、包装日期、净含量。散装发运时，应提交与袋装标志相同内容的卡片。

为了便于识别，硅酸盐水泥和普通硅酸盐水泥包装袋上要求用红字印刷，矿渣硅酸盐水泥包装袋上要求采用绿字印刷，火山灰质硅酸盐水泥、粉煤灰硅酸盐水泥和复合硅酸盐水泥则要求采用黑字或蓝字印刷。

水泥在运输和保管时，不得混入杂物。不同品种、强度等级及出厂日期的水泥，应分别储存，并加以标志，不得混合。散装水泥应分库存放。袋装水泥堆放时应考虑防水防潮，堆置高度一般不超过 10 袋，每平方米可堆放 1 t 左右。使用时应考虑先存先用的原则。存放期一般不应超过三个月。即使在储存良好的条件下，水泥也会因为吸收空气中的水分缓慢水化而使强度降低。袋装水泥储存 3 个月后，强度降低 10%~20%；6 个月后，降低 15%~30%；1 年后，降低 25%~40%。

3. 水泥的验收

交货时，对于水泥的质量验收，可抽取实物试样以其检验结果为验收依据，也可以生产者同编号水泥的检验报告为验收依据。采取何种方法验收由买卖双方商定，并在合同或协议中注明。卖方有告知买方验收方法的责任。当无书面合同或协议，或未在合同、协议中注明验收方法时，卖方应在发货票上注明"以本厂同编号水泥的检验报告为验收依据"字样。

以抽取实物试样的检验结果为验收依据时，买卖双方应在发货前或交货地共同取样和签封。取样数量为 20 kg，缩分为二等份。一份由卖方保存 40 d，一份由买方按本标准规定的项目和方法进行检验。在 40 d 以内，买方检验认为产品质量不符合标准规定要求，而卖方又有异议时，双方应将卖方保存的另一份试样送省级或省级以上国家认可的水泥质量监督检验机构进行仲裁检验。水泥安定性仲裁检验时，应在取样之日起 10 d 以内完成。

以生产者同编号水泥的检验报告为验收依据时，在发货前或交货时，买方在同编号水泥中取样，双方共同签封后由卖方保存 90 d，或认可卖方自行取样、签封并保存 90 d 的同编号水泥的封存样。在 90 d 内，买方对水泥质量有疑问时，则买卖双方应将共同认可的试样送省级或省级以上国家认可的水泥质量监督检验机构进行仲裁检验。

水泥进场以后应立即进行检验，为确保工程质量，应严格贯彻先检验后使用的原则。水泥检验的周期较长，一般要 1 个月。

5.2　硅酸盐水泥

硅酸盐水泥是由硅酸盐水泥熟料、0~5% 石灰石或符合标准要求的粒化高炉矿渣、适量石膏磨细制成的水硬性胶凝材料。硅酸盐水泥分为两种类型，不掺加混合材料的称为 Ⅰ 型硅酸盐水泥，其代号为 P·Ⅰ。在硅酸盐水泥粉磨时掺加不超过水泥质量5%的石灰石或粒化高炉矿渣混合材料的称为 Ⅱ 型硅酸盐水泥，其代号为 P·Ⅱ。

5.2.1 硅酸盐水泥的水化、凝结和硬化

1. 硅酸盐水泥的水化

水泥加水拌和后，水泥颗粒立即分散于水中并与水发生化学反应，生成水化产物并放出热量。其反应式如下：

$$2(3CaO \cdot SiO_2) + 6H_2O = 3CaO \cdot 2SiO_2 \cdot 3H_2O + 3Ca(OH)_2$$
（水化硅酸钙）　（氢氧化钙）

$$2(2CaO \cdot SiO_2) + 4H_2O = 3CaO \cdot 2SiO_2 \cdot 3H_2O + Ca(OH)_2$$
（水化硅酸钙）　（氢氧化钙）

$$3CaO \cdot Al_2O_3 + 6H_2O = 3CaO \cdot Al_2O_3 \cdot 6H_2O$$
（水化铝酸三钙）

$$4CaO \cdot Al_2O_3 \cdot Fe_2O_3 + 7H_2O = 3CaO \cdot Al_2O_3 \cdot 6H_2O + CaO \cdot Fe_2O_3 \cdot H_2O$$
（水化铝酸三钙）　（水化铁酸一钙）

$$3CaO \cdot Al_2O_3 \cdot 6H_2O + 3(CaSO_4 \cdot 2H_2O) + 19H_2O = 3CaO \cdot Al_2O_3 \cdot 3CaSO_4 \cdot 31H_2O$$
水化硫铝酸钙（钙矾石）

经水化反应后生成的主要水化产物中，水化硅酸钙和水化铁酸一钙为凝胶体，氢氧化钙、水化铝酸三钙和水化硫铝酸钙为晶体。在完全水化的水泥石中，凝胶体约为 70%，氢氧化钙约占 20%。

2. 硅酸盐水泥的凝结

水泥加水拌和后的剧烈水化反应，一方面，使水泥浆中起润滑作用的自由水分逐渐减少；另一方面，由于结晶和析出的水化产物逐渐增多，水泥颗粒表面的新生物厚度逐渐增大，使水泥浆中固体颗粒间的间距逐渐减少，越来越多的颗粒相互连接形成了骨架结构。此时，水泥浆便开始慢慢失去可塑性，表现为水泥的初凝。

铝酸三钙水化极快，会使水泥很快凝结，使得工程中缺少足够的时间操作使用。为此，会在水泥中加入适量的石膏。水泥中加入石膏后，一旦铝酸三钙开始水化，石膏会与水化铝酸三钙反应生成针状的钙矾石。当钙矾石达到一定量时，会形成一层保护膜覆盖在水泥颗粒的表面，防止水泥颗粒表面水化产物的向外扩散，降低了水泥的水化速度，也就延缓了水泥颗粒间相互靠近的速度，使水泥的初凝时间得以延缓。

当掺入水泥的石膏消耗殆尽时，水泥颗粒表面的钙矾石覆盖层一旦被水泥水化物的积聚所胀破，铝酸三钙等矿物的再次快速水化将得以继续进行，水泥颗粒间逐渐相互靠近，直至连接形成骨架。此过程表现为水泥浆的塑性逐渐消失，直到终凝。

3. 硅酸盐水泥的硬化

随着水泥水化的不断进行，凝结后的水泥浆结构内部孔隙不断被新生水化物填充和加

固，使其结构的强度不断增长，即使已形成坚硬的水泥石，其强度仍在缓慢增长。因此，只要条件适宜，硅酸盐水泥的硬化（见图 5-2）在长时期内是一个无休止的过程。

硅酸盐水泥的水化速度表现为早期快后期慢，特别是在最初的 3~7 d，水泥的水化速度最快，因此硅酸盐水泥的早期强度发展最快。

硬化后的水泥浆体称为水泥石，主要由凝胶体（胶体）、晶体、未水化的水泥熟料颗粒、毛细孔及游离水分等组成。

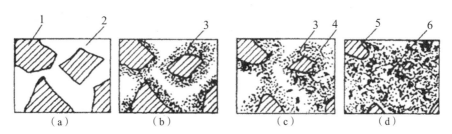

1—水泥颗粒；2—水分；3—凝胶体；4—晶体；5—未水化水泥熟料颗粒；6—毛细孔。

图 5-2　水泥凝结硬化过程示意图

（a）分散在水中未水化的水泥颗粒；（b）在水泥颗粒表面形成水化物膜层；
（c）膜层长大并互相连接（凝结）；（d）水化物进一步发展，填充毛细孔（硬化）

水泥石的硬化程度越高，凝胶体含量越高，未水化的水泥熟料颗粒和毛细孔越少，水泥石的强度越高。

4. 影响水泥凝结硬化的主要因素

（1）水泥熟料的矿物组成及细度

水泥熟料中各种矿物的凝结硬化特点不同，当水泥中各矿物的相对含量不同时，水泥的凝结硬化特点就不同。水泥熟料的各种矿物的硬化特点如表 5-2 所示。

水泥磨得细，水泥颗粒平均粒径小，比表面积大，水化时与水的接触面积大，水化速度快，相应的水泥凝结硬化速度就快，早期强度就高。

（2）水灰比

水灰比是指水泥浆中水与水泥的质量之比。当水泥浆中加水较多时，水灰比较大，此时水泥的初期水化反应得以充分进行，但是水泥颗粒间由于被水隔开的距离较远，颗粒间相互连接形成骨架结构所需的凝结时间长，所以水泥浆凝结较慢。

水泥完全水化所需的水灰比为 0.15~0.25，而实际工程中往往加入更多的水，以便利用水的润滑取得较好的塑性。当水泥浆的水灰比较大时，多余的水分蒸发后形成的孔隙较多，造成水泥石的强度较低，因此当水灰比过大时，会明显降低水泥石的强度。

（3）石膏的掺量

生产水泥时掺入的石膏主要是作为缓凝剂，以延缓水泥的凝结硬化速度。掺入石膏后，由于钙矾石晶体的生成，还能改善水泥石的早期强度。但是石膏的掺量过多时，不仅不能缓凝，而且可能会降低水泥石的后期性能。

（4）环境温度和湿度

水泥水化反应的速度与环境的温度有关，只有处于适当温度下，水泥的水化、凝结和硬化才能进行。通常，温度较高时，水泥的水化、凝结和硬化速度就较快。温度降低，则水化作用延缓，强度增长缓慢。当环境温度低于0 ℃时，水化反应停止，水分结冰会导致水泥石冻裂，其结构被破坏。温度的影响主要表现在水泥水化的早期阶段，对后期影响不大。

水泥水化是水泥与水之间的反应，只有在水泥颗粒表面保持有足够的水分，水泥的水化、凝结、硬化才能充分进行。环境湿度大，水分不易蒸发，就能够保持足够的水分用于水泥的水化及凝结硬化。如果环境干燥，水泥浆中的水分蒸发过快，当水分蒸发完毕后，水化作用将无法继续进行，硬化停止，强度也不再增长，甚至还会在制品表面产生干缩裂缝。因此，使用水泥时必须注意养护，使水泥在适宜的温度及湿度环境中进行硬化，从而使其强度不断增长。

（5）龄期

水泥的水化硬化是一个在较长时期内不断进行的过程，随着水泥颗粒内各熟料矿物水化程度的提高，凝胶体不断增加，毛细孔不断减少，使水泥石的强度随龄期增长而增加。实践证明，水泥一般在28 d内强度发展较快，28 d后增长缓慢。

（6）外加剂的影响

硅酸盐水泥的水化、凝结硬化受硅酸三钙、铝酸三钙的制约，凡对硅酸三钙和铝酸三钙的水化能产生影响的外加剂，都能改变硅酸盐水泥的水化、凝结硬化性能。如加入促凝剂（$CaCl_2$ 和 Na_2SO_4 等）能促进水泥水化硬化，提高早期强度。相反，掺加缓凝剂（木钙、糖类等）会延缓水泥的水化、硬化，影响水泥早期强度的发展。

5.2.2　硅酸盐水泥的技术要求

1. 细度

硅酸盐水泥的细度要求为其比表面积应不小于300 m^2/kg。

2. 凝结时间

硅酸盐水泥的初凝时间不得早于45 min，终凝时间不得迟于390 min。

3. 安定性

由于氧化镁和石膏的危害作用不便于快速检验，因此国家标准GB 175—2007规定：水泥出厂时，硅酸盐水泥中氧化镁的含量（质量分数）不得超过5.0%，如经水泥压蒸安定性试验检验合格，允许放宽到6.0%。硅酸盐水泥中三氧化硫的含量（质量分数）不得超过3.5%。

4. 强度

各强度等级硅酸盐水泥的各龄期强度不得低于表5-5中的数值，如有一项指标低于表5-5中数值，则应降低强度等级，直到四个数值全部满足表中规定。

表 5-5　各强度等级硅酸盐水泥的各龄期强度（GB 175—2007）

强度等级	抗压强度/MPa		抗折强度/MPa	
	3 d	28 d	3 d	28 d
42.5	≥ 17.0	≥ 42.5	≥ 3.5	≥ 6.5
42.5R	≥ 22.0	≥ 42.5	≥ 4.0	≥ 6.5
52.5	≥ 23.0	≥ 52.5	≥ 4.0	≥ 7.0
52.5R	≥ 27.0	≥ 52.5	≥ 5.0	≥ 7.0
62.5	≥ 28.0	≥ 62.5	≥ 5.0	≥ 8.0
62.5R	≥ 32.0	≥ 62.5	≥ 5.5	≥ 8.0

注：R 为早强型。

5.2.3　水泥石的腐蚀与防止

硅酸盐水泥硬化以后在通常的使用条件下，有较好的耐久性。但在某些腐蚀性介质的作用下，水泥石会逐渐受到损害，性能改变，强度降低，严重时会引起整个工程结构的破坏。

引起水泥石腐蚀的原因很多，腐蚀是一个相当复杂的过程，下面介绍几种典型的水泥石腐蚀。

1. 软水侵蚀（溶出性侵蚀）

软水是不含或仅含少量钙、镁等可溶性盐的水。雨水、雪水、蒸馏水、工厂冷凝水以及含重碳酸盐甚少的河水与湖水等均属软水。软水能使水化产物中的 $Ca(OH)_2$ 溶解，并促使水泥石中其他水化产物发生分解，故软水侵蚀又称为溶出性侵蚀。

水泥石中各水化产物都必须在一定浓度的 CaO 液相中才能稳定存在，低于此极限浓度时，水化产物将会发生逐步分解。

各种水化产物与水作用时，因为 $Ca(OH)_2$ 溶解度最大，所以首先被溶出。在水量不多或无水压的静水情况下，由于周围的水迅速被溶出的 $Ca(OH)_2$ 所饱和，溶出作用很快停止，破坏作用仅发生于水泥石的表面部位，危害不大。但在大量水或流动水中，$Ca(OH)_2$ 会不断溶出，特别是当水泥石渗透性较大而又受压力水作用时，水不仅能渗入其内部，还能产生渗流作用，将 $Ca(OH)_2$ 溶解并渗滤出来，这样不仅减小了水泥石的密实度，影响其强度，而且由于液相中 $Ca(OH)_2$ 的浓度降低，还会破坏原来水化产物间的平衡碱度，而引起其他水化产物如水化硅酸钙、水化铝酸钙的溶解或分解。最后变成一些无胶结能力的硅酸凝胶、氢氧化铝、氢氧化铁等，水泥石结构被彻底破坏。

软水侵蚀的轻重程度与水泥石所承受的水压、水中有无其他离子存在等因素有关。当水泥石结构承受水压时，受穿流水作用，水压越大，水泥石透水性越大，腐蚀越严重。

溶出性侵蚀的速度与环境水中重碳酸盐的含量有很大关系。重碳酸盐能与水泥石中的

$Ca(OH)_2$ 起作用，生成几乎不溶于水的 $CaCO_3$。

$$Ca(OH)_2 + Ca(HCO_3)_2 == 2CaCO_3 + 2H_2O$$

生成的碳酸钙积聚在已硬化水泥石的孔隙内，可阻滞外界水的侵入和内部的氢氧化钙向外扩散。

将要与软水接触的水泥混凝土制品事先在空气中放置一段时间，使其表面碳化，再使其与软水接触，对溶出性侵蚀有一定的抵抗作用。

2. 酸类侵蚀（溶解性侵蚀）

硅酸盐水泥水化产物呈碱性，其中含有较多的 $Ca(OH)_2$，当遇到酸类或酸性水时则会发生中和反应，生成比 $Ca(OH)_2$ 溶解度大的盐类，导致水泥石受损破坏。

（1）碳酸的侵蚀

在工业污水、地下水中常溶解有较多的二氧化碳，这种碳酸水对水泥石的侵蚀作用如下：

$$Ca(OH)_2 + CO_2 + H_2O == CaCO_3 + 2H_2O$$

最初生成的 $CaCO_3$ 溶解度不大，但继续处于浓度较高的碳酸水中，则碳酸钙与碳酸水进一步反应：

$$CaCO_3 + CO_2 + H_2O == Ca(HCO_3)_2$$

此反应为可逆反应，当水中溶有较多的 CO_2 时，则上述反应向右进行。该反应所生成的重碳酸钙溶解度大，水泥石中的 $Ca(OH)_2$ 与碳酸水反应生成重碳酸钙溶失，$Ca(OH)_2$ 浓度的降低又会导致其他水化产物的分解，使腐蚀作用进一步加剧。

（2）一般酸的侵蚀

工业废水、地下水、沼泽水中常含有多种无机酸和有机酸。工业窑炉的烟气中常含有 SO_2，遇水后生成亚硫酸。各种酸类都会对水泥石造成不同程度的损害。其损害作用表现为酸类与水泥石中的 $Ca(OH)_2$ 发生化学反应，生成物或者易溶于水，或者体积膨胀使水泥石产生内应力而导致破坏。无机酸中的盐酸、硝酸、硫酸、氢氟酸和有机酸中的醋酸、蚁酸、乳酸的腐蚀作用尤为严重。以盐酸、硫酸与水泥石中的 $Ca(OH)_2$ 的作用为例，其反应式如下：

$$Ca(OH)_2 + 2HCl == CaCl_2 + 2H_2O$$
$$Ca(OH)_2 + H_2SO_4 == CaSO_4 \cdot 2H_2O$$

反应生成的 $CaCl_2$ 易溶于水，生成的二水石膏（$CaSO_4 \cdot 2H_2O$）结晶膨胀，还会进一步引起硫酸盐的腐蚀作用。

酸性水对水泥石腐蚀的作用强弱取决于水中氢离子浓度，pH 越小，氢离子越多，腐蚀作用就越强烈。

3. 盐类腐蚀

（1）硫酸盐及氯盐的腐蚀（膨胀型腐蚀）

在一些湖水、海水、沼泽水、地下水以及某些工业污水中常含钠、钾、铵等的硫酸盐，它们会先与硬化的水泥石结构中的氢氧化钙发生置换反应，生成硫酸钙。硫酸钙再与水泥石中的水化铝酸钙反应，生成高硫型水化硫铝酸钙。

$$3CaO \cdot Al_2O_3 \cdot 6H_2O + 3(CaSO_4 \cdot 2H_2O) + 19H_2O = 3CaO \cdot Al_2O_3 \cdot 3CaSO_4 \cdot 31H_2O$$

生成的高硫型水化硫铝酸钙含有大量结晶水，其体积较原体积增加2.22倍，产生巨大的膨胀应力，因此对水泥石的破坏作用很大。高硫型水化硫铝酸钙呈针状晶体，俗称"水泥杆菌"。

当水中硫酸盐浓度较高时，硫酸钙会在孔隙中直接结晶成二水石膏，产成膨胀应力，引起水泥石的破坏。

氯盐会使水泥石尤其是钢筋产生严重锈蚀，这里主要介绍氯盐对水泥石的影响。氯盐进入水泥石主要有两种途径：一种是施工过程中掺加氯盐外加剂如氯化钙等或在拌合水中含有氯盐成分而混入；另一种是环境中所含氯盐渗透到水泥石中，如工业中的氯及氯化氢污染地区、沿海地区、盐湖地带等。腐蚀机理是NaCl和$CaCl_2$等氯盐同水泥中的水化铝酸钙作用生成膨胀性的复盐，使已硬化的水泥石破坏，反应式如下：

$$3CaO \cdot Al_2O_3 \cdot 6H_2O + CaCl_2 + 4H_2O = 3CaO \cdot Al_2O_3 \cdot CaCl_2 \cdot 10H_2O$$

（2）镁盐的腐蚀（双重腐蚀）

在海水及地下水中，常含有大量的镁盐，主要是硫酸镁和氯化镁。它们与水泥石中的氢氧化钙发生置换反应：

$$MgSO_4 + Ca(OH)_2 + 2H_2O = CaSO_4 \cdot 2H_2O + Mg(OH)_2$$
$$MgCl_2 + Ca(OH)_2 = CaCl_2 + Mg(OH)_2$$

生成的氢氧化镁松软而无胶凝能力，氯化钙易溶于水，二水石膏则会引起硫酸盐的破坏作用。因此，镁盐腐蚀特别严重，属于双重腐蚀。

4. 强碱腐蚀

硅酸盐水泥水化产物呈碱性，一般碱类溶液浓度不大时不会对其造成明显损害。但铝酸盐（C_3A）含量较高的硅酸盐水泥遇到强碱（如NaOH）会发生反应，生成的铝酸钠易溶于水，反应式如下：

$$3CaO \cdot Al_2O_3 + 6NaOH = 3NaO \cdot Al_2O_3 + 3Ca(OH)_2$$

当水泥石被氢氧化钠浸透后又在空气中干燥时，溶于水的铝酸钠会与空气中的CO_2反应生成碳酸钠，由于失去水分，碳酸钠在水泥石毛细管中结晶膨胀，引起水泥石疏松、开裂。

除上述四种腐蚀类型外，对水泥石有腐蚀作用的还有糖类、酒精、脂肪、氨盐和含环烷酸的石油产品等。

上述各类腐蚀作用，可以概括为下列三种破坏形式：

第一种破坏形式是溶解浸析。溶解浸析主要是介质将水泥石中的某些组成成分逐渐溶解带走，造成溶失性破坏。

第二种破坏形式是离子交换。侵蚀性介质与水泥石的组分发生离子交换反应，生成容易溶解或是没有胶凝能力的产物，破坏了原有的结构。

第三种破坏形式是形成膨胀组分。在侵蚀性介质的作用下，所形成的盐类结晶长大时体积增加，产生有害的内应力，导致膨胀性破坏。

值得注意的是，在实际工程中，水泥石的腐蚀往往是多种介质同时存在的极其复杂的物理化学作用过程。引起水泥石腐蚀的外部因素是侵蚀性介质。而内在因素为：一是水泥石中含有易引起腐蚀的组分，即氢氧化钙 $[Ca(OH)_2]$ 和水化铝酸钙（$3CaO \cdot Al_2O_3 \cdot 6H_2O$）；二是水泥石不密实。水泥水化反应理论需水量仅为水泥质量的23%，而实际应用时拌合水量多为40%~70%，多余水分会形成毛细管水和孔隙水存在于水泥石中，侵蚀性介质不仅在水泥石表面起作用，而且易于进入水泥石内部引起严重破坏。

由于硅酸盐水泥（P·Ⅰ和P·Ⅱ）水化产物中，氢氧化钙和水化铝酸钙含量较多，所以其耐侵蚀性较其他水泥差。掺混合材料的水泥水化反应生成物中氢氧化钙明显减少，其耐侵蚀性比硅酸盐水泥得到显著改善。

5. 防止水泥石腐蚀的措施

根据以上腐蚀作用的分析，可以采取下列防止水泥石腐蚀的措施。

（1）根据侵蚀环境特点，合理选用水泥品种

水泥石中引起腐蚀作用的组分主要是氢氧化钙和水化铝酸钙。当水泥石遭受软水等侵蚀时，可选用水化产物中氢氧化钙含量较少的水泥。水泥石如处在硫酸盐侵蚀环境中，可采用铝酸三钙含量较低的抗硫酸盐水泥。在硅酸盐水泥熟料中掺入某些人工或天然矿物材料（混合材料）可提高水泥的抗腐蚀能力。

（2）提高水泥石的密实度

水泥石中的毛细管、孔隙是引起水泥石腐蚀加剧的内在原因之一。因此，采取适当技术措施，如强制搅拌、振动成型、真空吸水和掺入外加剂等，在满足施工操作的前提下，尽量降低水灰比，提高水泥石的密实度，都可使水泥石的耐腐蚀性得到改善。

（3）表面加做保护层

当侵蚀作用比较强烈时，需在水泥制品表面加做保护层。保护层的材料常采用耐酸石料（石英岩、辉绿岩）、耐酸陶瓷、玻璃、塑料和沥青等。

5.2.4 硅酸盐水泥的特性及应用

课程讲解：水泥 硅酸盐水泥的特性及应用

水泥是一种化学活性很高的化学材料，不同种类的水泥应用特性有很大区别，直接影响其应用，在此将学习水泥的特性及应用

1. 强度高

硅酸盐水泥凝结硬化快、强度高，尤其是早期强度增长率大，特别适合早期强度要求高的工程、高强混凝土结构和预应力混凝土工程。

2. 水化热高

硅酸盐水泥 C_3S 和 C_3A 含量高，使早期放热量大，放热速度快，早期强度高，用于冬季施工常可避免冻害。但高放热量对大体积混凝土工程不利，如无可靠的降温措施，不宜用于大体积混凝土工程。

3. 抗冻性好

硅酸盐水泥拌合物不易发生泌水，硬化后的水泥石密实度较大，因此抗冻性优于其他通用水泥，适用于严寒地区受反复冻融作用的混凝土工程。

4. 碱度高、抗碳化能力强

硅酸盐水泥硬化后的水泥石呈强碱性，埋于其中的钢筋在碱性环境中表面生成一层灰色钝化膜，可保持几十年不生锈。空气中的 CO_2 与水泥石中的 $Ca(OH)_2$ 会发生碳化反应生成 $CaCO_3$，使水泥石逐渐由碱性变为中性，当中性化深度达到钢筋附近时，钢筋失去碱性保护而锈蚀，表面疏松膨胀，会造成钢筋混凝土构件报废。因此，钢筋混凝土构件的寿命往往取决于水泥的抗碳化能力。硅酸盐水泥碱性强且密实度高，抗碳化能力强，所以特别适用于重要的钢筋混凝土结构和预应力混凝土工程。

5. 干缩小

硅酸盐水泥在硬化过程中，形成大量的水化硅酸钙凝胶体，使水泥石密实，游离水分少，不易产生干缩裂纹，可用于干燥环境中的混凝土工程。

6. 耐磨性好

硅酸盐水泥强度高，耐磨性好，且干缩小，可用于路面与地面工程。

7. 耐腐蚀性差

硅酸盐水泥石中有大量的氢氧化钙和水化铝酸钙，容易受到软水、酸类和盐类的腐蚀，所以不宜用于受流动水、压力水、酸类和硫酸盐腐蚀的工程。

8. 耐热性差

硅酸盐水泥石在温度为 250 ℃ 时水化物开始脱水，水泥石强度下降；当受热 700 ℃ 以上时将遭破坏。因此，硅酸盐水泥不宜单独用于耐热混凝土工程。

9. 湿热养护效果差

硅酸盐水泥在常规养护条件下硬化快、强度高。但经过蒸汽养护后，再经自然养护至 28 d 测得的抗压强度往往低于未经蒸养的 28 d 抗压强度。

5.3　掺混合材料的硅酸盐水泥

掺混合材料的硅酸盐水泥是由硅酸盐水泥熟料，加入适量混合材料及石膏共同磨细而制成的水硬性胶凝材料。

5.3.1　活性混合材料的作用

磨细的活性混合材料与水调和后，本身不会硬化或硬化极为缓慢，但在氢氧化钙溶液中，会发生显著水化。其水化反应式如下：

$$x\mathrm{Ca(OH)_2} + \mathrm{SiO_2} + n_1\mathrm{H_2O} === x\mathrm{CaO \cdot SiO_2} \cdot (n_1+x)\,\mathrm{H_2O}$$

$$y\mathrm{Ca(OH)_2} + \mathrm{Al_2O_3} + n_2\mathrm{H_2O} === y\mathrm{CaO \cdot Al_2O_3} \cdot (n_2+y)\,\mathrm{H_2O}$$

生成的水化硅酸钙和水化铝酸钙是具有水硬性的水化物，当有石膏存在时，水化铝酸钙还可以和石膏进一步反应生成水硬性产物水化硫铝酸钙。式中的 x 和 y 值取决于混合材料的种类、石灰和活性氧化硅及活性氧化铝的比例、环境温度以及作用所延续的时间等，一般为 1 或稍大，n_1、n_2 值一般为 1~2.5。

当活性混合材料掺入硅酸盐水泥中与水拌和后，首先发生的反应是硅酸盐水泥熟料水化，生成氢氧化钙。然后，氢氧化钙与掺入的石膏作为活性混合材料的激发剂，产生前述的反应（称为二次水化反应）。二次水化反应的速度较慢，对温度敏感。温度高，水化反应加快，强度增长迅速；反之，水化反应减慢，强度增长缓慢。

由此可知，活性混合材料的活性是在氢氧化钙和石膏作用下才被激发出来的，故称它们为活性混合材料的激发剂，前者称为碱性激发剂，后者称为硫酸盐激发剂。

由于活性混合材料掺入硅酸盐水泥产生二次水化反应，所以其作用主要表现为：使强度发展早低后高（活性混合材料的水化滞后）；使水化热降低（熟料含量降低、水化热释放时间延长）；使抗腐蚀能力加强（造成水泥石腐蚀的重要水化产物氢氧化钙被消耗转化）；能节省熟料、降低能耗和成本；可调整硅酸盐水泥的强度等级。

> 课程讲解：水泥　掺混合材料的硅酸盐水泥二次水化
> 这些重要的概念可揭示掺混合材料的硅酸盐水泥特性及应用的本质

5.3.2　普通硅酸盐水泥

普通硅酸盐水泥，简称普通水泥，代号为 P·O，其中熟料和石膏的掺量应不小于85%

且小于 95%，允许符合标准要求的活性混合材料的掺量大于 5% 且不大于 20%，其中允许用不超过水泥质量 5% 的符合标准要求的窑灰或不超过水泥质量 8% 的非活性混合材料来代替活性混合材料。

普通硅酸盐水泥的技术要求有：

① 细度。与硅酸盐水泥要求相同。

② 凝结时间。初凝时间不得早于 45 min，终凝时间不大于 600 min。

③ 强度。根据 3 d 和 28 d 龄期的抗折强度和抗压强度，将普通硅酸盐水泥划分为 42.5、42.5R、52.5 和 52.5R 四个强度等级，各强度等级各龄期的强度不得低于表 5-6 中的数值。

表 5-6　普通硅酸盐水泥各强度等级各龄期强度值（GB 175—2007）

强度等级	抗压强度/MPa		抗折强度/MPa	
	3 d	28 d	3 d	28 d
42.5	≥ 17.0	≥ 42.5	≥ 3.5	≥ 6.5
42.5R	≥ 22.0		≥ 4.0	
52.5	≥ 23.0	≥ 52.5	≥ 4.0	≥ 7.0
52.5R	≥ 27.0		≥ 5.0	

注：R 为早强型。

普通硅酸盐水泥与硅酸盐水泥的差别仅在于其中含有少量混合材料，由于混合材料掺量较少，其矿物组成的比例仍在硅酸盐水泥的范围内，所以其性能、应用范围与硅酸盐水泥相近。与硅酸盐水泥比较，普通硅酸盐水泥早期硬化速度稍慢，3 d 强度略低；其抗冻性、耐磨性及抗碳化性稍差，而耐腐蚀性稍好，水化热略有降低。普通硅酸盐水泥的其他技术性质与硅酸盐水泥相同。

5.3.3　其他掺混合材料的硅酸盐水泥

其他掺混合材料的硅酸盐水泥有矿渣硅酸盐水泥、火山灰质硅酸盐水泥、粉煤灰硅酸盐水泥和复合硅酸盐水泥等。

1. 组成

矿渣硅酸盐水泥（简称矿渣水泥）根据粒化高炉矿渣掺量的不同分为 A 型与 B 型两种，A 型矿渣掺量大于 20% 且不大于 50%，代号为 P·S·A；B 型矿渣掺量大于 50% 且不大于 70%，代号为 P·S·B。其中允许用不超过水泥质量 8% 且符合标准要求的活性混合材料、非活性混合材料或符合标准要求的窑灰中的任一种材料代替。

火山灰质硅酸盐水泥（简称火山灰水泥），代号为 P·P，其中熟料和石膏的掺量应不小于 60% 且小于 80%，混合材料为符合标准要求的火山灰质活性混合材料，其掺量为大于 20% 且不大于 40%。

粉煤灰硅酸盐水泥（简称粉煤灰水泥），代号为 P·F，其中熟料和石膏的掺量应不小于 60% 且小于 80%，混合材料为符合标准要求的粉煤灰活性混合材料，其掺量为大于 20% 且不大于 40%。

复合硅酸盐水泥（简称复合水泥），代号为 P·C，其中熟料和石膏的掺量应不小于 50% 且小于 80%，混合材料为两种或两种以上的活性混合材料及非活性混合材料，其掺量为大于 20% 且不大于 50%，其中允许用不超过水泥质量 8% 且符合标准要求的窑灰代替混合材料，掺矿渣时混合材料掺量不得与矿渣硅酸盐水泥重复。

2. 技术要求

（1）强度等级

矿渣硅酸盐水泥、火山灰质硅酸盐水泥、粉煤灰硅酸盐水泥按 3 d、28 d 龄期抗压强度及抗折强度分为 32.5、32.5R、42.5、42.5R、52.5、52.5R 六个强度等级；复合硅酸盐水泥分为 32.5R、42.5、42.5R、52.5、52.5R 五个强度等级。各龄期的强度值不得低于表 5-7 中的数值。

表 5-7 矿渣硅酸盐水泥、火山灰质硅酸盐水泥、粉煤灰硅酸盐水泥、
复合硅酸盐水泥各强度等级各龄期强度值（GB 175—2007）

品　种	强度等级	抗压强度/MPa		抗折强度/MPa	
		3 d	28 d	3 d	28 d
矿渣硅酸盐水泥 火山灰质硅酸盐水泥 粉煤灰硅酸盐水泥	32.5	≥ 10.0	≥ 32.5	≥ 2.5	≥ 5.5
	32.5R	≥ 15.0		≥ 3.5	
	42.5	≥ 15.0	≥ 42.5	≥ 3.5	≥ 6.5
	42.5R	≥ 19.0		≥ 4.0	
	52.5	≥ 21.0	≥ 52.5	≥ 4.0	≥ 7.0
	52.5R	≥ 23.0		≥ 4.5	
复合硅酸盐水泥	32.5R	≥ 15.0	≥ 32.5	≥ 3.5	≥ 5.5
	42.5	≥ 15.0	≥ 42.5	≥ 3.5	≥ 6.5
	42.5R	≥ 19.0		≥ 4.0	
	52.5	≥ 21.0	≥ 52.5	≥ 4.0	≥ 7.0
	52.5R	≥ 23.0		≥ 4.5	

注：1. R—早强型。

2. 根据 GB 175—2007 第 2 号修改单规定，复合硅酸盐水泥取消 32.5 级强度等级。

（2）细度

矿渣水泥、火山灰水泥、粉煤灰水泥和复合水泥的细度以筛余量表示，80 μm 方孔筛筛余不大于 10% 或 45 μm 方孔筛筛余不大于 30%。

（3）凝结时间与体积安定性

初凝时间不得早于 45 min，终凝时间不大于 600 min。体积安定性用沸煮法检验合格。

除上述技术要求外，国家标准 GB 175—2007 还对这四种水泥的三氧化硫含量、氧化镁含量和氯离子含量等化学成分做了明确规定，如表 5-4 所示。

不合格水泥的判定均与硅酸盐水泥相同。

3. 性能与使用

矿渣水泥、火山灰水泥、粉煤灰水泥和复合水泥都是在硅酸盐水泥熟料基础上掺入较多的活性混合材料，再加上适量石膏共同磨细制成的。由于活性混合材料的掺量较多，且活性混合材料的化学成分基本相同（主要是活性氧化硅和活性氧化铝），因此它们具有一些相似的性质。这些性质与硅酸盐水泥或普通水泥相比，有明显不同。又由于不同混合材料结构上的不同，它们相互之间又具有一些不同的特性，这些性质决定了它们使用上的特点和应用。下面我们从这些水泥的共性和个性两方面来阐述它们的性质。

> 课程讲解：水泥　掺活性混合材料的硅酸盐水泥的共性与个性
> 重要的是由此掌握分析建筑材料特性与共性和个性的方法，更进一步了解这些性质对水泥选择应用的重要性和必要性

（1）掺较多活性混合材料的硅酸盐水泥的共性

① 密度较小。硅酸盐水泥、普通水泥的密度范围一般为 3.05~3.20 g/cm³，掺较多活性混合材料的硅酸盐水泥，由于活性混合材料的密度较小，密度一般为 2.7~3.10 g/cm³。

② 早期强度比较低，后期强度增长较快。掺较多活性混合材料的硅酸盐水泥中水泥熟料含量相对减少，加水拌和以后，首先是熟料矿物的水化，熟料矿物水化以后析出的氢氧化钙作为碱性激发剂激发活性混合材料水化，生成水化硅酸钙、水化硫铝酸钙等水化产物。因此，早期强度比较低，后期由于二次水化反应的不断进行，水化产物不断增多，使得后期强度增长较快。

复合水泥因掺用两种或两种以上活性混合材料，相互之间能够取长补短，因此水泥性能比掺单一活性混合材料的有所改善，其早期强度要求与同标号普通水泥强度要求相同。

③ 对养护温度、湿度敏感，适合蒸汽养护。掺较多活性混合材料的硅酸盐水泥水化温度降低时，水化速度明显减弱，强度发展慢。提高养护温度可以促进活性混合材料的水化，提高早期强度，且对后期强度发展影响不大。而对于硅酸盐水泥或普通水泥，蒸汽养护可提高早期强度，但后期强度发展要受到一定影响，通常蒸汽养护 28 d 强度要比标准养护条件下的低。这是因为在高温下这两种水泥水化速度过快，短期内生成大量的水化产物，对后期

水泥熟料颗粒的水化起一定的阻碍作用。

④ 水化热小。由于这几种水泥掺入了大量活性混合材料，水泥熟料含量较少，放热量大的 C_3A 和 C_3S 相对减少。因此，这几种水泥水化热小且放热缓慢，适合于大体积混凝土施工。

⑤ 耐腐蚀性较好。由于熟料含量少，水化以后生成的氢氧化钙少，而二次水化反应还要进一步消耗氢氧化钙，使水泥石结构中氢氧化钙的含量更低。因此，这几种水泥抵抗海水、软水及硫酸盐侵蚀性介质的作用较强。但如果火山灰水泥中掺入的火山灰质活性混合材料中氧化铝含量较高，水化后生成的水化铝酸钙数量较多，则抵抗硫酸盐腐蚀的能力较差。

⑥ 抗冻性、耐磨性不及硅酸盐水泥和普通水泥。

（2）掺较多活性混合材料的硅酸盐水泥的个性

① 矿渣水泥。矿渣为玻璃态的物质，难磨细，对水的吸附能力差，故矿渣水泥保水性差、泌水性大。在混凝土施工中由于泌水而形成毛细管通道及水囊，水分的蒸发又容易引起干缩，影响混凝土的抗渗性、抗冻性及耐磨性等。由于矿渣经受过高温，矿渣水泥硬化后氢氧化钙的含量又比较少，因此矿渣水泥的耐热性比较好。

② 火山灰水泥。火山灰质混合材料的结构特点是疏松多孔，内比表面积大。火山灰水泥的特点是易吸水、易反应。在潮湿的条件下养护，可以形成较多的水化产物，水泥石结构比较致密，从而具有较强的抗渗性和耐水性。如处于干燥环境中，所吸收的水分会蒸发，体积收缩，产生裂缝。因此，火山灰水泥不宜用于长期处于干燥环境和水位变化区的混凝土工程。

火山灰水泥抗硫酸盐腐蚀能力随成分而异。当活性混合材料中氧化铝的含量较多，熟料中又含有较多的 C_3A 时，其抗硫酸盐腐蚀能力较差。

③ 粉煤灰水泥。粉煤灰与其他天然火山灰相比，结构较致密，内比表面积小，有很多球形颗粒，吸水能力较弱，所以粉煤灰水泥需水量比较低，抗裂性较好。它尤其适合于大体积水工混凝土以及地下和海港工程等。

④ 复合水泥。复合水泥中掺用两种或两种以上混合材料，混合材料的作用会相互补充、取长补短。如矿渣水泥中掺石灰石能改善矿渣水泥的泌水性，提高早期强度，又能保证后期强度的增长。在需水量大的火山灰水泥中掺入矿渣等，能有效减少水泥需水量。复合水泥在以矿渣为主要混合材料时，其性能与矿渣水泥接近。而当火山灰质为主要混合材料时，则其性能接近火山灰水泥。所以，使用复合水泥时，应搞清楚其所掺的主要混合材料。复合水泥包装袋上均标明了主要混合材料的名称。

硅酸盐水泥、普通水泥、矿渣水泥、火山灰水泥、粉煤灰水泥和复合水泥是建设工程中的常用水泥。它们的主要性能与应用如表5-8所示。

表5-8　通用水泥的主要性能与应用

性能	水泥类型					
	硅酸盐水泥	普通水泥	矿渣水泥	火山灰水泥	粉煤灰水泥	复合水泥
主要成分	硅酸盐水泥熟料，0~5%混合材料，适量石膏	硅酸盐水泥熟料，5%~20%混合材料，适量石膏	硅酸盐水泥熟料，20%~70%粒化高炉矿渣，适量石膏	硅酸盐水泥熟料，20%~40%火山灰质混合材料，适量石膏	硅酸盐水泥熟料，20%~40%粉煤灰，适量石膏	硅酸盐水泥熟料，20%~50%两种及两种以上混合材料，适量石膏
特性	1.强度高；2.快硬早强；3.抗冻、耐磨性好；4.水化热大；5.耐腐蚀性较差；6.耐热性较差	1.早期强度较高；2.抗冻性较好；3.水化热较大；4.耐腐蚀性较差；5.耐热性较差	1.强度早期低但后期增长快；2.强度发展对温湿度敏感；3.水化热低；4.耐软水、海水和硫酸盐腐蚀性较好；5.耐热性较好；6.抗冻、抗渗性较差	1.抗渗性较好，耐热性不及矿渣水泥，干缩性大，耐磨性差；2.其他同矿渣水泥	1.干缩性较小，抗裂性较好；2.其他同矿渣水泥	1.早期强度较高；2.其他性能与所掺主要混合材料相同的水泥类似
适用范围	1.高强度混凝土工程；2.预应力混凝土工程；3.快硬早强结构；4.抗冻混凝土工程	1.一般的混凝土工程；2.预应力混凝土工程；3.地下与水中结构；4.抗冻混凝土工程	1.一般耐热要求的混凝土工程；2.大体积混凝土工程；3.蒸汽养护构件；4.一般混凝土构件；5.一般耐软水、海水、硫酸盐腐蚀要求的混凝土工程	1.水中、地下、大体积混凝土工程，抗渗混凝土工程；2.其他同矿渣水泥	1.地上、地下、水中大体积混凝土工程；2.其他同矿渣水泥	1.早期强度较高的工程；2.其他与所掺主要混合材料相同的水泥类似
不适用范围	1.大体积混凝土工程；2.易受腐蚀的混凝土工程；3.耐热混凝土及高温养护混凝土工程	—	1.早期强度要求较高的混凝土工程；2.严寒地区及处在水位变化区的混凝土工程；3.抗渗性要求高的混凝土工程	1.干燥环境及处在水位变化区的混凝土工程；2.有耐磨要求的混凝土工程；3.其他同矿渣水泥	1.抗碳化要求高的混凝土工程；2.有抗渗要求的混凝土工程；3.其他同火山灰质水泥	与所掺主要混合材料相同的水泥类似

课程讲解：水泥　掺混合材料的硅酸盐水泥的应用

施工一线重要的岗位能力之一，也是本章学习的落脚点

学习活动 5-2

水泥品种的选择与应用

在此活动中，你将根据所给工程特点选择适宜的水泥品种，并说明理由，以进一步增强根据工程特点选择合适水泥品种的岗位能力。

完成此活动需要花费 20 min。

步骤 1：请你写出所给 10 个工程背景下，可选和不可选硅酸盐水泥品种各一个，各选择具代表性的一个品种即可。

步骤 2：采取"决定的外界条件——所选水泥的特性"的格式简要填写各种水泥选择的理由。

反馈：

1. 答案填写示例如表 5-9 所示。

2. 根据教师的安排，可分组完成，并对不同选择展开讨论。

表 5-9　学习活动 5-2 答案表格及填写示例

工程背景	可选水泥品种	不可选水泥品种	选择理由
厚大体积的混凝土工程	掺混合材料水泥	硅酸盐水泥	体积厚大——水化热低
湿热养护的混凝土构件			
水下混凝土工程			
现浇混凝土梁、板、柱			
高温设备或窑炉的混凝土基础			
严寒地区受冻融的混凝土工程			
接触硫酸盐介质的混凝土工程			
水位变化区的混凝土工程			
高强混凝土工程			
有耐磨要求的混凝土工程			

5.4　高铝水泥

 IP 讲座：第 3 讲第三节　其他品种的水泥

高铝水泥（旧称矾土水泥）是以铝矾土和石灰为原料，按一定比例配合，经煅烧、磨细所制得的一种以铝酸盐为主要矿物成分的水硬性胶凝材料，又称铝酸盐水泥。

5.4.1　高铝水泥的矿物组成

高铝水泥的主要矿物成分为铝酸一钙（$CaO \cdot Al_2O_3$，简写为 CA），其含量约占高铝水泥质量的 70%，此外还有少量的硅酸二钙（C_2S）与其他铝酸盐，如七铝酸十二钙（$12CaO \cdot 7Al_2O_3$，简写为 $C_{12}A_7$）、二铝酸一钙（$CaO \cdot 2Al_2O_3$，简写为 CA_2）和硅铝酸二钙（$2CaO \cdot Al_2O_3 \cdot SiO_2$，简写为 C_2AS）等。

5.4.2　高铝水泥的水化和硬化

高铝水泥的水化和硬化主要是铝酸一钙的水化和水化产物结晶。其水化产物随温度的不同而不同。当温度低于 20 ℃时，其主要的反应式如下：

$$CaO \cdot Al_2O_3 + 10H_2O \Longrightarrow CaO \cdot Al_2O_3 \cdot 10H_2O$$
水化铝酸一钙（简写为 CAH_{10}）

当温度为 20 ℃~30 ℃时，其主要的反应式如下：

$$2(CaO \cdot Al_2O_3) + 11H_2O \Longrightarrow 2CaO \cdot Al_2O_3 \cdot 8H_2O + Al_2O_3 \cdot 3H_2O$$
水化铝酸二钙（简写为 C_2AH_8）

当温度高于 30 ℃时，其主要的反应式如下：

$$3(CaO \cdot Al_2O_3) + 12H_2O \Longrightarrow 3CaO \cdot Al_2O_3 \cdot 6H_2O + 2(Al_2O_3 \cdot 3H_2O)$$
水化铝酸三钙（简写为 C_3AH_6）

水化产物 CAH_{10} 和 C_2AH_8 为针状或板状结晶，能相互交织成坚固的结晶合成体，析出的氢氧化铝难溶于水，填充于晶体骨架的空隙中，形成比较致密的结构，使水泥石获得很高的强度。水化反应集中在早期，5~7 d 后水化产物的数量很少增加。因此，高铝水泥早期强度增长很快。

CAH_{10} 和 C_2AH_8 属亚稳定晶体，随时间增长，会逐渐转化为比较稳定的 C_3AH_6，转化速度随着温度的升高而加快。转化结果是水泥石内析出游离水，增大了孔隙体积，同时由于 C_3AH_6 晶体本身缺陷较多，强度较低，因而水泥石强度明显降低。

5.4.3　高铝水泥的技术性质

高铝水泥呈黄、褐或灰色，其密度和堆积密度与硅酸盐水泥接近。国家标准 GB/T 201—2015《铝酸盐水泥》规定：按照水泥中 Al_2O_3 含量的不同，高铝水泥可分为 CA50、CA60、CA70、CA80 四种类型。其中，CA50 按照强度等级又分为 CA50-Ⅰ、CA50-Ⅱ、CA50-Ⅲ、CA50-Ⅳ 四种强度类型，CA60 按照矿物组成分为 CA60-Ⅰ 和 CA60-Ⅱ，高铝水泥具体的强度要求见表 5-10。另外对于高铝水泥的细度，要求比表面积不小于 300 m^2/kg 或 45 μm 方孔筛筛余不得超过 20%。初凝时间，CA50、CA70、CA80 不得早于 30 min，CA60 不得早于 60 min；终凝时间，CA50、CA70、CA80 不得迟于 6 h，CA60 不得迟于 18 h。体积安定性必须合格。

表 5-10　高铝水泥各龄期强度

类型		抗压强度/MPa				抗折强度/MPa			
		6 h	1 d	3 d	28 d	6 h	1 d	3 d	28 d
CA-50	CA50-Ⅰ	≥ 20*	≥ 40	≥ 50	—	≥ 3.0*	≥ 5.5	≥ 6.5	—
	CA50-Ⅱ		≥ 50	≥ 60	—		≥ 6.5	≥ 7.5	—
	CA50-Ⅲ		≥ 60	≥ 70	—		≥ 7.5	≥ 8.5	—
	CA50-Ⅳ		≥ 70	≥ 80	—		≥ 8.5	≥ 9.5	—
CA-60	CA60-Ⅰ	—	≥ 65	≥ 85	—	—	≥ 7.0	≥ 10.0	—
	CA60-Ⅱ	—	≥ 20	≥ 45	≥ 85	—	≥ 2.5	≥ 5.0	≥ 10.0
CA-70		—	≥ 30	≥ 40	—	—	≥ 5.0	≥ 6.0	—
CA-80		—	≥ 25	≥ 30	—	—	≥ 4.0	≥ 5.0	—

注：*用户要求时，生产厂家应提供试验结果。

5.4.4　高铝水泥的特性与应用

1. 特性

① 快硬早强，早期强度增长快，1 d 强度即可达到极限强度的 80% 左右，故高铝水泥宜用于紧急抢修工程（筑路、修桥、堵漏等）和早期强度要求高的工程。但高铝水泥后期强度可能会下降，尤其是在高于 30 ℃ 的湿热环境下，强度下降更快，甚至会引起结构的破坏。因此，结构工程中使用高铝水泥应慎重。

② 水化热大，而且集中在早期放出。高铝水泥水化初期的 1 d 放热量约相当于硅酸盐水泥的 7 d 放热量，达水化放热总量的 70%~80%。因此，高铝水泥适合于冬季施工，不适用于大体积混凝土工程及高温潮湿环境中的工程。

③ 具有较强的抗硫酸盐腐蚀能力。这是因为其主要成分为低钙铝酸盐，游离的氧化钙极少，水泥石结构比较致密，故适用于有抗硫酸盐腐蚀要求的工程。

④ 耐碱性差。高铝水泥与碱性溶液接触，甚至混凝土骨料内含有少量碱性化合物时，都会引起腐蚀，故其不能用于接触碱溶液的工程。

⑤ 耐热性好。因为高温时产生了固相反应，烧结结合代替了水化结合，因此高铝水泥在高温下仍能保持较高的强度，如干燥的高铝水泥混凝土，900 ℃时仍能保持 70% 的强度，1 300 ℃时尚有 53% 的强度。如采用耐火的粗、细骨料（如铬铁矿等），可制成使用温度达到 1 300 ℃ ~1 400 ℃的耐热混凝土。

2. 应用

① 高铝水泥最适宜的硬化温度约为 15 ℃，一般施工时环境温度不得超过 25 ℃，否则，会产生晶型转换，使强度降低。高铝水泥拌制的混凝土不能进行蒸汽养护。

② 高铝水泥使用时，严禁与硅酸盐水泥或石灰混杂使用，也不得与尚未硬化的硅酸盐水泥混凝土接触使用，否则将产生瞬凝，以致无法施工，且强度很低。

③ 高铝水泥的长期强度，由于晶型转化及铝酸盐凝胶体老化等，有降低的趋势，如需用于工程中，应以最低稳定强度为依据进行设计，其值按 GB/T 201—2015 规定，经试验确定。

5.5 其他品种水泥

5.5.1 白色硅酸盐水泥和彩色硅酸盐水泥

1. 白色硅酸盐水泥

由白色硅酸盐水泥熟料，加入适量石膏和混合材料磨细制成的水硬性胶凝材料称为白色硅酸盐水泥（简称白水泥），代号为 P·W。其中，白色硅酸盐水泥熟料和石膏共占 70%~100%，石灰岩、白云质石灰岩和石英砂等天然矿物质占 0~30%。

硅酸盐水泥呈暗灰色，主要原因是其含 Fe_2O_3 较多（3%~4%）。当 Fe_2O_3 含量在 0.5% 以下时，水泥接近白色。白水泥的生产要求采用纯净的石灰石、白垩及纯石英砂、纯净的高岭土作为原料，采用无灰分的可燃气体或液体燃料，磨机衬板采用铸石、花岗岩、陶瓷等，研磨体采用硅质卵石（白卵石）或人造瓷球。生产过程严格控制 Fe_2O_3 并尽可能减少 MnO_2 和 TiO_2 等着色氧化物。因此，白水泥生产成本较高。

白水泥的细度要求为 45 μm 方孔筛筛余不得大于 30%；初凝时间不得早于 45 min，终凝时间不得迟于 600 min；体积安定性用沸煮法检验必须合格；水泥中三氧化硫的含量不得超过 3.5%。按 3 d 和 28 d 的强度值，可将白水泥划分为 32.5、42.5 和 52.5 三个强度等级，各龄期的强度值不得低于表 5-11 中的规定。

白色硅酸盐水泥的白度是指水泥色白的程度，白色硅酸盐水泥按照白度分为 1 级和 2 级，代号分别为 P·W1 和 P·W2。1 级白度值不小于 89，2 级白度值不小于 87。

表 5-11　白水泥各强度等级各龄期的强度值（GB/T 2015—2017）

强度等级	抗压强度/MPa		抗折强度/MPa	
	3 d	28 d	3 d	28 d
32.5	≥ 12.0	≥ 32.5	≥ 3.0	≥ 6.0
42.5	≥ 17.0	≥ 42.5	≥ 3.5	≥ 6.5
52.5	≥ 22.0	≥ 52.5	≥ 4.0	≥ 7.0

学习活动 5-3

胶凝材料的现场鉴别

在此活动中，你将学习工程现场对外观相似的 3 种常见胶凝材料的简易鉴别方法，通过说明理由，进一步增强对不同胶凝材料性质特点的认识，强化理论知识与实际岗位技能的融合。

完成此活动需要花费 20 min。

步骤 1：若有 3 种白色胶凝材料，分别是生石灰粉、建筑石膏和白水泥，请提出简易的鉴别方法并说明其理论根据。

步骤 2：对以上 3 种胶凝材料的试样进行实际鉴别操作，以证明鉴别方法的有效性。

反馈：

1. 确定鉴别结论的正确性，如有多种鉴别方法，请对比各自的优缺点。

2. 如果活动分组进行，可展开交互讨论，教师给出评价。

2. 彩色硅酸盐水泥

彩色硅酸盐水泥，简称彩色水泥，按生产方法可分为两类。一类是在白水泥的生料中加入少量金属氧化物，直接烧成彩色水泥熟料，然后加适量石膏磨细而成。另一类由白水泥熟料、适量的石膏及碱性颜料，共同磨细而成。彩色水泥中加入的颜料，必须具有良好的大气稳定性及耐久性，不溶于水，分散性好，抗碱性强，不参与水泥水化反应，对水泥的组成和特性无破坏作用等。常用的颜料有氧化铁（黑、红、褐、黄色）、二氧化锰（黑、褐色）、氧化铬（绿色）、钴蓝（蓝色）等。

白水泥和彩色水泥主要用于建筑物内外的装饰，如地面、楼面、墙柱、台阶、建筑立面的线条、装饰图案、雕塑等。它们配以彩色大理石、白云石石子和石英石砂作为粗、细骨料，可拌制成彩色砂浆和混凝土，做成水磨石、水刷石、斩假石等饰面，起到艺术装饰的效果。

5.5.2　膨胀水泥和自应力水泥

在水化和硬化过程中产生体积膨胀的水泥，属膨胀类水泥。一般硅酸盐水泥在空气中硬化时，体积会发生收缩。收缩会使水泥石结构产生微裂缝，降低水泥石结构的密实性，影响结构的抗渗、抗冻、耐腐蚀性等。膨胀水泥在硬化过程中体积不会发生收缩，反而略有膨胀，可以避免由收缩带来的不利后果。当这种膨胀受到水泥混凝土中钢筋的约束且膨胀率又较大时，钢筋和混凝土会一起发生变形，钢筋受到拉力作用，混凝土受到压力作用，这种压力是水泥水化产生的体积变化所引起的，所以称为自应力。自应力值大于 2 MPa 的水泥称为自应力水泥。

膨胀水泥按膨胀值不同，分为膨胀水泥和自应力水泥。膨胀水泥的线膨胀率一般在 1% 以下，相当于或稍大于一般水泥的收缩率，可以补偿收缩，所以又称补偿收缩水泥或无收缩水泥。自应力水泥的线膨胀率一般为 1%~3%，膨胀值较大，在限制的条件（如配有钢筋）下，使混凝土受到压应力，从而达到施加预应力的目的。

常用的膨胀水泥和自应力水泥及其主要用途如下：

1. 硅酸盐膨胀水泥

此类水泥主要用于制造防水砂浆和防水混凝土。它适用于加固结构、浇筑机器底座或固结地脚螺栓，并可用于接缝及修补工程，但禁止在有硫酸盐腐蚀的水中工程中使用。

2. 低热微膨胀水泥

此类水泥主要用于要求较低水化热和补偿收缩的混凝土、大体积混凝土工程，也适用于要求抗渗和抗硫酸盐腐蚀的工程。

3. 硫铝酸盐膨胀水泥

此类水泥主要用于浇筑构件节点及应用于要求抗渗和补偿收缩的混凝土工程。

4. 自应力水泥

此类水泥主要用于制作自应力钢筋混凝土压力管及其配件。

5.5.3　中热硅酸盐水泥和低热硅酸盐水泥

以适当成分的硅酸盐水泥熟料，加入适量石膏，磨细制成的具有中等水化热的水硬性胶凝材料称为中热硅酸盐水泥（简称中热水泥），代号为 P·MH。在中热水泥熟料中，C_3S 的含量应不超过55%，C_3A的含量应不超过6%，游离氧化钙的含量应不超过1.0%。

以适当成分的硅酸盐水泥熟料，加入适量石膏，磨细制成的具有低水化热的水硬性胶凝材料称为低热硅酸盐水泥（简称低热水泥），代号为P·LH。在低热水泥熟料中，C_2S的含量应不小于40%，C_3A的含量不得超过6%，游离氧化钙的含量应不超过1.0%。

水泥中氧化镁的含量（质量分数）不大于5.0%；如果水泥经压蒸安定性试验检验合格，则水泥中氧化镁的含量（质量分数）允许放宽到6.0%。

上述两种水泥性质应符合国家标准GB/T 200—2017《中热硅酸盐水泥、低热硅酸盐水泥》的规定，即细度为比表面积大于250 m^2/kg；三氧化硫含量不得超过3.5%；压蒸安定性检验合格；初凝时间不得早于60 min，终凝时间不得迟于12 h。

中热水泥强度等级为42.5，低热水泥强度等级为32.5、42.5，两种水泥的强度等级按规定龄期的抗压强度和抗折强度划分，各龄期的抗压强度和抗折强度应不低于表5-12中的数值。

表5-12　中、低热水泥各龄期强度要求（GB/T 200—2017）

品　种	强度等级	抗压强度/MPa			抗折强度/MPa		
		3 d	7 d	28 d	3 d	7 d	28 d
中热水泥	42.5	≥ 12.0	≥ 22.0	≥ 42.5	≥ 3.0	≥ 4.5	≥ 6.5
低热水泥	32.5	—	≥ 10.0	≥ 32.5	—	≥ 3.0	≥ 5.5
	42.5	—	≥ 13.0	≥ 42.5	—	≥ 3.5	≥ 6.5

低热水泥90 d的抗压强度不小于62.5 MPa。

中热水泥和低热水泥的水化热允许采用直接法或溶解热法进行检验，各龄期的水化热应符合表5-13的规定。

表5-13　中、低热水泥各龄期的水化热要求（GB/T 200—2017）　　　　　kJ/kg

品　种	强度等级	水化热	
		3 d	7 d
中热水泥	42.5	≤ 251	≤ 293
低热水泥	32.5	≤ 197	≤ 230
	42.5	≤ 230	≤ 260

32.5级低热水泥28 d的水化热不大于290 kJ/kg，42.5级低热水泥28 d的水化热不大于310 kJ/kg。中热水泥水化热较低，抗冻性与耐磨性较高，适用于大体积水工建筑物水位变动区的覆面层及大坝溢流面，以及其他要求低水化热、高抗冻性和耐磨性的工程。低热水泥适用于大体积建筑物或大坝内部要求更低水化热的部位。此外，这两种水泥有一定的抗硫酸盐腐蚀能力，可用于低硫酸盐腐蚀的工程。

5.5.4 低碱度硫铝酸盐水泥

低碱度硫铝酸盐水泥是以硫铝酸盐水泥熟料和较大量的石灰石、适量的石膏磨细制成，具有低碱度的水硬性胶凝材料，代号为L·SAC。低碱度硫铝酸盐水泥主要用于制作玻璃纤维增强水泥制品，用于配有钢纤维、钢筋、钢丝网、钢埋件等混凝土制品及结构时，所用钢材应为不锈钢。

1. 技术要求

行业标准GB 20472—2006《硫铝酸盐水泥》规定，细度为比表面积不得低于400 m²/kg；初凝时间不得早于25 min，终凝时间不得迟于180 min；碱度要求灰水比为1∶10的水泥浆液，1 h的pH不得大于10.5；28 d自由膨胀率为0~0.15%。低碱度硫铝酸盐水泥的强度以7 d抗压强度表示，分为32.5、42.5和52.5三个强度等级，其抗压强度及抗折强度应不低于表5-14中数值。

表 5-14 低碱度硫铝酸盐水泥各强度等级各龄期强度

强度等级	抗压强度/MPa		抗折强度/MPa	
	1 d	7 d	1 d	7 d
32.5	25.0	32.5	3.5	5.0
42.5	30.0	42.5	4.0	5.5
52.5	40 .0	52.5	4.5	6.0

出厂水泥应保证7 d强度、28 d自由膨胀率合格，凡比表面积、凝结时间、强度中任意一项不符合规定要求时为不合格品，凡碱度和自由膨胀率中任意一项不符合规定要求时为废品。

2. 特性

① 与其他品种水泥相比较，低碱度硫铝酸盐水泥具有明显的快硬、早强的特性，又有碱度低、膨胀率小、干缩不变形的优点，使用寿命长，是玻璃纤维增强水泥（Glass-fiber Reinforced Cement，GRC）制品专用水泥。

② 低碱度硫铝酸盐水泥制品易于着色，喷涂油漆色彩鲜艳、牢固，易粘贴墙纸、平整美观。

③ 低碱度硫铝酸盐水泥制成板材可锯裁、钻孔、敲打，具有保温隔音、抗虫蛀、不霉变等特性。

3. 适用范围

低碱度硫铝酸盐水泥可用于生产各类GRC轻质内外复合墙板、通风道、欧式浮雕、构件、蔬菜大棚架、网架板及其他小型建筑饰品等。

4. 应用注意事项

① 低碱度硫铝酸盐水泥耐热性能差，不得在高于100 ℃环境下使用；低碱度硫铝酸盐

水泥抗冻性能差，冬季施工特别要加强养护。

② 低碱度硫铝酸盐水泥产品在使用前，应做好准备工作，已搅拌过的料要在初凝前用完。砂浆或混凝土失去流动性后不得二次搅拌。其水泥制品必须在终凝后开始养护，养护期不得小于 7 d。

③ 水泥厂应在水泥发出之日起，11 d 内寄发水泥检验报告，28 d 自由膨胀率数值应在水泥发出之日起 32 d 内补报。

④ 低碱度硫铝酸盐水泥不得与其他品种水泥混用。运输与储存时，不得受潮和混入杂物，应与其他水泥分别储运，不得混杂。水泥储存期为 3 个月，逾期水泥应重新检验，检验合格后方可使用。

5.6 水泥试验

试验演示：水泥试验

5.6.1 水泥试验的一般规定

实验室温度为 20 ℃ ±2 ℃，相对湿度应不低于 50%；水泥试样、拌合水、仪器和用具的温度应与实验室温度一致；养护箱的温度为 20 ℃ ±1 ℃，相对湿度不低于 90%。

试验用水必须是洁净的饮用水，有争议时以蒸馏水为准。

5.6.2 水泥的标准稠度用水量、凝结时间、体积安定性测定

1. 试验目的

① 通过试验测定水泥净浆达到标准稠度时的用水量，作为凝结时间、体积安定性试验用水量的标准。

② 测定水泥达到初凝和终凝所需的时间，以评定水泥的质量。

③ 测定水泥净浆硬化后体积变化是否均匀，以判断水泥的体积安定性是否合格。

2. 主要仪器设备

水泥净浆搅拌机、标准法维卡仪（见图 5-3）、沸煮箱（有效容积约为 410 mm × 240 mm × 310 mm）、雷氏夹（见图 5-4）、雷氏夹膨胀值测量仪（见图 5-5）、养护箱（温度为 20 ℃ ±1 ℃，

相对湿度不低于90%）等。

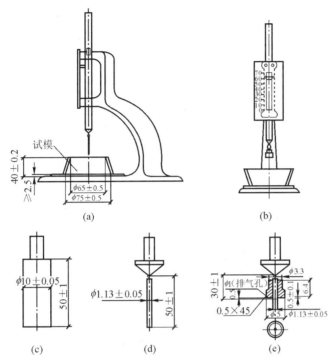

图 5-3　测定水泥标准稠度用水量和凝结时间用的维卡仪

（a）初凝时间测定用立式试模的侧视图；（b）终凝时间测定用反转试模的前视图；
（c）标准稠度试杆；（d）初凝用试针；（e）终凝用试针

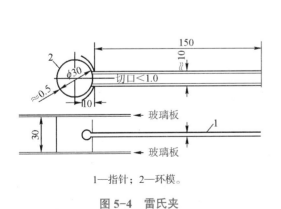

1—指针；2—环模。

图 5-4　雷氏夹

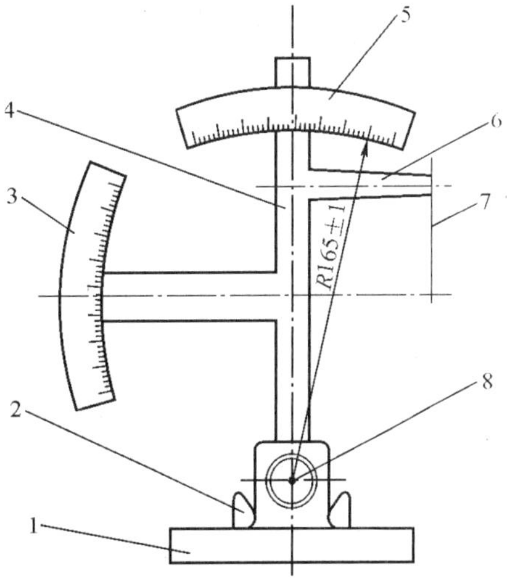

1—底座；2—模子座；3—测弹性标尺；4—立柱；
5—测膨胀值标尺；6—悬臂；7—悬丝；8—弹簧顶钮。

图 5-5　雷氏夹膨胀值测量仪

3. 试验准备

① 维卡仪的金属杆应能自由滑动，调整至试杆接触下板时，指针应对准标尺零点。

② 搅拌机应运转正常。

③ 凡与水泥净浆接触的玻璃板和雷氏夹内表面都要稍稍涂上一层机油。

④ 净浆搅拌机的搅拌锅和搅拌叶片先用湿布擦拭。

4. 试验步骤与结果评定

（1）标准稠度用水量的测定——标准法

① 将水泥净浆用水泥净浆搅拌机搅拌。将拌合水倒入搅拌锅内，在 5~10 s 后小心地将称好的 500 g 水泥加入水中，防止水和水泥溅出；拌和时，先将搅拌锅放在搅拌机的锅座上，升至搅拌位置，启动搅拌机，按规定程序拌和。

② 拌和结束后，立即取适量水泥净浆并一次性将其装入已置于玻璃底板上的试模中，浆体超过试模上端，用宽约 25 mm 的直边刀轻轻拍打超出试模部分的浆体 5 次以排除浆体的孔隙，然后在试模上表面约 1/3 处，略倾斜于试模分别向外轻轻抹去多余净浆，再从试模边缘轻抹顶部一次，使净浆表面光滑。在锯掉多余净浆和抹平的操作过程中，注意不要压实净浆，抹平后迅速将试模和底板移到维卡仪上，将其中心定在试杆下，降低试杆直至与水泥净浆表面接触，拧紧螺丝，1~2 s 后突然放松，使试杆垂直自由地沉入水泥净浆中。在试杆停止沉入或释放试杆 30 s 时，记录试杆与底板之间的距离。提起试杆后，立刻擦净。整个操作应在搅拌后 1.5 min 内完成。以试杆沉入净浆并距底板 6 mm ± 1 mm 的水泥净浆为标准稠度净浆，其拌合水量为该水泥的标准稠度用水量（P），按水泥质量的百分比计。

$$P = \frac{用水量}{水泥质量} \times 100\% \qquad (5\text{-}1)$$

（2）凝结时间的测定

① 以标准稠度用水量按水泥净浆的拌制方法制成标准稠度净浆，一次装满试模，振动数次后刮平，立即放入养护箱内。记录水泥全部加入水中的时间，将其作为凝结时间的起始时间。

② 初凝时间的测定。试件在养护箱中养护至加水后 30 min 时，进行第一次测定。测定时，从养护箱中取出试模放到试针下，降低试针使其与水泥净浆表面接触，拧紧螺丝，1~2 s 后突然放松，试针垂直自由地沉入水泥净浆。观察试针停止下沉或释放试针 30 s 时指针的读数。当试针沉至距底板 4 mm ± 1 mm 时，为水泥达到初凝状态。从水泥全部加入水中至水泥达到初凝状态的时间为水泥的初凝时间，以 min 为单位表示。

③ 终凝时间的测定。为了准确观测试针沉入的状态，在终凝用试针上安装一个环形附件，如图 5-3（e）所示。在完成初凝时间测定后，立即将试模连同浆体以平移的方式从玻璃板取下，翻转 180°，直径大端向上，小端向下放在玻璃板上，再放入养护箱中继续养护。当试针沉入试体 0.5 mm 时，即环形附件开始不能在试体上留下痕迹时，为水泥达到终凝状态。从水泥全部加入水中至水泥达到终凝状态的时间为水泥的终凝时间，以 min 为

单位表示。

④ 测定时的注意事项。最初测定时，应轻轻扶持金属棒，使其徐徐下降以防试针撞弯，但结果以自由下落测得的结果为准。整个测试过程中，试针贯入的位置至少要距试模内壁10 mm。临近初凝时，每隔 5 min 测定一次，临近终凝时每隔 15 min 测定一次，达到初凝状态时应立即重复测定一次，当两次结论相同时才能确定达到初凝状态；达到终凝状态时，需要在试体另外两个不同点测试，结论相同时才能确定达到终凝状态。每次测定不得让试针落入原针孔。每次测定完毕须将试针擦净并将试模放回养护箱内。整个测试过程要防止试模受振。

（3）体积安定性的测定——雷氏法

① 雷氏夹试件的成型。将预先准备好的雷氏夹放在已稍涂油的玻璃板上，并立即将已制好的标准稠度净浆一次性装满雷氏夹，装浆时一只手轻轻扶持雷氏夹，另一只手用宽约25 mm 的直边刀在浆体表面轻轻插捣 3 次，然后抹平，盖上稍涂油的玻璃板，接着立即将试件移至养护箱内养护 24 h ± 2 h。

② 沸煮。调整好沸煮箱内的水位，使之在整个沸煮过程中都能浸没试件，不需中途添补试验用水，同时保证水在 30 min ± 5 min 时能沸腾。

从养护箱中取出试件，脱去玻璃板取下试件，先测量试件指针尖端间的距离（A），精确至 0.5 mm。接着将试件放入沸煮箱中的试件架上，指针朝上，试件之间互不交叉，然后在30 min ± 5 min 内加热至沸腾，并恒沸 180 min ± 5 min。

③ 结果判定。沸煮结束后，放掉箱中的热水，打开箱盖，待箱体冷却至室温，取出试件进行判别。测量试件指针尖端间的距离（C），精确至 0.5 mm。当两个试件沸煮后增加距离（$C-A$）的平均值不大于 4.0 mm 时，即认为水泥体积安全性合格；当两个试件增加距离的平均值超过 4.0 mm 时，应用同一样品立即重做一次试验。

5.6.3　水泥胶砂强度检验（ISO 法）

1. 试验目的

通过测定水泥的抗压强度和抗折强度，确定水泥的强度等级；或已知强度等级，检验强度是否满足国家标准规定的各龄期强度值。

2. 主要仪器设备

行星式搅拌机、胶砂振实台、试模（可同时成型三条 40 mm × 40 mm × 160 mm 试体，见图 5-6）、抗折试验机、抗压试验机及抗压夹具（见图 5-7）。

3. 试验准备

① 成型前将试模擦净，四周的模板与底座的接触面上应涂黄干油，紧密装配，防止漏浆，内壁均匀地刷一薄层机油。

② 试验前或更换水泥品种时，搅拌锅、搅拌叶片及下料漏斗须用湿布擦抹干净。

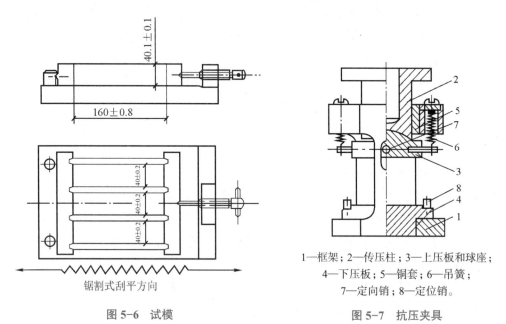

图 5-6　试模

图 5-7　抗压夹具

1—框架；2—传压柱；3—上压板和球座；
4—下压板；5—铜套；6—吊簧；
7—定向销；8—定位销。

4.试验步骤

（1）试件成型

① 每成型三条试体（一联试模）需称量水泥450 g±2 g、标准砂1 350 g±5 g、水225 g±1 g。

② 把水加入锅里，再加入水泥，把锅放在固定架上，上升至固定位置。将标准砂倒入搅拌机上的装砂筒内，开动搅拌机，按预定的程序搅拌。

③ 在搅拌胶砂的同时，将空试模固定在振实台上，放入已搅拌好的胶砂，按规定的程序将胶砂振实，并用直尺将表面刮平。在试模上做标记或加字条标明试件编号。

（2）养护

将已编号的试件带模放入养护箱内养护 24 h 后取出，脱模。将做好标记的试件立即水平或竖直地放入 20 ℃±1 ℃的恒温水中养护，水平放置时刮平面应朝上。将试件放在不易腐烂的箅子上，并使彼此间保持一定距离，以让水与试件的六个面接触。养护期间试件之间间隔或试体上表面的水深不得小于 5 mm。

每个养护池只养护同类型的水泥试件。最初用自来水装满养护池，随后随时加水，保持适当的恒定水位，不允许在养护期间全部换水。

（3）强度试验

试件龄期从水泥加水搅拌开始试验时算起，龄期与养护时间的关系见表 5-15。

将试体从水中取出后，在强度试验前应用湿布覆盖。

① 抗折强度试验。

a. 每龄期取出三条试体先做抗折强度试验。试验前须擦去试体表面附着的水分和砂粒，清除夹具上圆柱表面黏附的杂物，将试体放入抗折夹具内，使其侧面与圆柱接触。

表 5-15　龄期与养护时间的关系

龄期 /d	养护时间	龄期 /d	养护时间
1	24 h ± 15 min	7	7 d ± 2 h
2	48 h ± 30 min	28	28 d ± 8 h
3	72 h ± 45 min		

b. 采用杠杆式抗折试验机试验时，试体放入前应使杠杆成平衡状态。试体放入后，调整夹具，使杆在试体折断时，尽可能地接近平衡位置。

c. 以 50 N/s ± 10 N/s 的速度均匀地将荷载垂直地加在棱柱体相对侧面上，直至折断。保持两个半截试体处于潮湿状态直至进行抗压强度试验。

② 抗压强度试验。

a. 抗折强度试验后的两个断块应立即进行抗压强度试验，如果断块的长度不足 40 mm，则应剔除。测定前应清除试体受压面与加压板间的砂粒或杂物，并使试体侧面受压。将试体放入夹具内，使夹具对准抗压试验机压板中心。

b. 抗压试验机加荷速度应控制在 2 400 N/s ± 200 N/s，均匀地加荷直至试体被破坏。

5. 结果整理

（1）抗折强度计算

抗折强度计算如下，精确至 0.1 MPa：

$$f = \frac{1.5FL}{b^3} = 0.002\ 34F \tag{5-2}$$

式中：f——抗折强度，MPa；

　　　F——折断时施加于棱柱体中部的荷载，N；

　　　L——两支撑圆柱之间的距离，为 100 mm；

　　　b——棱柱体正方形截面的边长，为 40 mm。

（2）抗折强度的评定

以一组三个棱柱体抗折强度测定值的算术平均值作为试验结果，精确至 0.1 MPa。当三个强度值中有一个超出平均值的 ±10% 时，应将该值剔除后再取平均值作为抗折强度试验结果。

（3）抗压强度计算

抗压强度计算如下，精确至 0.1 MPa：

$$f_c = \frac{F}{A} = 0.000\ 625F \tag{5-3}$$

式中：f_c——抗压强度，MPa；

$\quad\quad$ F——破坏时的最大荷载，N；

$\quad\quad$ A——受压部分面积，40 mm × 40 mm=1 600 mm^2。

（4）抗压强度的评定

以一组三个棱柱体上得到的六个抗压强度测定值的算术平均值作为试验结果，精确至0.1 MPa。如六个测定值中有一个超出平均值的 ±10%，就应剔除这个值，而以剩下五个测定值的平均数作为试验结果；如果五个测定值中再有超过它们平均值 ±10% 的，则此组结果作废。

学习活动 5-4

水泥强度等级的评定

在此活动中，你将根据所给硅酸盐水泥各龄期的强度测定相关数据评定其强度等级。通过此活动，你将加深对材料强度与强度等级关系的理解并增强技术标准应用的能力。

完成此活动需要花费 25 min。

步骤 1：阅读如表 5-16 所示某硅酸盐水泥各龄期的强度测定相关数据并计算相应抗折、抗压强度代表值。

表 5-16　学习活动 5-4 某硅酸盐水泥相关数据

龄期	抗折强度/MPa	抗压破坏荷载/kN
3 d	4.05、4.20、4.10	41.0、42.5、46.0、45.5、43.0、43.6
28 d	7.00、7.50、8.50	112、115、114、113、108、119

步骤 2：根据步骤 1 所得结果，以国家标准 GB 175—2007（表 5-5）为判断依据，评定其强度等级。

反馈：

1. 评定结果，并借此进一步理解"强度等级源于强度，但不等同于强度"的含义。

2. 说明评定抗折、抗压强度代表值的理由，理解和熟悉试验数据的整理过程。

3. 教师给予评价或学习者之间进行交互评价。

小结

本章是本书的重点章节之一，以硅酸盐水泥和掺混合材料的硅酸盐水泥为重点，介绍了硅酸盐水泥熟料矿物的组成及特性，硅酸盐水泥水化产物及其特性，掺混合材料的硅酸盐水泥性质的共同点及不同点，硅酸盐水泥以及掺混合材料的硅酸盐水泥的性质与应用。学习者应能综合运用所学知识，根据工程要求及所处的环境选择水泥品种。

本章还介绍了水泥石的腐蚀类型、基本原因、防止措施以及其他品种水泥的特性及应用。

自测题

思考题

1. 什么是硅酸盐水泥和硅酸盐水泥熟料？

2. 硅酸盐水泥的凝结硬化过程是怎样进行的？影响硅酸盐水泥凝结硬化的因素有哪些？

3. 何谓水泥的体积安定性？体积安定性不良的原因和危害是什么？如何测定？

4. 什么是硫酸盐腐蚀和镁盐腐蚀？

5. 腐蚀水泥石的介质有哪些？水泥石受腐蚀的基本原因是什么？

6. 为什么掺较多活性混合材料的硅酸盐水泥早期强度比较低，后期强度发展比较快，甚至超过同强度等级的硅酸盐水泥？

7. 与硅酸盐水泥相比，矿渣水泥、火山灰水泥和粉煤灰水泥在性能上有哪些不同？试分析它们的适用和不宜使用的范围。

8. 不同品种以及同品种不同强度等级的水泥能否混掺使用？为什么？

9. 白色硅酸盐水泥对原料和工艺有什么要求？

10. 膨胀水泥的膨胀过程与水泥体积安定性不良所形成的体积膨胀有何不同？

11. 简述高铝水泥的水化过程及后期强度下降的原因。

12. 为什么生产硅酸盐水泥时掺适量石膏对水泥不起破坏作用，而硬化水泥石遇到有硫酸盐溶液的环境，产生与石膏同种成分的物质就有破坏作用？

测验评价

完成"气硬性胶凝材料"测评

6

CHAPTER 6

混凝土

📖 导言

在上一章中，你已经学习了通用硅酸盐水泥的品种、分类、技术性能和选择应用，还了解了其他种类的水泥产品。本章主要介绍近代最重要的结构性建筑材料普通混凝土的组成、技术性能、配合比设计、质量检验、应用以及新型混凝土的应用与发展。

从广义上讲，混凝土是以胶凝材料，粗、细骨料及其他外掺材料按适当比例拌制、成型、养护、硬化而成的人工石材。

混凝土可以从不同角度进行分类。按胶凝材料不同，混凝土可分为水泥混凝土、沥青混凝土、水玻璃混凝土、聚合物混凝土等；按体积密度不同，混凝土可分为特重混凝土（$\rho_0 > 2\ 500\ \text{kg/m}^3$）、重混凝土（$\rho_0 = 1\ 900 \sim 2\ 500\ \text{kg/m}^3$）、轻混凝土（$\rho_0 = 600 \sim 1\ 900\ \text{kg/m}^3$）、特轻混凝土（$\rho_0 < 600\ \text{kg/m}^3$）；按性能特点不同，混凝土可分为抗渗混凝土、耐酸混凝土、耐热混凝土、高强混凝土和自密实混凝土等；按施工方法不同，混凝土可分为现浇混凝土、预制混凝土、泵送混凝土和喷射混凝土等。

通常将水泥，矿物掺合料，粗、细骨料，水和外加剂按一定的比例配合而成的，干表观密度为 $2\ 000 \sim 2\ 800\ \text{kg/m}^3$ 的混凝土称为普通混凝土，简称混凝土。这是本章讲述的主要内容。

　　混凝土是世界上用量最大的一种工程材料。其应用范围遍及建筑、道路、桥梁、水利、国防工程等领域。近代混凝土基础理论和应用技术的迅速发展有力推动了土木工程的不断创新。

> 课程讲解：混凝土　背景资料
> 将向你展示近代主体建筑材料——混凝土的发展沿革及优越性能的图卷

6.1　混凝土的性能特点及应用要求

1. 混凝土的性能特点

混凝土之所以在土木工程中得到广泛应用，是由于它有许多独特的技术性能。这些特点主要反映在以下方面：

① 材料来源广泛。混凝土中占整个体积 80% 以上的砂、石子均可就地取材，其资源丰富，有效降低了制作成本。

② 性能可调整范围大。根据使用功能要求，改变混凝土的材料配合比例及施工工艺可在相当大的范围内对混凝土的强度、保温耐热性、耐久性及工艺性能进行调整。

③ 在硬化前有良好的塑性。拌和混凝土优良的可塑成型性，使混凝土可适应各种形状复杂的结构构件的施工要求。

④ 施工工艺简易、多变。混凝土既可简单进行人工浇筑，亦可根据不同的工程环境特点灵活采用泵送、喷射、水下等施工方法。

⑤ 可用钢筋增强。钢筋与混凝土虽为性能迥异的两种材料，但两者有近乎相等的线胀系数，从而使它们可共同工作。这弥补了混凝土抗拉强度低的缺点，扩大了其应用范围。

⑥ 有较高的强度和耐久性。近代高强混凝土的抗压强度可达 100 MPa 以上，同时具备较高的抗渗、抗冻、抗腐蚀、抗碳化性，其耐久年限可达数百年以上。

混凝土除以上优点外，也存在着自重大、养护周期长、导热系数较大、不耐高温、拆除废弃物再生利用性较差等缺点，随着混凝土新功能、新品种的不断开发，这些缺点在混凝土应用的发展中不断被克服。

2. 混凝土的应用要求

混凝土应用的基本要求如下：

① 结构安全和施工不同阶段所需要的强度。

②混凝土搅拌、浇筑、成型过程所需要的工作性（混凝土工作性的相关内容见6.3.1节）。

③设计和使用环境所需要的耐久性。

④节约水泥、降低成本的经济性。

简而言之，就是要满足强度、工作性、耐久性和经济性的要求，这些要求也是混凝土配合比设计的基本目标。

6.2　混凝土的组成材料

 IP讲座：第4讲第二节　普通混凝土的组成材料

水、水泥、砂（细骨料）、石子（粗骨料）是普通混凝土的四种基本组成材料。水和水泥形成水泥浆，赋予拌和混凝土流动性，黏结粗、细骨料形成整体，填充骨料的间隙，提高密实度。砂和石子构成混凝土的骨架，可有效抵抗水泥浆的干缩；砂、石颗粒逐级填充，形成理想的密实状态，节约水泥浆的用量。

骨料是在混凝土中起骨架或填充作用的粒状松散材料，按其粒径大小可将其分为粗骨料和细骨料。

6.2.1　水泥

水泥是决定混凝土成本的主要材料，同时又起到黏结、填充等重要作用，故水泥的选用格外重要。水泥的选用主要考虑的是其品种和强度等级。

水泥的品种应根据工程的特点和所处的环境气候条件，特别应针对工程竣工后可能遇到的环境影响因素进行分析，并考虑当地水泥的供应情况做出选择，相关内容在第5章中已有阐述。

水泥强度等级的选择是指水泥强度等级和混凝土设计强度等级的关系。若水泥强度过高，水泥的用量就会过少，从而影响拌和混凝土的工作性。反之，水泥强度过低，则可能影响混凝土的最终强度。根据经验，一般情况下水泥强度等级为混凝土设计强度等级的1.5~2.0倍为宜。对于较高强度等级的混凝土，水泥强度等级应为混凝土强度等级的90%至1.5倍。选用普通强度等级的水泥配制高强（＞C60）混凝土时并不受此比例的约束。对于低强度等级的混凝土，可采用特殊种类的低强度水泥或掺加一些改善工作性的外掺材料（如粉煤灰等）。

6.2.2　细骨料（砂）

细骨料是指粒径小于 4.75 mm 的骨料颗粒，通常将岩石颗粒细骨料称为砂。

砂按生成过程特点，可分为天然砂和人工砂。

天然砂根据产地特征，分为河砂、湖砂、山砂和海砂。河砂、湖砂材质最好，其洁净、无风化、颗粒表面圆滑。山砂风化较严重，含泥较多，含有机杂质和轻物质也较多，质量最差。海砂中常含有贝壳等杂质，所含氯盐、硫酸盐、镁盐会引起水泥的腐蚀，其质量较河砂差。

人工砂是经除土处理的机制砂和混合砂的统称。机制砂是由机械破碎、筛分而得的岩石颗粒，但不包括软质岩、风化岩石的颗粒。混合砂是由机制砂和天然砂混合而成的砂。

天然砂是一种地方资源，随着我国基本建设的日益发展和农田、河道环境保护措施的逐步加强，天然砂资源逐步减少。不但如此，混凝土技术的迅速发展，对砂的要求日益提高，其中一些要求较高的技术指标，天然砂难以满足，故在 2001 年公布的国家标准 GB/T 14684—2001《建筑用砂》中人工砂首次被承认其地位并加以规范。我国有大量的金属矿和非金属矿，在采矿和加工过程中伴随产生较多尾尘。这些尾尘及由石材粉碎生产的机制砂的推广使用，既能够有效利用资源，又能够保护环境，可产生综合利用的效益。工业发达国家使用人工砂已有几十年的历史，人工砂近年也已成为我国砂资源的重要组成部分。

根据国家标准 GB/T 14684—2011《建设用砂》，砂按技术要求分为Ⅰ类、Ⅱ类和Ⅲ类三个级别。在行业标准 JGJ 52—2006《普通混凝土用砂、石质量及检验方法标准》中，则根据混凝土的强度范围对砂提出了相应的技术要求。

砂的技术要求主要有以下几方面。

1. 砂的粗细程度及颗粒级配

在混凝土中，胶凝材料浆是通过骨料颗粒表面来实现有效黏结的，骨料的总表面积越小，胶凝材料越节约，所以混凝土对砂的第一个基本要求就是颗粒的总表面积要小，即砂要尽可能粗。而砂颗粒间大小搭配合理，达到逐级填充，减小空隙率，以实现尽可能高的密实度，是混凝土对砂的又一项基本要求，反映这一项要求的是砂的颗粒级配。

砂的粗细程度和颗粒级配是由砂的筛分试验来测定的。筛分试验是采用过 9.50 mm 方孔筛后 500 g 烘干的待测砂，用一套孔径从大到小（孔径分别为 4.75 mm、2.36 mm、1.18 mm、600 μm、300 μm、150 μm）的标准金属方孔筛进行筛分，然后称各筛上所得的颗粒的质量（称为筛余量），将各筛余量分别除以 500 得到分计筛余百分率（%）a_1、a_2、a_3、a_4、a_5、a_6，再将其累加得到累计筛余百分率（简称累计筛余率）β_1、β_2、β_3、β_4、β_5、β_6，其计算过程见表 6-1。

以筛分试验得出的 6 个累计筛余百分率作为计算砂平均粗细程度的指标细度模数（μ_f）和检验砂的颗粒级配是否合理的依据。

表 6-1 累计筛余百分率的计算过程

筛孔边长	分计筛余		累计筛余百分率
	分计筛余量/g	分计筛余百分率	
4.75 mm	m_1	a_1	$\beta_1=a_1$
2.36 mm	m_2	a_2	$\beta_2=a_2+a_1$
1.18 mm	m_3	a_3	$\beta_3=a_3+a_2+a_1$
600 μm	m_4	a_4	$\beta_4=a_4+a_3+a_2+a_1$
300 μm	m_5	a_5	$\beta_5=a_5+a_4+a_3+a_2+a_1$
150 μm	m_6	a_6	$\beta_6=a_6+a_5+a_4+a_3+a_2+a_1$

注：1. 在市政和水利工程中，粗、细骨料亦称为粗、细集料。

2. 与以上筛孔边长系列对应的筛孔公称边长及砂的公称粒径系列为 5.00 mm、2.50 mm、1.25 mm、630 μm、315 μm、160 μm。

细度模数是指各号筛的累计筛余百分率之和除以 100 之商，即

$$\mu_t = \frac{\sum_{i=2}^{6}\beta_i}{100} \tag{6-1}$$

因砂定义为粒径小于 4.75 mm 的颗粒，故公式中的 i 应取 2~6。

若砂中含有粒径大于 4.75 mm 的颗粒，即 $a_1\neq0$，则应在式（6-1）中考虑该项影响，式（6-1）变为

$$\mu_t = \frac{(\beta_2+\beta_3+\beta_4+\beta_5+\beta_6)-5\beta_1}{100-\beta_1} \tag{6-2}$$

细度模数越大，砂越粗。行业标准 JGJ 52—2006 按细度模数将砂分为粗砂（$\mu_t=3.7\sim3.1$）、中砂（$\mu_t=3.0\sim2.3$）、细砂（$\mu_t=2.2\sim1.6$）、特细砂（$\mu_t=1.5\sim0.7$）四级。普通混凝土在可能情况下应选用粗砂或中砂，以节约水泥。

细度模数的数值主要取决于 150 μm 孔径的筛到 2.36 mm 孔径的筛 5 个累计筛余量，由于在累计筛余的总和中，粗颗粒分计筛余的"权"比细颗粒大（如 a_2 的权为 5，而 a_6 的权仅为 1），所以 μ_t 的值很大程度上取决于粗颗粒的含量。此外，细度模数的数值与小于 150 μm 的颗粒含量无关。可见细度模数在一定程度上反映砂颗粒的平均粗细程度，但不能反映砂粒径的分布情况，不同粒径分布的砂，可能有相同的细度模数。

颗粒级配是指粒径大小不同的砂相互搭配的情况。如图 6-1 所示，一种粒径的砂，其颗粒间的空隙最大。随着砂径级别的增加，会达到中颗粒填充大颗粒间的空隙，而小颗粒填充中颗粒间的空隙的"逐级填充"理想状态。

可见用级配良好的砂配制混凝土，不仅空隙率小，节约胶凝材料，而且因胶凝材料的用量减少，水泥石含量少，混凝土的密实度提高，从而强度和耐久性得以加强。

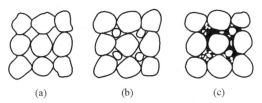

图 6-1　砂的不同级配情况

（a）一种粒径；（b）两种粒径；（c）多种粒径

　　根据计算和试验结果，JGJ 52—2006 规定将砂的合理级配以 600 μm 级的累计筛余率为准，划分为三个级配区，分别称为 I 区、II 区、III 区，见表 6-2。任何一种砂，只要其累计筛余率 $\beta_1 \sim \beta_6$ 分别分布在某同一级配区的相应累计筛余率的范围内，即级配合理，符合级配要求。具体评定时，除 4.75 mm 及 600 μm 级外，其他级的累计筛余率允许稍有超出，但超出总量不得大于 5%。由表 6-2 中数值可见，在三个级配区内，只有 600 μm 级的累计筛余率是不重叠的，故称其为控制粒级，控制粒级使任何一个砂样只能处于某一级配区内，避免出现同属两个级配区的现象。

表 6-2　砂颗粒级配区（JGJ 52—2006）

筛孔尺寸	累计筛余率		
	I 区	II 区	III 区
9.50 mm	0	0	0
4.75 mm	10%~0	10%~0	10%~0
2.36 mm	35%~5%	25%~0	15%~0
1.18 mm	65%~35%	50%~10%	25%~0
600 μm	85%~71%	70%~41%	40%~16%
300 μm	95%~80%	92%~70%	85%~55%
150 μm	100%~90%	100%~90%	100%~90%

　　注：I 区人工砂中 150 μm 筛孔的累计筛余率可以放宽为 100%~85%，II 区人工砂中 150 μm 筛孔的累计筛余率可以放宽为 100%~80%，III 区人工砂中 150 μm 筛孔的累计筛余率可以放宽为 100%~75%。

　　评定砂的颗粒级配，也可采用作图法，即以筛孔尺寸为横坐标、以累计筛余率为纵坐标，将表 6-2 规定的各级配区相应累计筛余率的范围标注在图上形成级配区域，如图 6-2 所示。然后把某种砂的累计筛余率 $\beta_1 \sim \beta_6$ 在图上依次描点连线，若所连折线都在某一级配区的累计筛余率范围内，即级配合理。

　　如果砂的自然级配不符合级配的要求，可采用人工调整级配来改善，即将粗细不同的砂进行掺配或将砂筛除过粗、过细的颗粒。

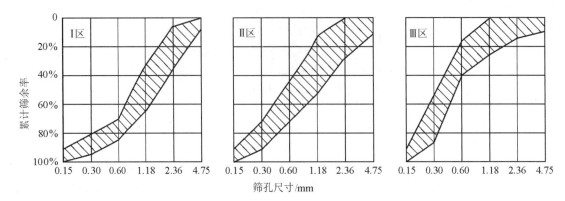

图 6-2　混凝土用砂级配范围曲线

2. 砂的含水状态

砂在实际使用时，一般是露天堆放的，受到环境温湿度的影响，往往处于不同的含水状态。在混凝土的配合比计算中，需要考虑砂的含水状态的影响。

砂的含水状态，从干到湿可分为四种状态。

① 全干状态，或称烘干状态，是砂在烘箱中烘干至恒重，达到内、外部均不含水的状态，如图 6-3（a）所示。

② 气干状态。此时，在砂的内部含有一定水分，而表层和表面是干燥无水的。砂在干燥的环境中自然堆放达到干燥往往处于这种状态，如图 6-3（b）所示。

③ 饱和面干状态，即砂的内部和表层均含水达到饱和状态，而表面的开口孔隙及面层处于无水状态，如图 6-3（c）所示。拌和混凝土的砂处于这种状态时，与周围水的交换最少，对配合比中水的用量影响最小。

④ 湿润状态，即砂的内部不但含水饱和，其表面还被一层水膜覆裹，颗粒间被水所充盈，如图 6-3（d）所示。

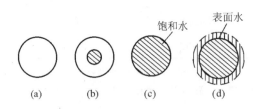

图 6-3　砂的含水状态

（a）全干状态；（b）气干状态；（c）饱和面干状态；（d）湿润状态

一般情况下，混凝土的实验室配合比是按砂的全干状态考虑的，此时拌和混凝土的实际流动性要小一些。而在施工配合比中，又把砂的全部含水都考虑在用水量的调整中而缩减拌合水量，实际状况是仅有湿润状态的表面水才可以冲抵拌合水量，所以也会出现实际流动性的损失。因此从理论上讲，实验室配合比中砂的理想含水状态应为饱和面干状态。在混凝土用量较大，需精确计算的市政、水利工程中常以砂的饱和面干状态为准。

3. 含泥量、泥块含量和石粉含量

含泥量是指砂中粒径小于 75 μm 的岩屑、淤泥和黏土颗粒的含量。泥块含量是粒径大于 1.18 mm，水浸碾压后可成为粒径小于 600 μm 的块状黏土或淤泥颗粒的含量。砂中的泥可包裹在砂的表面，妨碍砂与水泥石的有效黏结，同时其吸附水的能力较强，使拌合水量加大，降低混凝土的抗渗性、抗冻性。尤其是黏土，其体积变化不稳定，潮胀干缩，对混凝土有较大的有害作用，必须严格控制其含量。含泥量或泥块含量超量时，可采用水洗的方法处理。

石粉含量是人工砂生产过程中不可避免产生的粒径小于 75 μm 的颗粒的含量。石粉的粒径虽小，但与天然砂中的泥成分不同，粒径分布（40~75 μm）也不同。这对完善混凝土的细骨料级配，提高混凝土的密实性，进而提高混凝土的整体性能起到有利作用，但其掺量也要适宜。

天然砂的含泥量和泥块含量应符合表 6-3 的规定。人工砂或混合砂的石粉含量和泥块含量应符合表 6-4 的规定。表 6-4 中的亚甲蓝试验是专门用于检测粒径小于 75 μm 的物质是纯石粉还是泥土的试验方法。

表 6-3　天然砂的含泥量和泥块含量（JGJ 52—2006）

项　目	混凝土强度等级		
	≥ C60	C55~C30	≤ C25
含泥量（按质量计）	≤ 2.0%	≤ 3.0%	≤ 5.0%
泥块含量（按质量计）	≤ 0.5%	≤ 1.0%	≤ 2.0%

注：对于有抗冻、抗渗或其他特殊要求的小于或等于 C25 混凝土用砂，其含泥量不应大于 3.0%，泥块含量不应大于 1.0%。

表 6-4　人工砂或混合砂的石粉含量和泥块含量（JGJ 52—2006）

项　目	混凝土强度等级		
	≥ C60	C55~C30	≤ C25
MB<1.4（合格）	≤ 5.0%	≤ 7.0%	≤ 10.0%
MB ≥ 1.4（不合格）	≤ 2.0%	≤ 3.0%	≤ 5.0%

注：MB 为亚甲蓝试验的技术指标，称为亚甲蓝值，表示每千克 0~2.36 mm 粒级试样所消耗的亚甲蓝克数。

4. 砂中的有害物质

砂在生成过程中，由于环境的影响和作用，常混有对混凝土性质不利的物质，以天然砂尤为严重。砂中不应混有草根、树叶、树枝、塑料、煤块、炉渣等杂物。其他有害物质，包括云母、轻物质、硫化物及硫酸盐、有机物含量等的控制应符合表 6-5 的规定。

表 6-5　砂中的有害物质含量（JGJ 52—2006）

项　目	质 量 指 标
云母含量（按质量计）	≤ 2.0%
轻物质含量（按质量计）	≤ 1.0%
硫化物及硫酸盐含量（折算成 SO_3 按质量计）	≤ 1.0%
有机物含量（用比色法试验）	颜色不应深于标准色。当颜色深于标准色时，应按水泥胶砂强度试验方法进行强度对比试验，抗压强度比不应低于 0.95 MPa

（1）云母及轻物质

云母是砂中常见的矿物，呈薄片状，极易分裂和风化，会影响混凝土的工作性和强度。轻物质是密度小于 2 g/cm^3 的矿物（如煤或轻砂），其本身与水泥黏结不牢，会降低混凝土的强度和耐久性。

（2）硫化物和硫酸盐

硫化物和硫酸盐是指砂中所含的二硫化铁（FeS_2）和石膏（$CaSO_4 \cdot 2H_2O$）。它们会与硅酸盐水泥石中的水化产物生成体积膨胀的水化硫铝酸钙，造成水泥石开裂，降低混凝土的耐久性。

（3）有机物

有机物是指天然砂中混杂的动植物的腐殖质或腐殖土等。有机物会减缓水泥的凝结，影响混凝土的强度。如果砂中有机物过多，可采用石灰水冲洗、露天摊晒的方法处理。

（4）氯盐

海水常会使海砂中的氯盐超标。氯离子会使钢筋锈蚀，因此对钢筋混凝土，尤其是预应力混凝土中的氯盐含量应严加控制。氯盐可用水洗的方法处理。

（5）贝壳含量

海砂中的贝壳含量应符合表 6-6 的规定，对于有抗冻、抗渗或其他特殊要求的小于或等于 C25 的混凝土用砂，其贝壳含量不应大于 5%。

表 6-6　海砂中的贝壳含量（JGJ 52—2006）

项　目	混凝土强度等级		
	≥ C40	C35~C30	C25~C15
贝壳含量（按质量计）	≤ 3.0%	≤ 5.0%	≤ 8.0%

6.2.3　粗骨料（石子）

粗骨料是指粒径大于 4.75 mm 的骨料，通常将岩石颗粒粗骨料称为石子。通常，将人工破碎而成的石子称为碎石，即人工石子；将天然形成的石子称为卵石，按其产源特点，可分为河卵石、海卵石和山卵石。各类卵石的特点与相应的天然砂类似，虽各有其优缺点，但因用量大，故应按就地取材的原则选用。卵石的表面光滑，拌和混凝土比碎石流动性要好，但与水泥砂浆黏结力差，故强度较低。在 GB/T 14685—2011《建设用卵石、碎石》中，卵石和碎石按技术要求分为Ⅰ类、Ⅱ类、Ⅲ类三个等级。Ⅰ类用于强度等级大于 C60 的混凝土；Ⅱ类用于强度等级为 C30~C60 及有抗冻、抗渗或其他要求的混凝土；Ⅲ类适用于强度等级小于 C30 的混凝土。

粗骨料的技术性能主要有最大粒径及颗粒级配，强度及坚固性，针、片状颗粒含量，含泥量及泥块含量，有害物质含量。

1. 最大粒径及颗粒级配

与细骨料相同，混凝土对粗骨料的基本要求也是颗粒的总表面积要小和颗粒大小搭配要合理，以节约水泥和能够逐级填充形成最大的密实度。这两项要求分别用最大粒径和颗粒级配表示。

（1）最大粒径

粗骨料公称粒级的上限为该粒级的最大粒径。如公称粒级 5~20 mm 的石子，其最大粒径为 20 mm。最大粒径在一定程度上反映了粗骨料的平均粗细程度。拌和混凝土中粗骨料的最大粒径加大，总表面积减小，单位用水量有效减少。在用水量和水灰比固定不变的情况下，最大粒径加大，骨料表面包裹的水泥浆层加厚，混凝土拌合物可获得较高的流动性。在工作性一定的前提下，可减小水灰比，使强度和耐久性提高。通常加大粒径可获得节约水泥的效果。但最大粒径过大（大于 150 mm）时，不但节约水泥用量不再明显增加，而且会降低混凝土的抗拉强度，会对施工质量，甚至对搅拌机械造成一定的损害。国家标准 GB 50666—2011《混凝土结构工程施工规范》规定：混凝土用的粗骨料，其最大粒径不得超过构件截面最小尺寸的 1/4，且不得超过钢筋最小净间距的 3/4。对混凝土实心板，骨料的最大粒径不宜超过板厚的 1/3，且不得超过 40 mm。

学习活动 6-1

石子最大粒径的确定

在此活动中，你将通过解决具体案例问题，掌握配制混凝土时石子最大粒径确定原则的具体应用，逐步增强在工程实践中对多因素影响问题的解决能力。

完成此活动需要花费 15 min。

步骤 1：某高层建筑剪力墙施工中，商品混凝土供应方要求施工单位提供石子粒径，施工员查阅相应施工图，得到的技术信息为：剪力墙截面为 180 mm×3 000 mm，纵向钢筋（双排）直径 15 mm、间距 200 mm，箍筋直径 8 mm、间距 150 mm。

步骤 2：根据步骤 1 所获取的相关信息，画出剪力墙横截面配筋详图，确定应选石子最大粒径。

反馈：

1. 钢筋净距等于钢筋间距与钢筋直径之差。思考：构件截面最小尺寸如何确定？纵向钢筋间距、箍筋间距、双排纵向钢筋间距是否都需考虑？

2. 在满足确定的最大粒径的要求下，选定向混凝土供应方回复的粒径规格。

（2）颗粒级配

与砂类似，粗骨料的颗粒级配也是通过筛分试验来确定的，所采用的标准筛孔边长为 2.36 mm、4.75 mm、9.50 mm、16.0 mm、19.0 mm、26.5 mm、31.5 mm、37.5 mm、53.0 mm、63.0 mm、75.0 mm、90.0 mm 12 个。根据各筛的分计筛余量计算分计筛余百分率及累计筛余百分率的方法也与砂相同。根据累计筛余百分率，碎石和卵石的颗粒级配范围见表 6-7。

粗骨料的颗粒级配按供应情况分为连续级配和单粒级配。按实际使用情况分为连续级配和间断级配两种。

连续级配是指石子的粒径从大到小连续分级，每一级都占适当的比例。连续级配的颗粒大小搭配连续合理（最小粒径都从 5 mm 起），用其配制的混凝土拌合物工作性好，不易发生离析，在工程中应用较多。但其缺点是，当最大粒径较大（大于 40 mm）时，天然形成的连续级配往往与理论最佳值有偏差，且在运输、堆放过程中易发生离析，影响级配的均匀合理性。实际应用时，除直接采用级配理想的天然连续级配外，还常采用由预先分级筛分形成的单粒粒级进行掺配组合成人工连续级配。

间断级配是指石子粒级不连续，人为剔去某些中间粒级的颗粒而形成的级配方式。间断级配能更有效地降低石子颗粒间的空隙率，最大限度地节约水泥，但由于粒径相差较大，故拌和混凝土易发生离析，间断级配需按设计进行掺配。

无论连续级配还是间断级配，其级配原则是相同的，即骨料颗粒间的空隙要尽可能小、粒径过渡范围小、骨料颗粒间紧密排列，不发生干涉，如图 6-4 所示。

2. 强度及坚固性

（1）强度

粗骨料在混凝土中要形成结实的骨架，故其强度要满足一定的要求。粗骨料的强度有立方体抗压强度和压碎指标两种表示方法。

立方体抗压强度是浸水饱和状态下的骨料母体岩石制成的 50 mm × 50 mm × 50 mm 立方体试件，在标准试验条件下测得的抗压强度值。要求火成岩的立方体抗压强度不小于 80 MPa，变质岩不小于 60 MPa，水成岩不小于 30 MPa。

压碎指标是粒状粗骨料强度的另一种表示方法。该方法是将气干的石子按规定方法填充于压碎指标测定仪（内径 152 mm 的圆筒）内，其上放置压头，在实验机上均匀加荷至 200 kN 并稳荷 5 s，卸荷后称量试样质量（m_0），然后用孔径为 2.36 mm 的筛进行筛分，称其筛余量（m_1），压碎指标 δ_a 可表示如下：

表6-7 碎石和卵石的颗粒级配范围（JGJ 52—2006）

公称粒级/mm		累计筛余百分率											
		2.36 mm	4.75 mm	9.50 mm	16.0 mm	19.0 mm	26.5 mm	31.5 mm	37.5 mm	53.0 mm	63.0 mm	75.0 mm	90.0 mm
连续粒级	5~10	95%~100%	80%~100%	0~15%	0								
	5~16	95%~100%	85%~100%	30%~60%	0~10%	0							
	5~20	95%~100%	90%~100%	40%~80%	—	0~10%	0						
	5~25	95%~100%	90%~100%	—	30%~70%	—	0~5%	0					
	5~31.5	95%~100%	90%~100%	70%~90%	—	15%~45%	—	0~5%	0				
	5~40	—	95%~100%	70%~90%	—	30%~65%	—	—	0~5%	0			
单粒粒级	10~20		95%~100%	85%~100%	—	0~15%	0						
	16~31.5		95%~100%	—	85%~100%	—	—	0~10%	0				
	20~40			95%~100%	—	80%~100%	—	—	0~10%	0			
	31.5~63				95%~100%	—	—	75%~100%	45%~75%	—	0~10%	0	
	40~80					95%~100%	—	—	70%~100%	—	30%~60%	0~10%	0

注：与以上筛孔边长系列对应的筛孔公称边长及石子的公称粒径系列为 2.50 mm、5.00 mm、10.0 mm、16.00mm、20.0 mm、25.00 mm、31.5 mm、40.0 mm、50.0 mm、63.0 mm、80.0 mm、100.0 mm。

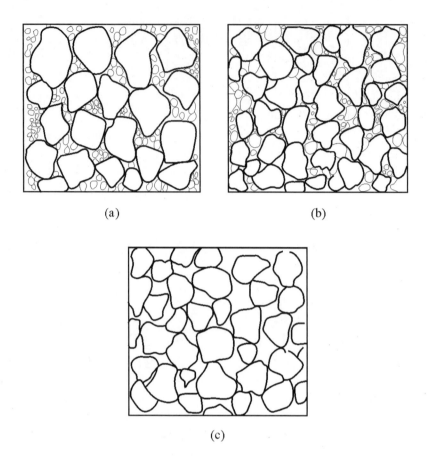

图 6-4　粗骨料级配情况示意

（a）粒径过渡过大；（b）理想级配；（c）颗粒间发生干涉

$$\delta_a = \frac{m_0 - m_1}{m_1} \times 100\% \tag{6-3}$$

压碎指标值越大，说明骨料的强度越小。该方法操作简便，在实际生产质量控制中应用较普遍。粗骨料的压碎指标值可参照表 6-8 选用。

（2）坚固性

骨料颗粒在气候、外力及其他物理力学因素作用下抵抗碎裂的能力称为坚固性。骨料的坚固性，采用硫酸钠溶液浸泡法来检验。该方法是将骨料颗粒在硫酸钠溶液中浸泡若干次，取出烘干后，测在硫酸钠结晶晶体的膨胀作用下骨料的质量损失率，来说明骨料的坚固性，其指标应符合表 6-9 的规定。

3. 针、片状颗粒含量

骨料颗粒的理想形状应为立方体，但实际骨料产品中常会出现颗粒长度大于平均粒径 2.4 倍的针状颗粒和厚度小于平均粒径 40% 的片状颗粒。针、片状颗粒的外形和较低的抗折能力会降低混凝土的密实度和强度，并使其工作性变差，故对其含量应予控制，见表 6-10。

表 6-8 碎石和卵石的压碎指标值（JGJ 52—2006）

石子类型	岩石品种	混凝土强度等级	压碎指标值
碎石	沉积岩	C60~C40	≤ 10%
		≤ C35	≤ 16%
	变质岩或深成的火成岩	C60~C40	≤ 12%
		≤ C35	≤ 20%
	喷出的火成岩	C60~C40	≤ 13%
		≤ C35	≤ 30%
卵石	—	C60~C40	≤ 12%
		≤ C35	≤ 16%

注：沉积岩包括石灰岩、砂岩等；变质岩包括片麻岩、石英岩等；深成的火成岩包括花岗岩、正长岩、闪长岩和橄榄岩等；喷出的火成岩包括玄武岩和辉绿岩等。

表 6-9 砂、碎石和卵石的坚固性指标（JGJ 52—2006）

混凝土所处的环境条件及其性能要求	类型	5 次循环后的质量损失
在严寒及寒冷地区室外使用，并经常处于潮湿或干湿交替状态下的混凝土； 有抗疲劳、耐磨、抗冲击要求的混凝土； 有腐蚀介质作用或经常处于水位变化区的地下结构混凝土	砂	≤ 8%
	碎石、卵石	
其他条件下使用的混凝土	砂	≤ 10%
	碎石、卵石	≤ 12%

表 6-10 针、片状颗粒含量（JGJ 52—2006）

项 目	≥ C60	C55~C30	≤ C25
针、片状颗粒含量（按质量计）	≤ 8%	≤ 15%	≤ 25%

4.含泥量及泥块含量

卵石、碎石的含泥量及泥块含量应符合表 6-11 的规定。

表 6-11 卵石、碎石的含泥量及泥块含量（JGJ 52—2006）

项 目	≤ C25	C30~C55	≥ C60
含泥量（按质量计）	≤ 2.0%	≤ 1.0%	≤ 0.5%
泥块含量（按质量计）	≤ 0.7%	≤ 0.5%	≤ 0.2%

5. 有害物质含量

与砂相同，卵石和碎石中不应混有草根、树叶、树枝、塑料、煤块和炉渣等杂物且其中的有害物质（有机物、硫化物和硫酸盐）含量控制应满足表6-12的要求。

表6-12　碎石或卵石中的有害物质含量（JGJ 52—2006）

项　目	质量指标
硫化物及硫酸盐含量（折算成SO_3按质量计）	≤ 1.0%
卵石中的有机物含量（用比色法试验）	颜色应不深于标准色。当颜色深于标准色时，应配制成混凝土进行强度对比试验，抗压强度比不应低于0.95

当粗、细骨料中含有活性二氧化硅（如蛋白石、凝灰岩、鳞石英等岩石）时，二氧化硅可与水泥中的碱性氧化物Na_2O或K_2O发生化学反应，生成体积膨胀的碱-硅酸凝胶体。该种物质吸水体积膨胀，会造成硬化混凝土严重开裂，甚至造成工程事故，这种有害作用称为碱骨料反应。GB/T 14685—2011规定当骨料中含有活性二氧化硅，而水泥含碱量超过0.6%时，需进行专门试验，以确定骨料的可用性。

6.2.4　拌合水

混凝土用拌合水按水源可分为饮用水、地表水、地下水、海水。在混凝土、钢筋混凝土和预应力混凝土中，拌合水所含物质不应影响混凝土的工作性及凝结，不应有碍于混凝土强度发展，降低混凝土的耐久性，加快钢筋腐蚀及导致预应力钢筋脆断。混凝土用拌合水的国家标准为JGJ 63—2006《混凝土用水标准》。符合国家标准的生活用水（自来水、河水、江水、湖水）可直接拌制各种混凝土，海水只可用于拌制素混凝土。地表水和地下水首次使用前应按表6-13的规定进行检测，有关指标值在限值内才可作为拌合水，表中不溶物指过滤可除去的物质，可溶物指各种可溶性的盐、有机物以及能通过滤纸的其他微粒。

表6-13　混凝土用拌合水水质要求（JGJ 63—2006）

项　目	预应力混凝土	钢筋混凝土	素混凝土
pH	≥ 5.0	≥ 4.5	≥ 4.5
不溶物 / (mg·L⁻¹)	≤ 2 000	≤ 2 000	≤ 5 000
可溶物 / (mg·L⁻¹)	≤ 2 000	≤ 5 000	≤ 10 000
氯化物（以Cl^-计）/ (mg·L⁻¹)	≤ 500	≤ 1 000	≤ 3 500
硫化物（以S^{2-}计）/ (mg·L⁻¹)	≤ 600	≤ 2 000	≤ 2 700
碱含量 / (mg·L⁻¹)	≤ 1 500	≤ 1 500	≤ 1 500

注：碱含量按$Na_2O + 0.658K_2O$计算值来表示。采用非碱性活性骨料时，可不检验碱含量。

6.3 混凝土拌合物的技术性质

混凝土的技术性质常以混凝土拌合物和硬化混凝土分别研究。混凝土拌合物的主要技术性质是工作性。

6.3.1 混凝土拌合物的工作性

1. 工作性的概念

工作性又称和易性，是指混凝土拌合物在一定的施工条件和环境下，是否易于各种施工工序的操作，以获得均匀密实混凝土的性能。工作性在搅拌时体现为各种组成材料易于均匀混合，均匀卸出；在运输过程中体现为拌合物不离析，稀稠程度不变化；在浇筑过程中体现为易于浇筑、振实、流满模板；在硬化过程中体现为能保证水泥水化以及水泥石和骨料的良好黏结。可见混凝土拌合物的工作性应是一项综合性质。目前普遍认为，它应包括流动性、黏聚性和保水性三方面的技术要求。

（1）流动性

流动性是指混凝土拌合物在本身自重或机械振捣作用下产生流动，能均匀密实流满模板的性能，它反映了拌和混凝土的稀稠程度及充满模板的能力。

（2）黏聚性

黏聚性是指混凝土拌合物的各种组成材料在施工过程中具有一定的黏聚力，能保持成分的均匀性，在运输、浇筑、振捣、养护过程中不发生离析、分层现象。它反映了混凝土拌合物的均匀性。

（3）保水性

保水性是指混凝土拌合物在施工过程中具有一定的保持水分的能力，不产生严重泌水的性能。保水性也可理解为水泥、砂、石子与水之间的黏聚性。保水性差的混凝土拌合物，会造成水的泌出，影响水泥的水化；会使混凝土表层疏松，同时泌水通道会形成混凝土的连通孔隙而降低其耐久性。保水性反映了混凝土拌合物的稳定性。

混凝土拌合物的工作性是一项由流动性、黏聚性、保水性构成的综合指标体系，各性能间有联系也有矛盾。如提高水灰比可改善流动性，但往往又会使黏聚性和保水性变差。在实际操作中，要根据具体工程特点、材料情况、施工要求及环境条件，既要有所侧重，又要全面考虑。

2. 工作性的测定方法

常用的测定混凝土拌合物工作性的方法有坍落度试验法和维勃稠度试验法两种（见图6-5）。

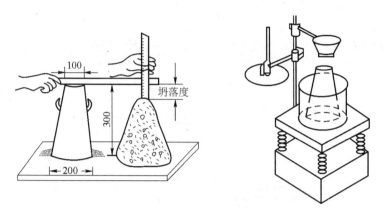

图 6-5　坍落度试验法和维勃稠度试验法

（1）坍落度试验法

坍落度试验法是将按规定配合比配制的混凝土拌合物按规定方法分层装填至坍落度筒内，并分层用捣棒插捣密实，然后提起坍落度筒，测量筒高与坍落后混凝土试体最高点之间的高度差，即坍落度（以 mm 计），以 S 表示。坍落度是流动性（亦称稠度）的指标，坍落度值越大，流动性越大。

在测定坍落度的同时，观察确定黏聚性。用捣棒侧击混凝土拌合物的侧面，如其逐渐下沉，表示黏聚性良好；若混凝土拌合物发生坍塌，部分崩裂，或出现离析，则表示黏聚性不好。保水性以混凝土拌合物中稀浆析出的程度来评定。坍落度筒提起后若有较多稀浆自底部析出，部分混凝土因失浆而骨料外露，则表示保水性不好。若坍落度筒提起后无稀浆或仅有少数稀浆自底部析出，则表示保水性好。

采用坍落度试验法测定混凝土拌合物的工作性，操作简便，故应用广泛。但该方法的结果受操作技术的影响较大，尤其是黏聚性和保水性主要靠试验者的主观观测而定，不定量，受人为因素影响较大。该方法仅适用于骨料最大粒径不大于 40 mm，坍落度值不小于 10 mm 的混凝土拌合物流动性的测定。

根据 JGJ 55—2011《普通混凝土配合比设计规程》，按照坍落度的大小可将混凝土拌合物分为干硬性混凝土（$S < 10$ mm）、塑性混凝土（$S = 10 \sim 90$ mm）、流动性混凝土（$S = 100 \sim 150$ mm）和大流动性混凝土（$S \geqslant 160$ mm）四类。

试验演示：普通混凝土试验　混凝土拌合物的工作性
重点观察试验演示中工作性判断的标准

（2）维勃稠度试验法

该方法主要适用于干硬性的混凝土，若采用坍落度试验法，测出的坍落度值过小，不易准确说明其工作性。维勃稠度试验法是将坍落度筒置于一振动台的圆桶内，按规定方法将混凝土拌合物分层装填，然后提起坍落度筒，启动振动台。测定从起振开始至混凝土拌合物在振动作用下逐渐下沉变形直到其上部的透明圆盘的底面被水泥浆布满时的时间，即维勃稠度（单位为 s）。维勃稠度值越大，说明混凝土拌合物的流动性越小。根据国家标准GB/T 50080—2016《普通混凝土拌合物性能试验方法标准》，该方法适用于骨料粒径不大于40 mm、维勃稠度值在 5~30 s 的混凝土拌合物工作性的测定。

6.3.2　影响混凝土拌合物工作性的因素

课程讲解：混凝土　影响混凝土拌合物工作性的因素

关于"恒定用水量法则"的讲解会详细向你介绍"用水量"和"水胶比（水灰比）"两影响因素在该法则下的具体体现以及在实际应用中的重要意义

影响混凝土拌合物工作性的因素较复杂，大致分为组成材料、环境条件和时间三方面，如图 6-6 所示。

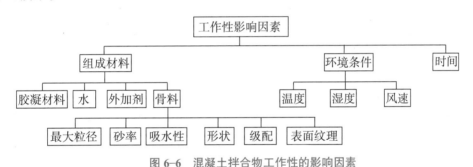

图 6-6　混凝土拌合物工作性的影响因素

1. 组成材料

（1）胶凝材料的特性

不同品种和质量的水泥，其矿物组成、细度、所掺混合材料种类的不同都会影响到拌合水量。即使拌合水量相同，所得水泥浆的性质也会直接影响混凝土拌合物的工作性。例如，矿渣硅酸盐水泥拌和的混凝土流动性较小而保水性较差；粉煤灰硅酸盐水泥拌和的混凝土则流动性、黏聚性、保水性都较好。水泥越细，在相同用水量情况下其混凝土拌合物流动性越小，但黏聚性及保水性较好。

（2）用水量

在水胶比不变的前提下，用水量加大，则胶凝材料浆量增多，从而使骨料表面包裹的胶凝材料浆层厚度加大，进而使骨料间的摩擦减小，混凝土拌合物的流动性增加。大量试验证明，当水胶比在一定范围（0.40~0.80）内而其他条件不变时，混凝土拌合物的流动性只与单位用水量（每立方米混凝土拌合物的拌合水量）有关，这一现象称为"恒定用水量法则"。

它为混凝土配合比设计中单位用水量的确定提供了一种简单的方法，即单位用水量可主要由流动性来确定。现行行业标准 JGJ 55—2011 提供了如表 6-14 所示的混凝土用水量选用表。

表 6-14　混凝土用水量　　　　　　　　　　　　　　　　　kg/m³

	拌合物稠度		卵石最大公称粒径/mm			碎石最大公称粒径/mm		
			10.0	20.0	40.0	16.0	20.0	40.0
干硬性混凝土	维勃稠度/s	16~20	175	160	145	180	170	155
		11~15	180	165	150	185	175	160
		5~10	185	170	155	190	180	165

	拌合物稠度		卵石最大公称粒径/mm				碎石最大公称粒径/mm			
			10.0	20.0	31.5	40.0	10.0	20.0	31.5	40.0
塑性混凝土	坍落度/mm	10~30	190	170	160	150	200	185	175	165
		35~50	200	180	170	160	210	195	185	175
		55~70	210	190	180	170	220	205	195	185
		75~90	215	195	185	175	230	215	205	195

注：1. 本表用水量系采用中砂时的平均取值。采用细砂时，每立方米混凝土用水量可增加 5~10 kg；采用粗砂时，则可减少 5~10 kg。

　　2. 采用各种外加剂或掺合料时，用水量应做相应调整。

（3）水胶比

水胶比用 W/B 表示。水胶比的大小，代表胶凝材料浆的稀稠程度，水胶比越大，浆体越稀软，混凝土拌合物的流动性越大。这一依存关系在水胶比为 0.4~0.8 时，又呈现得非常不敏感，这是"恒定用水量法则"的又一体现，为混凝土配合比设计中水胶比的确定提供了一条捷径，即在确定的流动性要求下，胶水比（水胶比的倒数）与混凝土的试配强度间呈简单的线性关系。当胶凝材料仅有水泥时，水胶比和胶水比亦称为水灰比和灰水比。

学习活动 6-2

"恒定用水量法则"的实用意义

在此活动中，你将通过学习资源包中对影响混凝土拌合物工作性因素的讲解，归纳"恒定用水量法则"的含义和实用意义。通过此学习活动，你在学习中的思维引申和在实践中拓展应用的能力将得到提高。

完成此活动需要花费 20 min。

步骤1：根据学习资源包中对"恒定用水量法则"的讲解并结合文字教材的阐述，复述和解释"恒定用水量法则"的两种表现形式。

步骤2：根据步骤1所获取的相关信息，阐述"恒定用水量法则"的有效范围及在配合比设计中可引申应用的价值。

反馈：

1. "恒定用水量法则"的有效范围：W/B=0.4~0.8。

2. 在配合比设计中引申应用的价值：为单位用水量的确定提供了一种简单的方法；由水胶比与试配强度间的简单线性关系，得到水胶比确定的捷径。

（4）骨料性质

① 砂率。砂率是每立方米混凝土中砂和砂石总质量之比，表示如下：

$$\beta_s = \frac{m_s}{m_s + m_G} \times 100\% \tag{6-4}$$

式中：β_s——砂率；

　　　m_s——每立方米混凝土中砂的质量，kg；

　　　m_G——每立方米混凝土中石子的质量，kg。

砂率的大小说明混凝土拌合物中细骨料所占比例的多少。在骨料中，细骨料越多，则骨料的总表面积就越大，吸附的胶凝材料浆也越多，同时细骨料充填于粗骨料间会减小粗骨料间的摩擦。砂率是混凝土拌合物工作性的一个主要影响因素，如图6-7所示是砂率对混凝土拌合物流动性和胶凝材料用量的影响的试验曲线。

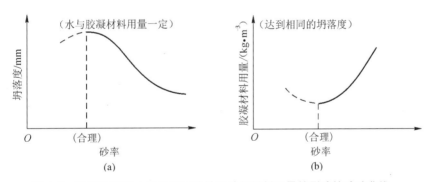

图6-7　砂率对混凝土拌合物流动性和胶凝材料用量的影响的试验曲线

在图6-7（a）中，在胶凝材料用量和水胶比不变的前提下（胶凝材料浆量不变），曲线的右半部分表示当砂率提高时，骨料的总表面积加大，骨料表面包裹的胶凝材料浆层变薄，使拌合物的坍落度变小；曲线的左半部分表示，当砂率变小时，粗骨料间的砂量减小，胶凝材料浆填充粗骨料间空隙，粗骨料表面胶凝材料浆变薄，石子间的摩擦变大，也使拌合物的坍落度变小。可见，当砂率过大或过小，影响流动性的主要因素，即粗骨料表面胶凝材料浆层的厚薄及粗骨料间的摩擦，都会引起流动性变小。而曲线的最高点所对应的砂率，即在用水量和水胶比一定（胶凝材料浆量一定）的前提下，能使混凝土拌合物获得最大流动性，且能保持良好黏聚性及保水性的砂率，我们称其为合理砂率。

在图6-7（b）中，依据相似的解释方法，我们可得到合理砂率的第二种定义，即在流动性不变的前提下，所需胶凝材料浆总体积最小的砂率。合理砂率的选择，除根据流动性及胶凝材料用量来考虑外，还要考虑所用材料及施工条件对混凝土拌合物的黏聚性和保水性的要求。如砂的细度模数较小，则应采用较小的砂率；若水胶比较小，则应采用较小的砂率；若流动性要求较大，则应采用较大砂率等。

② 骨料粒径、级配和表面状况。在用水量和水胶比不变的情况下，加大骨料粒径可提高流动性，采用细度模数较小的砂，黏聚性和保水性可明显改善。级配良好，颗粒表面光滑圆整的骨料（如卵石）所配制的混凝土流动性较大。

（5）外加剂

外加剂可改变混凝土组成材料间的作用关系，改善混凝土的流动性、黏聚性和保水性。

2. 环境条件

新搅拌的混凝土的工作性在不同的施工环境条件下往往会发生变化。尤其是当前推广使用的集中搅拌的商品混凝土，与现场搅拌最大的不同就是要经过长距离的运输才能到达施工面。在这个过程中，若空气湿度较小，气温较高，风速较大，混凝土的工作性就会因失水而发生较大的变化。

3. 时间

新拌制的混凝土随着时间的推移，部分拌合水挥发、被骨料吸收，同时水泥矿物会逐渐水化，进而使混凝土拌合物变稠，流动性减小，造成坍落度损失，影响混凝土的施工质量。

6.3.3　改善混凝土拌合物工作性的措施

根据上述影响混凝土拌合物工作性的因素，可采取以下相应的技术措施来改善混凝土拌合物的工作性。

① 在水胶比不变的前提下，适当增加胶凝材料浆的用量。

② 通过试验，采用合理砂率。

③ 改善砂、石料的级配，一般情况下尽可能采用连续级配。

④ 调整砂、石料的粒径，例如，为加大流动性，可加大粒径，若欲提高黏聚性和保水性，可减小骨料的粒径。

⑤ 掺加外加剂。采用减水剂、引气剂、缓凝剂都可有效地改善混凝土拌合物的工作性。

⑥ 根据具体环境条件，尽可能缩短新拌混凝土的运输时间。若不允许，可掺缓凝剂、流变剂，减少坍落度损失。

6.4 硬化混凝土的技术性质

6.4.1 混凝土的强度

混凝土的强度有受压强度、受拉强度、受剪强度和疲劳强度等多种，但以受压强度最为重要。一方面，受压是混凝土这种脆性材料最有利的受力状态，另一方面，受压强度也是判定混凝土质量最主要的依据。

1. 普通混凝土受压破坏的特点

混凝土受压一般有三种破坏形式：一是骨料先破坏；二是水泥石先破坏；三是水泥石与粗骨料的结合面发生破坏。在普通混凝土中，第一种破坏形式不可能发生，因为拌制普通混凝土的骨料强度一般都大于水泥石。第二种仅会发生在骨料少而水泥石过多的情况下，在配合比正常时也不会发生。最可能发生的受压破坏形式是第三种，即最早的破坏发生在水泥石与粗骨料的结合面上。水泥石与粗骨料的结合面由于水泥浆的泌水及水泥石的干缩存在着早期微裂缝，随着所加外荷载的逐渐加大，这些微裂缝逐渐加大、发展，并迅速进入水泥石，最终造成混凝土的整体贯通开裂。由于普通混凝土这种受压破坏特点，水泥石与粗骨料结合面的黏结强度就成为普通混凝土抗压强度的主要决定因素。

2. 混凝土的抗压强度及强度等级

（1）立方体抗压强度

国家标准 GB/T 50081—2019《混凝土物理力学性能试验方法标准》规定，将边长为 150 mm 的立方体试件，在标准养护条件（温度 20 ℃ ±2 ℃，相对湿度大于 95%）下养护 28 d 进行抗压强度试验所测得的抗压强度称为混凝土的立方体抗压强度，以 $f_{c,c}$ 表示。

在混凝土的立方体抗压强度试验中，也可根据粗骨料的最大粒径而采用非标准试件，但应将其抗压强度乘以尺寸折算系数，折算成边长为 150 mm 的标准试件的强度值，折算系数见表 6-15。

表 6-15 混凝土试件尺寸及抗压强度的尺寸折算系数（GB/T 50107—2010）

试件尺寸	抗压强度的尺寸折算系数	最大粒径 /mm
100 mm × 100 mm × 100 mm	0.95	31.5
150 mm × 150 mm × 150 mm	1.00	40.0
200 mm × 200 mm × 200 mm	1.05	63.0

混凝土立方体抗压强度试验，每组 3 个试件，应在同一盘混凝土中取样制作，取 3 个试件抗压强度的算术平均值作为该组试件的抗压强度代表值；当一组试件中抗压强度的最大值或最小值与中间值之差超过中间值的 15% 时，取中间值作为该组试件的抗压强度代表值；当一组试件中抗压强度的最大值和最小值与中间值之差均超过中间值的 15% 时，该组试件的抗压强度不应作为评定抗压强度的依据。对掺矿物掺合料的混凝土进行抗压强度评定时，可根据设计规定，采用大于 28 d 龄期的混凝土强度。当混凝土强度等级不低于 C60 时，易采用标准尺寸试件；使用非标准尺寸试件时，尺寸折算系数应由试验决定，其试件数量不应少于 30 对（组）。

（2）轴心抗压强度

立方体抗压强度是评定混凝土强度系数的依据，而实际工程中绝大多数混凝土构件是棱柱体或圆柱体。同样的混凝土，试件形状不同，测出的强度值会有较大差别。为与实际情况相符，结构设计中采用混凝土的轴心抗压强度作为混凝土轴心受压构件设计强度的取值依据。根据 GB/T 50081—2019，混凝土的轴心抗压强度是采用 150 mm × 150 mm × 300 mm 的棱柱体标准试件，在标准养护条件下所测得的 28 d 抗压强度值，以 $f_{c,p}$ 表示。根据大量的试验资料统计，轴心抗压强度与立方体抗压强度之间的关系为

$$f_{c,p} = (0.7{\sim}0.8) f_{c,c} \tag{6-5}$$

（3）立方体抗压强度标准值和强度等级

> 课程讲解：混凝土　立方体抗压强度标准值和强度等级

影响混凝土强度的因素非常复杂，大量的统计分析和试验研究表明，同一等级的混凝土，在龄期、生产工艺和配合比基本一致的条件下，其强度的分布（在等间隔的不同强度范围内，某一强度范围的试件数量占试件总数量的比例）呈正态分布。如图 6-8 所示，图中 σ 为均方差，为正态分布曲线拐点处的相对强度范围，代表强度分布的不均匀性，图中 m_f 为该批混凝土的立方体抗压强度的平均值，若以此值作为混凝土的试验强度，则只有 50% 的混凝土的强度大于或等于试配强度，显然这满足不了要求。为提高强度的保证率（我国规定为 95%），平均强度（试配强度）必须提高。如图 6-9 所示，立方体抗压强度标准值是指按标准试验方法测得的立方体抗压强度总体分布中的一个值，强度低于该值的百分率不超过 5%（具有 95% 的强度保证率）。立方体抗压强度标准值用 $f_{cu,k}$ 表示。

为便于设计和施工选用混凝土，将混凝土按立方体抗压强度标准值分成若干等级，即强度等级。混凝土的强度等级采用符号 C 与立方体抗压强度标准值（以 MPa 计）表示，普通混凝土划分为 C15、C20、C25、C30、C35、C40、C45、C50、C55、C60、C65、C70、C75、C80 14 个等级。如强度等级为 C20 的混凝土，是指 20 MPa ≤ $f_{cu,k}$ <25 MPa 的混凝土。

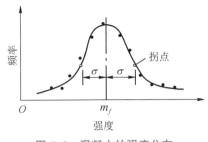

图6-8 混凝土的强度分布

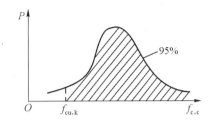

图6-9 混凝土的立方体抗压强度标准值

3. 影响混凝土强度的因素

影响混凝土强度的因素很多，大致有各组成材料的性质、配合比及施工质量等方面，如图6-10所示。

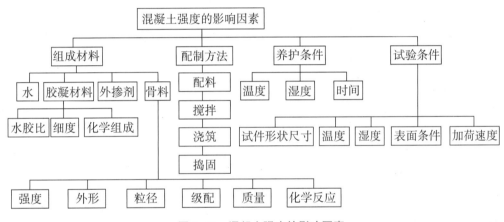

图6-10 混凝土强度的影响因素

（1）胶凝材料强度和水胶比

由前述混凝土的破坏形式可知，混凝土的破坏主要是水泥石与粗骨料间结合面的破坏。结合面的强度越高，混凝土的强度也越高，而结合面的强度又与水泥强度及水胶比有直接关系。一般情况下，若水胶比不变，则水泥强度与水泥石的强度成正比关系，水泥石强度越高，其与骨料间的黏结力越强，则最终混凝土的强度也越高。

水胶比是反映水与胶凝材料质量之比的一个参数。一般来说，水泥水化需要的水分仅占水泥质量的25%左右，即水灰比为0.25即可保证水泥完全水化，但此时水泥浆稠度过大，混凝土的工作性满足不了施工的要求。为满足浇筑混凝土对工作性的要求，通常需提高水胶比，这样在混凝土完全硬化后，多余的水分就挥发并形成大量的孔隙，从而影响混凝土的强度和耐久性。大量试验表明，随着水胶比的加大，混凝土的强度将下降。如图6-11所示即普通混凝土的抗压强度与水胶比间的指数关系。如图6-12所示则为普通混凝土的抗压强度与胶水比间的线性关系，该种关系极易通过试验样本值用线性拟合的方法求出，因此被广泛应用。

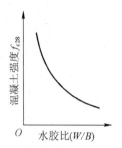

图 6-11　普通混凝土的抗压强度与
水胶比间的指数关系

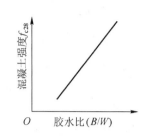

图 6-12　普通混凝土的抗压强度与
胶水比间的线性关系

混凝土的强度与水泥强度和胶水比间的线性关系，由式（6-6）表示：

$$f_{cu,0} = \alpha_a f_b \left(\frac{B}{W} - \alpha_b \right)$$

（6-6）

式中：$f_{cu,0}$——混凝土 28 d 的立方体抗压强度；

f_b——胶凝材料 28 d 胶砂抗压强度，其确定方法详见 6.6 节相关介绍；

α_a，α_b——回归系数，其取值见表 6-16。

表 6-16　回归系数 α_a 和 α_b 选用表（JGJ 55—2011）

系　数	碎　石	卵　石
α_a	0.53	0.09
α_b	0.20	0.13

（2）养护条件

混凝土浇筑后必须保持足够的湿度和温度，这样才能保持水泥不断水化，以使混凝土的强度不断发展。混凝土的养护条件一般情况下可分为标准养护和同条件养护。标准养护主要是确定混凝土的强度等级时采用；同条件养护是检验浇筑混凝土工程或预制构件中混凝土强度时采用。

为满足水泥水化的需要，浇筑后的混凝土必须保持一定时间的湿润，过早失水，会造成强度的下降，而且形成的结构疏松，产生大量的干缩裂缝，进而影响混凝土的耐久性。如图 6-13 所示是以潮湿状态下，养护龄期为 28 d 的强度为 100%，得出的不同湿度条件对混凝土强度的影响曲线。

根据国家标准 GB 50666—2011《混凝土结构工程施工规范》，浇筑完毕的混凝土应采取以下保水措施：

①浇筑完毕的 12 h 以内对混凝土加以覆盖并保温养护。

②混凝土浇水养护的时间，对采用硅酸盐水泥、普通硅酸盐水泥或矿渣硅酸盐水泥拌制的混凝土，不得少于 7 d；对掺用缓凝型外加剂[①]或有抗渗要求的混凝土不得少于 14 d。浇

---

①　关于混凝土外加剂的相关内容详见 6.5 节。

水次数应以能保持混凝土处于湿润状态来确定。

③ 日平均气温低于 5 ℃时，不得浇水。

④ 混凝土表面不便浇水养护时，可采用塑料布覆盖或涂刷养护剂（薄膜养生）。

水泥的水化是放热反应，维持较高的养护湿度可有效提高混凝土强度的发展速度。当温度降至 0 ℃以下时，拌合水结冰，水泥水化将停止并受冻遭到破坏。如图 6-14 所示是不同养护温度对混凝土强度发展的影响曲线。在生产预制混凝土构件时，可采用蒸汽高温养护来缩短生产周期。而在冬季现浇混凝土施工中，则需采用保温措施来维持混凝土中水泥的正常水化。

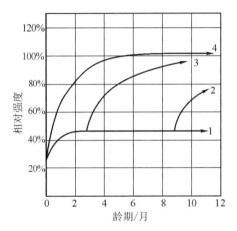

1—空气养护；2—9 个月后水中养护；
3—3 个月后水中养护；4—标准湿度条件下养护。

图 6-13　不同湿度条件对
混凝土强度的影响曲线

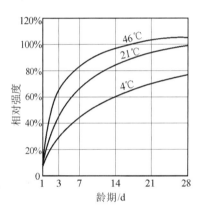

图 6-14　不同养护温度对混凝土
强度发展的影响曲线

（3）龄期

在正常不变的养护条件下，混凝土的强度随龄期的增长而提高，一般早期（7~14 d）增长较快，以后逐渐变缓，28 d 后增长更加缓慢，但可延续几年，甚至几十年之久，如图6-15（a）所示。

混凝土强度和龄期之间的关系，对于用早期强度推算长期强度和缩短混凝土强度判定的时间具有重要的实际意义。几十年来，国内外的工程界和学者对此进行了深入的研究，取得了一些重要成果，如图 6-15（b）所示为 D. 阿布拉姆斯提出的在潮湿养护条件下，混凝土强度与龄期（以对数表示）间的直线关系。我国对此也有诸多的研究成果，但由于问题较复杂，至今还没有统一严格的推算公式，各地、各单位常根据具体情况采用经验公式，式（6-7）是目前采用较广泛的一种经验公式。

$$f_n = f_a \frac{\lg n}{\lg a} \qquad (6-7)$$

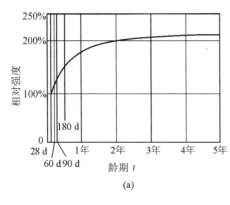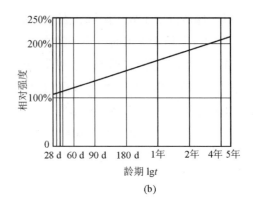

图 6-15　普通混凝土强度与龄期的变化关系

式中：f_n——需推算龄期 n d 时的强度，MPa；

　　　f_a——配制龄期为 a d 时的强度，MPa；

　　　n ——需推测强度的龄期，d；

　　　a ——已测强度的龄期，d。

式（6-7）适用于标准养护条件下龄期小于等于 3 d，中等强度等级硅酸盐水泥所拌和的混凝土的强度推算。其他测定龄期和具体条件下，该式仅可作为参考。

在工程实践中，通常采用同条件养护，以更准确地检验混凝土的质量。为此 GB 50204—2015《混凝土结构工程施工质量验收规范》提出了同条件养护混凝土养护龄期的确定原则：

① 等效养护龄期（同条件养护试件进行强度试验时的龄期）应根据当地的气温及养护条件与在标准养护条件下 28 d 龄期试件强度相等的原则确定。

② 等效养护龄期可采用按日平均温度逐日累计达到 600 ℃·d 时所对应的龄期。0 ℃及以下的龄期不计入，且其不应小于 14 d，也不宜大于 60 d。

（4）施工质量

混凝土的搅拌、运输、浇筑、振捣、现场养护是复杂的施工过程，受到各种不确定性随机因素的影响。配料的准确性、振捣密实程度、拌合物的离析、现场养护条件的控制、施工单位的技术和管理水平都会造成混凝土强度的变化。因此必须采取严格有效的控制措施和手段，以保证混凝土的施工质量。

4. 提高混凝土强度的措施

 　课程讲解：混凝土　提高混凝土强度的措施

现代混凝土的强度不断提高，C60 和 C80 强度等级的普通混凝土应用已很普遍，提高混凝土强度的技术措施主要有以下几点：

（1）采用高强度等级的水泥

提高水泥的强度等级可有效提高混凝土的强度，但由于水泥强度等级的增加受到原料、生产工艺的制约，故单纯靠提高水泥强度来达到提高混凝土强度的目的，往往是不现实的，也是不经济的。

（2）降低水胶比

降低水胶比是提高混凝土强度的有效措施。降低混凝土拌合物的水胶比，可降低硬化混凝土的孔隙率，明显增加胶凝材料与骨料间的黏结力，使强度提高。但降低水胶比，会使混凝土拌合物的工作性下降。因此，必须有相应的技术措施配合，如采用机械强力振捣、掺加提高工作性的外加剂等。

（3）湿热养护

除采用蒸汽养护、蒸压养护、冬季骨料预热等技术措施外，还可利用蓄存水泥本身的水化热来提高强度的增长速度。

（4）龄期调整

如前所述，混凝土随着龄期的延续，强度会持续上升。实践证明，混凝土的龄期为 3~6个月时，强度较 28 d 会提高 25%~50%。工程某些部位的混凝土如在 6 个月后才能满载使用，则该部位的强度等级可适当降低，以节约胶凝材料。但具体应用时，应得到设计、管理单位的批准。

（5）改进施工工艺

采用机械搅拌和强力振捣，可使混凝土拌合物在低水胶比的情况下能更加均匀、密实地浇筑，从而获得更高的强度。近年来，国外研制的高速搅拌法、二次投料搅拌法及高频振捣法等新的施工工艺在国内的工程应用中，都取得了较好的效果。

（6）掺加外加剂

掺加外加剂是提高混凝土强度的有效方法之一，减水剂和早强剂都能对混凝土的强度发展起到明显的作用。尤其是在高强混凝土（强度等级大于 C60）的设计中，采用高效减水剂已成为关键的技术措施。但须指出的是，早强剂只可提高混凝土的早期（≤ 10 d）强度，而对 28 d 的强度影响不大。

6.4.2　混凝土的耐久性

混凝土是当代建筑工程及市政、水利工程最主要的结构材料，其不但要有设计的强度，以满足建筑物能安全承受荷载，还应有在所处环境及使用条件下经久耐用的性能，所谓经久耐用的概念也已从几十年扩展到了上百年，甚至数百年（如大型水库、海底隧道）。这就把混凝土的耐久性提到了更重要的地位，高耐久性的混凝土是现代高性能混凝土发展的主要方向，它不但可保证建筑物、构筑物的安全、长期使用，同时对资源的保护和环境污染的治理都有重要意义。

混凝土的耐久性主要由抗渗性、抗冻性、抗腐蚀性、抗碳化性及抗碱骨料反应等性能综合评定。每一项性能的影响因素都可从内部和外部两方面分析。

1. 抗渗性

抗渗性是指混凝土抵抗压力水渗透的性能。它不但关系到混凝土本身的防渗性能（如地下工程和海洋工程等），还直接影响混凝土的抗冻性、抗腐蚀性等其他耐久性指标。

混凝土渗透的主要原因是其本身内部的连接孔隙形成渗水通道，这些通道是由拌合水的占据作用和养护过程中的泌水造成的，同时外界环境的温度和湿度不宜也会造成水泥石的干缩裂缝，加剧混凝土抗渗能力下降。改善混凝土抗渗性的主要技术措施是采用低水灰比的干硬性混凝土，同时加强振捣和养护，以提高密实度，减少渗水通道的形成。

混凝土的抗渗性能试验是采用圆台体或圆柱体试件（视抗渗试验设备要求而定），六个为一组，养护至 28 d，套装于抗渗试验仪上，从下部通压力水，以六个试件中三个试件的端面出现渗水而第四个试件未出现渗水时的最大水压力（MPa）计，称为抗渗等级。

混凝土的抗渗性除与水胶比关系密切外，还与水泥及矿物掺合料的品种、骨料的级配、养护条件、采用外加剂的种类等因素有关。

2. 抗冻性

混凝土在低温受潮状态下，经长期冻融循环作用，容易受到破坏，以致影响其使用功能，因此要求具备一定的抗冻性。即使是温暖地区的混凝土，虽没有冰冻的影响，但长期处于干湿循环中，具备一定的抗冻能力也可提高其耐久性。

影响混凝土抗冻性的因素很多。从混凝土内部来说，主要因素是孔隙的多少、连通情况、孔径大小和孔隙的充水饱满程度。孔隙率越低、连通孔隙越少、毛细孔越少、孔隙的充水饱满程度越差，抗冻性越好。

从外部环境看，所经受的冻融、干湿变化越剧烈，冻害越严重。在养护阶段，水泥的水化热高，则能有效提高混凝土的抗冻性。提高混凝土的抗冻性的主要措施是降低水胶比，提高密实度，同时采用合适品种的外加剂也可改善混凝土的抗冻能力。

混凝土的抗冻性可由抗冻试验得出的抗冻等级来评定。它是将养护 28 d 的混凝土试件浸水饱和后置于冻融箱内，在标准条件下测其质量损失率不超过 5%、强度损失率不超过 25% 时所能经受的冻融循环的最多次数。如抗冻等级为 F8 的混凝土，代表其所能经受的冻融循环次数为 8 次。不同使用环境和工程特点的混凝土，应根据要求选择相应的抗冻等级。

3. 抗腐蚀性

当混凝土所处的环境水有侵蚀性时，会对混凝土提出抗腐蚀性的要求，混凝土的抗腐蚀性取决于水泥和矿物掺合料的品种及混凝土的密实性。密实度越高，连通孔隙越少，外界的侵蚀性介质越不易侵入，故混凝土的抗腐蚀性越好。水泥品种的选择可参照第 5 章，提高密实度主要从提高混凝土抗渗性着手。

4. 抗碳化性

混凝土的碳化是指空气中的二氧化碳及水通过混凝土的裂隙与水泥石中的氢氧化钙反应生成碳酸钙，从而使混凝土的碱度降低的过程。

混凝土的碳化可使混凝土表面的强度适度提高，但对混凝土的有害作用更为严重，碳化造成的碱度降低可使钢筋混凝土中的钢筋丧失碱性保护作用而发生锈蚀，锈蚀的生成物体积膨胀进一步造成混凝土的微裂。碳化还能引起混凝土的收缩，使碳化层处于受拉力状态而开裂，降低混凝土的受拉强度。采用水化后氢氧化钙含量高的硅酸盐水泥比采用掺混合材料的硅酸盐水泥的混凝土碱度要高，碳化速度慢，抗碳化能力强。低水胶比的混凝土孔隙率低，二氧化碳不易侵入，故抗碳化能力强。环境的相对湿度在 50%~75% 时，碳化速度最快；相对湿度小于 25% 或达到饱和时，碳化会因为水分过少或水分过多堵塞了二氧化碳的通道而停止。此外，二氧化碳浓度以及养护条件也是影响混凝土碳化速度及抗碳化能力的因素。研究表明，对于钢筋混凝土，当碳化达到钢筋位置时，钢筋发生锈蚀，其寿命终结。故对于钢筋混凝土来说，提高其抗碳化能力的又一措施就是增加保护层的厚度。

混凝土的碳化试验是将经烘烤处理后的 28 d 龄期的混凝土试件置于碳化箱内，在标准条件下（温度 20 ℃ ±5 ℃，湿度 70% ± 5%）通入二氧化碳气体，在 3 d、4 d、14 d 及 28 d 时，取出试件，用酚酞酒精溶液作用于碳化层，测出碳化深度，然后以各龄期的平均碳化深度来评定混凝土的抗碳化能力及对钢筋的保护作用。

5. 抗碱骨料反应

碱骨料反应生成的碱－硅酸凝胶吸水膨胀会造成混凝土胀裂破坏，使混凝土的耐久性严重下降。

产生碱骨料反应的原因为：一是水泥中碱（Na_2O 或 K_2O）的含量较高；二是骨料中含有活性二氧化硅成分；三是存在水分。解决碱骨料反应的技术措施主要是：选用低碱度水泥（含碱量 <0.6%）；在水泥中掺活性混合材料以吸取水泥中钠、钾离子；掺加引气剂，释放碱－硅酸凝胶的膨胀压力。

6. 混凝土耐久性的分类及基本要求

混凝土结构应根据设计使用年限和环境类别进行耐久性设计，耐久性设计包括下列内容：

① 确定结构所处的环境类别。

② 提出对混凝土材料耐久性的基本要求。

③ 确定构件中钢筋的混凝土保护层厚度。

④ 不同环境条件下的耐久性技术措施。

⑤ 提出结构使用阶段的检测与维护要求。

对于临时性的混凝土结构，可不考虑混凝土的耐久性要求。混凝土结构暴露的环境类别应按表 6-17（GB 50010—2010《混凝土结构设计规范》）的要求划分。

表 6-17　混凝土结构暴露的环境类别

环境类别		条件
一		室内干燥环境；无侵蚀性静水浸没环境
二	a	室内潮湿环境；非严寒和非寒冷地区的露天环境；非严寒和非寒冷地区与无侵蚀性的水或土壤直接接触的环境；严寒和寒冷地区的冰冻线以下与无侵蚀性的水或土壤直接接触的环境
	b	干湿交替环境；水位频繁变动环境；严寒和寒冷地区的露天环境；严寒和寒冷地区冰冻线以上与无侵蚀性的水或土壤直接接触的环境
三	a	严寒和寒冷地区冬季水位变动区环境；受除冰盐影响环境；海风环境
	b	盐渍土环境；受除冰盐作用环境；海岸环境
四		海水环境
五		受人为或自然的侵蚀性物质影响的环境

注：1. 室内潮湿环境是指构件表面经常处于结露或湿润状态的环境。
　　2. 严寒和寒冷地区的划分应符合国家标准 GB 50176—2016《民用建筑热工设计规范》的有关规定。
　　3. 海岸环境和海风环境宜根据当地情况，考虑主导风向及结构所处迎风、背风部位等因素的影响，由调查研究和工程经验确定。
　　4. 受除冰盐影响环境是指受到除冰盐盐雾影响的环境；受除冰盐作用环境是指被除冰盐溶液溅射的环境以及使用除冰盐地区的洗车房、停车楼等建筑。
　　5. 暴露的环境是指混凝土结构表面所处的环境。

设计使用年限为 50 年的混凝土结构，其混凝土材料宜符合表 6-18（GB 50010—2010）的规定。

表 6-18　结构混凝土材料的耐久性基本要求

环境等级		最大水胶比	最低强度等级	最大氯离子含量	最大碱含量/（kg·m^{-3}）
一		0.60	C20	0.30%	不限制
二	a	0.55	C25	0.20%	3.0
	b	0.50（0.55）	C30（C25）	0.50%	
三	a	0.45（0.50）	C35（C30）	0.15%	
	b	0.40	C40	0.10%	

注：1. 氯离子含量系指其占胶凝材料总量的百分比。
　　2. 预应力构件混凝土中的最大氯离子含量为 0.06%；其最低混凝土强度等级宜按表中的规定提高两个等级。
　　3. 素混凝土构件的水胶比及最低强度等级的要求可适当放松。
　　4. 有可靠工程经验时，二类环境中的最低混凝土强度等级可降低一个等级。
　　5. 处于严寒和寒冷地区二 b 类和三 a 类环境中的混凝土应使用引气剂，并可采用括号中的有关参数。
　　6. 当使用非碱活性骨料时，对混凝土中的碱含量可不作限制。

7. 提高混凝土耐久性的措施

混凝土的耐久性要求主要应根据工程特点、环境条件而定。工程上主要应从材料的质量、配合比设计、施工质量控制等多方面采取措施给予保证。具体有以下几点：

① 选择合适品种的水泥。

② 控制混凝土的最大水胶比和最小胶凝材料用量。

水胶比的大小直接影响混凝土的密实性，而保证胶凝材料的用量，也是提高混凝土密实性的前提条件。大量实践证明，耐久性控制的两个有效指标是最大水胶比和最小胶凝材料用量，这两项指标在国家相关规范中都有规定（详见 6.6 节相关内容）。

③ 选用质量良好的骨料，并注意颗粒级配的改善。

近年来的国内外研究成果表明，在骨料中掺加粒径在砂和水泥之间的超细矿物粉料，可有效改善混凝土骨料的颗粒级配，提高混凝土的耐久性。

④ 掺加外加剂。改善混凝土耐久性的外加剂有减水剂和引气剂。

⑤ 严格控制混凝土施工质量，保证混凝土的均匀、密实。

6.5　混凝土外加剂

在混凝土搅拌之前或拌制过程中加入的，用于改善新拌混凝土或硬化混凝土性能的材料，称为混凝土外加剂，简称外加剂。

混凝土外加剂的使用是近代混凝土技术发展的重要成果，其种类繁多，虽掺量很少，但对混凝土工作性、强度、耐久性以及水泥的节约都有明显的改善，常将其称为混凝土的第五组分。高效能外加剂的使用成为现代高性能混凝土的关键技术，发展和推广使用外加剂具有重要的技术和经济意义。

6.5.1　外加剂的分类

根据国家标准 GB/T 8075—2017《混凝土外加剂术语》，混凝土外加剂按其主要功能可分为四类。

① 改善混凝土拌合物流变性能的外加剂，包括各种减水剂和泵送剂等。

② 调节混凝土凝结时间、硬化性能的外加剂，包括缓凝剂、促凝剂和速凝剂等。

③ 改善混凝土耐久性的外加剂，包括引气剂、阻锈剂、防水剂和矿物外加剂等。

④ 改善混凝土其他性能的外加剂，包括膨胀剂、防冻剂和着色剂等。

混凝土外加剂大部分为化工制品，还有部分为工业副产品和矿物类产品。因其掺量小、作用大，故对掺量（占胶凝材料质量的百分比）、掺配方法和适用范围要严格按产品说明和操作规程执行。下面重点介绍几种工程中常用的外加剂。

6.5.2 减水剂

减水剂是指在保持混凝土拌合物流动性的条件下，能减少拌合水量的外加剂。按减水作用的大小，减水剂可分为普通减水剂和高效减水剂两类。

1. 减水剂的作用效果

根据使用目的的不同，减水剂有以下几方面的作用效果：

① 增大流动性。在原配合比不变，即水、水胶比、强度均不变的条件下，增加混凝土拌合物的流动性。

② 提高强度。在保持流动性及胶凝材料用量的条件下，可减少拌合水量，使水胶比下降，从而提高混凝土的强度。

③ 节约胶凝材料。在保持强度不变，即水胶比不变以及流动性不变的条件下，可减少拌合水量，从而使胶凝材料用量减少，达到保证强度而节约水泥的目的。

④ 改善其他性质。掺加减水剂还可改善混凝土拌合物的黏聚性、保水性，提高硬化混凝土的密实度，改善耐久性，降低混凝土的水化热等。

学习活动 6-3

对减水剂作用的直观认知

在此活动中，你将直接观察、感知减水剂对混凝土拌合物工作性的影响，了解外加剂可使混凝土性能发生明显变化。通过此学习活动，你对外加剂在近代混凝土应用技术发展中关键作用的认知将提高。

完成此活动需要花费 20 min。

步骤 1：在实验室内按一般配合比拌和能充满坍落度筒两次的混凝土拌合物试样，试样黏稠一些，坍落度控制在 10~20 mm 为宜。然后准备分置的适量高效减水剂溶液和等量的净水。现按标准程序将两个坍落度筒同时充满混凝土拌合物，提起筒后，将高效减水剂溶液和净水分别洒浇在两个混凝土拌合物试样上。观察其发生的变化。

步骤 2：测定两个试样的坍落度，以认知减水剂增加流动性的作用效果。

反馈：

1. 在其他条件不变的前提下，掺加该高效减水剂，可明显提高混凝土拌合物的流动性。

2. 复述并解释在流动性、胶凝材料用量不变和保持强度不变、流动性不变的前提下，掺加减水剂可达到的技术经济效果。

2. 减水剂的作用机理

课程讲解：混凝土　减水剂的作用机理

减水剂属于表面活性物质（日常生活中使用的洗衣粉、肥皂都是表面活性物质）。这类物质的分子分为亲水端和疏水端两部分。亲水端在水中可指向水，而疏水端则指向气体、非极性液体（油）或固态物质，可降低水-气、水-固相间的界面能，具有湿润、发泡、分散、乳化的作用，如图 6-16（a）所示。根据表面活性物质亲水端的电离特性，减水剂可分为离子型和非离子型，又根据亲水端电离后所带的电性，其可分为阳离子型、阴离子型和两性型。

水泥加水拌和后，由于水泥矿物颗粒带有不同电荷，产生异性吸引或由于水泥颗粒在水中的热运动而产生吸附力，其形成絮凝状结构，如图 6-16（b）所示，把部分拌合水包裹在其中，使这部分水对拌合物的流动性不起作用，降低了工作性。因此，在施工中就必须增加拌合水量，而水泥水化的用水量很少（水灰比仅 0.23 左右即可完成水化），多余的水分在混凝土硬化后，挥发形成较多的孔隙，从而降低了混凝土的强度和耐久性。

加入减水剂后，减水剂的疏水端定向吸附于水泥矿物颗粒的表面，亲水端朝向水溶液，形成吸附水膜。减水剂分子的定向排列使水泥矿物颗粒表面带有相同电荷，在电斥力的作用下，使水泥颗粒分散开来，由絮凝状结构变成分散状结构，如图 6-16（c）和图 6-16（d）所示，从而把包裹的水分释放出来，达到减水、提高流动性的目的。

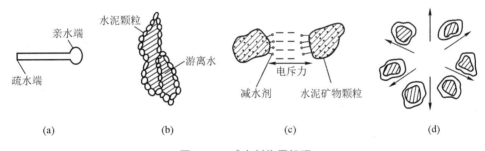

图 6-16　减水剂作用机理

（a）减水剂分子模型；（b）水泥浆的絮凝状结构；
（c）减水剂分子的作用；（d）水泥浆絮凝状结构的解体

3. 常用的减水剂

常用的减水剂，按其化学成分，可分为木质素系减水剂、萘系减水剂和树脂系减水剂。

（1）木质素系减水剂

该类减水剂又称木质素磺酸盐减水剂，是提取酒精后的木浆废液，经蒸发、磺化浓缩、喷雾、干燥所制成的棕黄色粉状物。木钙是一种传统的阳离子型减水剂，常用的掺量为 0.2%~0.3%。由于其采用工业废料生产，成本低廉，生产工艺简单，曾在我国广泛应用。

木质素系减水剂的经济技术效果为：在保持工作性不变的前提下，可减水 10% 左右；在保持水胶比不变的条件下，使坍落度增大 100 mm 左右；在保持胶凝材料用量不变的情况下，可使 28 d 抗压强度提高 10%~20%；在保持坍落度及强度不变的条件下，可节约 10% 的胶凝材料用量。

木质素系减水剂是缓凝型减水剂，在 0.25% 的掺量下可缓凝 1~3 h，故可延缓水化，但掺量过多，会造成严重缓凝，以致强度下降。木质素系减水剂不适宜用于蒸养混凝土，也不利于冬季施工。

（2）萘系减水剂

萘系减水剂属芳香族磺酸盐类缩合物，是煤焦油中提炼的萘或萘的同系物磺酸盐与甲醛的缩合物。国内该类品种有 UNF、FDN、NNO 和 MF 等，是一种广泛应用的高效减水剂，常用的掺量为 0.2%~1.0%。

萘系减水剂的经济技术效果为：减水率 15%~20%；混凝土 28 d 抗压强度可提高 20% 以上；在坍落度及 28 d 抗压强度不变的前提下，可节约水泥用量 20% 左右。

萘系减水剂大部分品种为非引气型，可用于要求早强或高强的混凝土，少数品种（MF 和 NNO 等型号）属引气型，适用于抗渗性、抗冻性等要求较高的混凝土。该类减水剂适用于蒸养混凝土。

（3）树脂系减水剂

树脂系减水剂（亦称水溶性密胺树脂），是一种水溶性高分子树脂非引气型高效减水剂。国产的品种有 SM 减水剂等，其合适的掺量为 0.5%~2%。因其价格较高，故应用受到限制。

SM 减水剂经济技术效果极优，表现为：减水率可达 20%~27%；混凝土 1 d 抗压强度可提高 30%~100%，28 d 抗压强度可提高 30%~60%；强度不变，可节约水泥 25%；混凝土的抗渗、抗冻等性能也明显改善。

该类减水剂特别适宜配制早强、高强混凝土，泵送混凝土和蒸养预制混凝土。

6.5.3 早强剂

早强剂（代号 Ac）是能提高混凝土早期强度，并对后期强度无显著影响的外加剂。早强剂按其化学组成分为无机早强剂和有机早强剂两类。无机早强剂常用的有氯盐、碳酸盐和亚硝酸盐等，有机早强剂有三乙醇胺、甲酸盐和乙酸盐等。为更好地发挥各种早强剂的技术特性，实践中常采用复合早强剂。早强剂或对水泥的水化产生催化作用，或与水泥成分发生反应生成固相产物，从而有效提高混凝土的早期（<7 d）强度。

1. 氯盐早强剂

氯盐早强剂包括钙、钠、钾的氯化物，其中应用最广泛的为氯化钙。氯化钙的早强机理

是它可与水泥中的 C_3A 作用生成水化氯铝酸（$3CaO \cdot Al_2O_3 \cdot 3CaCl_2 \cdot 32H_2O$），同时还与水泥的水化产物 $Ca(OH)_2$ 反应生成氧氯化钙 [$CaCl_2 \cdot 3Ca(OH)_2$ 和 $CaCl_2 \cdot Ca(OH)_2 \cdot H_2O$]，以上产物都是不溶性复盐，可从水泥浆中析出，增加水泥浆中固相的比例，形成骨架，从而提高混凝土的早期强度。同时氯化钙与 $Ca(OH)_2$ 的反应降低了水泥的碱度，从而使 C_3S 水化反应更易于进行，也相应地提高了水泥的早期强度。

氯化钙的掺量为 1%~2%，它可使混凝土 1 d 的强度增长 70%~100%，3 d 的强度提高 40%~70%，7 d 的强度提高 25%，而 28 d 的强度无差别。氯盐早强剂还可同时降低水的冰点，因此适用于混凝土的冬季施工，可作为早强促凝抗冻剂。

在混凝土中掺加氯化钙后，可增加水泥浆中的 Cl^- 浓度，从而使钢筋锈蚀，进而使混凝土发生开裂，严重影响混凝土的强度及耐久性。国家标准 GB 50164—2011《混凝土质量控制标准》对混凝土拌合物中氯盐早强剂掺量做了以下规定：

① 对素混凝土，不得超过水泥质量的 2%。

② 对处于干燥环境或有防潮措施的混凝土，不得超过水泥质量的 1%。

③ 对处于潮湿而不含氯离子或含有氯离子环境中的钢筋混凝土，应分别不超过水泥质量的 0.3% 或 1%。

④ 对预应力混凝土及处于易腐蚀环境中的钢筋混凝土，不得超过水泥质量的 0.06%。

除以上规定外，在使用冷拉钢筋或冷拔低碳钢筋的混凝土结构及预应力混凝土结构中，不允许使用氯化钙。

2. 硫酸盐早强剂

硫酸盐早强剂包括硫酸钠、硫代硫酸钠和硫酸钙等。其中，应用最多的是硫酸钠（Na_2SO_4），它是缓凝型早强剂。

硫酸钠掺入混凝土中后，会迅速与水泥水化产生的氢氧化钙反应生成高分散性的二水石膏（$CaSO_4 \cdot 2H_2O$），它比直掺的二水石膏更易与 C_3A 迅速反应生成水化硫铝酸钙的晶体，有效提高了混凝土的早期强度。

硫酸钠的掺量为 0.5%~2%，可使混凝土 3 d 强度提高 20%~40%。硫酸钠常与氯化钠、亚硝酸钠、三乙醇胺、重铬酸盐等制成复合早强剂，可取得更好的早强效果。

硫酸钠对钢筋无锈蚀作用，可用于不允许使用氯盐早强剂的混凝土中。但硫酸钠与水泥水化产物 $Ca(OH)_2$ 反应后可生成 NaOH，与碱骨料可发生反应，故其严禁用于含有活性骨料的混凝土中。

3. 三乙醇胺复合早强剂

三乙醇胺 [$N(C_2H_4OH)_3$] 是一种非离子型的表面活性物质，为淡黄色的油状液体。

三乙醇胺可对水泥水化起到"催化作用"，本身不参与反应，但可促进 C_3A 与石膏生成水化硫铝酸钙的反应。三乙醇胺属碱性，对钢筋无锈蚀作用。

三乙醇胺掺量为 0.02%~0.05%，由于掺量极微，单独使用早强效果不明显，故常与其他外加剂组成三乙醇胺复合早强剂。国内工程实践表明，以 0.05% 三乙醇胺、1% 亚硝酸钠（$NaNO_2$）、2% 二水石膏掺配而成的复合早强剂是一种效果较好的早强剂，三乙醇胺不但直接催化水泥的水化，还能在其他盐类与水泥反应时起到催化作用。它可使混凝土 3 d 的强度提高 50%，对后期强度也有一定提高作用，可使混凝土的养护时间缩短近一半，常用于混凝土的快速低温施工。

6.5.4　引气剂

引气剂（代号 AE）是在混凝土搅拌过程中，能引入大量分布均匀的微小气泡，以减少混凝土拌合物泌水离析，改善工作性，并能显著提高硬化混凝土抗冻耐久性的外加剂。引气剂于 20 世纪 30 年代在美国问世，我国于 20 世纪 50 年代后，在海港、水坝、桥梁等长期处于潮湿及严寒环境中的抗海水腐蚀要求较高的混凝土工程中应用引气剂，取得了很好的效果。引气剂是外加剂中重要的一类。引气剂的种类按化学组成可分为松香树脂类、烷基芳烃磺酸盐类和脂肪酸磺酸盐类等。其中应用较为普遍的是松香树脂类中的松香热聚物和松香皂，其掺量极微，均为 0.005%~0.015%。

引气剂是一种憎水型表面活性剂，它与减水剂类表面活性剂的最大区别在于，其活性作用不是发生在液-固界面上，而是发生在液-气界面上。在引气剂被掺入混凝土中后，在搅拌作用下能引入大量直径在 200 μm 以下的微小气泡，吸附在骨料表面或填充于水泥硬化过程中形成的泌水通道中，这些微小气泡从混凝土搅拌一直到硬化都会稳定存在于混凝土中。在混凝土拌合物中，骨料表面的这些气泡会起到滚珠轴承的作用，减小摩擦，增大混凝土拌合物的流动性，同时气泡对水的吸附作用也使黏聚性、保水性得到改善。在硬化混凝土中，气泡填充于泌水开口孔隙中，会阻隔外界水的渗入。而气泡的弹性，则有利于释放孔隙中水结冰引起的体积膨胀，因而大大提高混凝土的抗冻性、抗渗性等耐久性指标。

掺入引气剂形成的气泡，使混凝土的有效承载面积减少，故引气剂可使混凝土的强度受到损失。同时气泡的弹性模量较小，会使混凝土的弹性变形加大。

由于外加剂技术的不断发展，近年来引气剂已逐渐被引气剂与减水剂复合而成的引气减水剂所代替。引气减水剂不仅能起到引气作用，而且可提高强度，还可节约水泥，因此其应用范围逐年扩大。

引气剂及引气减水剂可用于抗冻混凝土、抗渗混凝土、抗硫酸盐混凝土、泌水严重的混凝土、贫混凝土、轻骨料混凝土、人工骨料混凝土、高性能混凝土及有饰面要求的混凝土。引气剂、引气减水剂不宜用于蒸养混凝土及预应力混凝土，必要时，须经试验确定。

引气剂及引气减水剂的掺量应根据混凝土的含气量要求并经试验确定。长期处于潮湿及严寒环境中的混凝土的最小含气量与骨料的最大粒径有关，见表 6-19。混凝土的最大含气量不宜超过 7%。

表 6-19 长期处于潮湿及严寒环境中的混凝土的最小含气量（JGJ 55—2011）

粗骨料最大粒径 /mm	最小含气量	
	潮湿或水位变动的寒冷和严寒环境	盐冻环境
40	4.5%	5.0%
25	5.0%	5.5%
20	5.5%	6.0%

注：含气量的百分比为体积比。

6.5.5 缓凝剂

缓凝剂（代号 Rc）是能延缓混凝土的凝结时间并对混凝土的后期强度发展无不利影响的外加剂。缓凝剂常用的品种有多羟基碳水化合物、木质素磺酸盐类、羟基羧酸及其盐类、无机盐四类。其中我国常用的为糖蜜（多羟基碳水化合物类）和木钙（木质素磺酸盐类）。

缓凝剂能在水泥及其水化物表面吸附或与水泥矿物反应生成不溶层而延缓水泥的水化达到缓凝的效果。糖蜜的掺量为 0.1%~0.3%，可缓凝 2~4 h。木钙既是减水剂又是缓凝剂，其掺量为 0.1%~0.3%，当掺量为 0.25% 时，可缓凝 2~4 h。羟基羧酸及其盐类，如柠檬酸或酒石酸钾钠等，当掺量为 0.03%~0.1% 时，凝结时间可达 8~19 h。

缓凝剂有延缓混凝土的凝结、保持工作性、延长放热时间、消除或减少裂缝以及减水增强等多种功能，对钢筋也无锈蚀作用，适于高温季节施工和泵送混凝土、滑模混凝土以及大体积混凝土的施工或远距离运输的商品混凝土。但缓凝剂不宜用于日最低气温在 5 ℃以下施工的混凝土，也不宜单独用于有早强要求的混凝土和蒸养混凝土。

6.5.6 矿物掺合料

矿物掺合料亦称矿物外加剂，是在混凝土搅拌过程中加入的、具有一定细度和活性的用于改善新拌和硬化混凝土性能（特别是混凝土耐久性）的某些矿物类的产品。矿物外加剂与水泥混合材料的最大不同点是其具有更高的细度（比表面积为 350~15 000 m^2/kg）。

矿物掺合料分为磨细矿渣、磨细粉煤灰、磨细天然沸石和硅灰四类。

磨细矿渣是粒状高炉渣经干燥、粉磨等工艺达到规定细度的产品。粉磨时添加适量的石膏和水泥粉磨用工艺外加剂。

磨细粉煤灰是干燥的粉煤灰经粉磨达到规定细度的产品。粉磨时可添加适量的水泥粉磨用工艺外加剂。

磨细天然沸石是以一定品位纯度的天然沸石为原料，经粉磨至规定细度的产品。粉磨时可添加适量的水泥粉磨用工艺外加剂。

硅灰是在冶炼硅铁合金或工业硅时，通过烟道排出的硅蒸气氧化后，经收尘器收集得到的以无定形二氧化硅为主要成分的产品。

矿物掺合料是一种辅助胶凝材料，特别在近代高强、高性能混凝土中是一种有效的、不可或缺的组分材料。它的主要用途是：掺入水泥作为特殊混合材料；作为建筑砂浆的辅助胶凝材料；作为混凝土的辅助胶凝材料；用作建筑功能性（保温、调湿、电磁屏蔽等）外加剂。

1. 矿物掺合料特性与作用机理

（1）改善硬化混凝土力学性能

矿物掺合料对硬化混凝土力学性能起改善作用主要是通过复合胶凝效应（化学作用）和微集料效应（物理作用）。

复合胶凝效应主要是水泥的二次水化促进矿物掺合料通过诱导激活、表面微晶化和界面耦合等，形成的水化、胶凝、硬化现象。微集料效应则体现为：其一，磨细矿物粒径微小（10 μm 左右），可有效填充水泥颗粒间隙，对混凝土粗集料、细集料和水泥颗粒间形成的逐级填充起到了明显的补充和加强作用；其二，矿物掺合料颗粒的形状和表面粗糙度对紧密填充及界面黏结强度也起到加强作用。

上述化学和物理的综合作用，使掺矿物掺合料的混凝土具有致密的结构和优良的界面黏结性能，表现出良好的物理力学性能。在改善混凝土性能的前提下，矿物掺合料可替代30%~50% 的水泥配制混凝土，大幅度降低了水泥用量。

（2）改善拌和混凝土和易性

矿物掺合料可显著降低水泥浆屈服应力，因此可改善拌和混凝土的和易性。矿物掺合料是经超细粉磨工艺制成的，颗粒形貌比较接近鹅卵石。它在新拌水泥浆中具有轴承作用，可增大水泥浆的流动性，还可有效地控制混凝土的坍落度损失。

矿物掺合料的比表面积为350~1 500 m^2/kg，由于大比表面积颗粒对水的吸附，其能起到保水作用，这不但进一步抑制了混凝土坍落度损失，且减弱了泌水性，从而使黏聚性明显改善。

（3）改善混凝土耐久性

掺矿物掺合料的混凝土可形成比较致密的结构，且矿物掺合料显著改善了新拌混凝土的泌水性，避免形成连通的毛细孔，所以其可改善混凝土的抗渗性。同理，由于水泥石结构致密，二氧化碳难以侵入混凝土内部，所以，矿物掺合料混凝土也具有优良的抗碳化性能。

2. 矿物掺合料的技术要求

矿物掺合料的技术要求应符合表6-20（GB/T 18736—2017《高强高性能混凝土用矿物外加剂》）所示的规定。

各种矿物掺合料均应测定其总碱量，根据工程要求，由供需双方商定供货指标。

表 6-20 矿物外加剂的技术要求

试验项目		磨细矿渣		粉煤灰	磨细天然沸石	硅灰	偏高岭土
		Ⅰ	Ⅱ				
氧化镁（质量分数）	≤	14.0%		—	—	—	4.0%
三氧化硫（质量分数）	≤	4.0%		3.0%	—	—	1.0%
烧失量（质量分数）	≤	3.0%		5.0%	—	6.0%	4.0%
氯离子（质量分数）	≤	0.06%		0.06%	0.06%	0.10%	0.06%
二氧化硅（质量分数）	≥	—	—	—	—	85%	50%
三氧化二铝（质量分数）	≥						35%
游离氧化钙（质量分数）	≤	—	—	1.0%	—	—	1.0%
吸铵值/（mmol/kg）	≥	—	—	—	1 000	—	—
含水率（质量分数）	≤	1.0%		1.0%	—	3.0%	1.0%
细度	比表面积/（m²/kg）≥	600	400	—		15 000	—
	45 μm方孔筛筛余（质量分数）≤	—		25.0%	5.0%	5.0%	5.0%
需水量比	≤	115%	105%	100%	116%	125%	120%
活性指数 ≥	3 d	80%	—	—	—	90%	85%
	7 d	100%	75%	—	—	95%	90%
	28 d	110%	100%	70%	95%	115%	105%

　　矿物掺合料在混凝土中的掺量应通过试验确定。钢筋混凝土中矿物掺合料最大掺量宜符合表 6-21 的规定；预应力钢筋混凝土中矿物掺合料最大掺量宜符合表 6-22 的规定。

表 6-21 钢筋混凝土中矿物掺合料最大掺量（JGJ 55—2011）

矿物掺合料种类	水胶比	最大掺量	
		硅酸盐水泥	普通硅酸盐水泥
粉煤灰	≤ 0.40	45%	35%
	>0.40	40%	30%
粒化高炉矿渣粉	≤ 0.40	65%	55%
	>0.40	55%	45%
钢渣粉	—	30%	20%
磷渣粉	—	30%	20%

矿物掺合料种类	水胶比	最大掺量	
		硅酸盐水泥	普通硅酸盐水泥
硅灰	—	10%	10%
复合掺合料	≤ 0.40	65%	55%
	≤ 0.40	55%	45%

注：1. 采用硅酸盐水泥和普通硅酸盐水泥之外的通用硅酸盐水泥时，混凝土中水泥混合材料和矿物掺合料用量之和应不大于按普通硅酸盐水泥用量20%计算的混合材料和矿物掺合料用量之和。
　　2. 对基础大体积混凝土，粉煤灰、粒化高炉矿渣粉和复合掺合料的最大掺量可增加5%。
　　3. 复合掺合料中各组分的掺量不宜超过任一组分单掺时的最大掺量。

表 6-22　预应力钢筋混凝土中矿物掺合料最大掺量（JGJ 55—2011）

矿物掺合料种类	水胶比	最大掺量	
		硅酸盐水泥	普通硅酸盐水泥
粉煤灰	≤ 0.40	35%	30%
	> 0.40	25%	20%
粒化高炉矿渣粉	≤ 0.40	55%	45%
	> 4.0	45%	35%
钢渣粉	—	20%	10%
磷渣粉	—	20%	10%
硅灰	—	10%	10%
复合掺合料	≤ 0.40	55%	45%
	> 0.40	45%	35%

3. 矿物掺合料的等级、代号和标记

依据性能指标可将磨细矿渣分为三级，将磨细粉煤灰和磨细天然沸石分为两级。

矿物掺合料用代号 MA 表示。各类矿物掺合料用不同代号表示：磨细矿渣为 S、磨细粉煤灰为 F、磨细天然沸石为 Z、硅灰为 SF。

矿物掺合料的标记依次为：矿物掺合料—分类—等级—标准号。

如：Ⅱ级磨细矿渣，标记为 "MAS Ⅱ GB/T 18736—2017"。

4. 矿物掺合料的包装、标志、运输及储存

矿物掺合料可以袋装或散装。袋装时每袋净质量不得少于标志质量的 98%，随机抽取 20 袋，其总质量不得少于标志质量的 20 倍。包装应符合国标 GB 9774—2010《水泥包装袋》的规定。散装时，各项指标由供需双方商量确定，但有关散装质量的要求必须符合矿物掺合料的质量要求。

所有包装容器均应在明显位置注明以下内容：执行的国家标准号、产品名称、等级、净质量或体积、生产厂名，以及应在产品合格证上予以注明的生产日期及出厂编号。

运输过程中应防止淋湿及包装破损，或混入其他产品。

在正常的运输、储存条件下，矿物掺合料的储存期为从产品生产之日起的半年。矿物掺合料应分类、分等级储存在仓库或储仓中，不得露天堆放，以易于识别、便于检查和提货为原则。储存时间超过储存期的产品，应予复验，检验合格后才能出库使用。

6.5.7　其他品种的外加剂

1.泵送剂

混凝土工程中，可采用由减水剂、缓凝剂和引气剂等复合而成的泵送剂。

泵送剂适用于工业与民用建筑及其他建筑物的泵送施工的混凝土，特别适用于大体积混凝土、高层建筑和超高层建筑用混凝土，适用于滑模施工等，也适用于水下灌注桩混凝土。

泵送剂运到工地（或混凝土搅拌站）的检验项目应包括 pH、密度（或细度）、坍落度增加值及坍落度损失。符合要求方可入库、使用。

含有水不溶物的粉状泵送剂在使用时，应与胶凝材料一起加入搅拌机中。水溶性粉状泵送剂应用水溶解或直接加入搅拌机中，并应延长混凝土搅拌时间 30 s。液体泵送剂应与拌合水一起加入搅拌机中，溶液中的水应从拌合水中扣除。

泵送剂的品种、掺量应按供货单位提供的推荐掺量和环境温度、泵送高度、泵送距离、运输距离等要求经混凝土试配后确定。

2.膨胀剂

膨胀剂是能使混凝土（砂浆）在水化过程中产生一定的体积膨胀，并在有约束的条件下产生适宜自应力的外加剂。它可补偿混凝土的收缩，提高抗裂性、抗渗性，掺量较大时可在钢筋混凝土中产生自应力。膨胀剂常用的品种有硫铝酸钙类（如明矾石膨胀剂）、氧化镁类（如氧化镁膨胀剂）、复合类（如氧化钙-硫铝酸钙膨胀剂）等。膨胀剂主要应用于屋面刚性防水、地下防水、基础后浇缝、堵漏、底座灌浆、梁柱接头及自应力混凝土。

3.速凝剂

速凝剂是使混凝土迅速凝结硬化的外加剂。速凝剂与水泥和水拌和后立即反应，使水泥中的石膏失去缓凝作用，促成 C_3A 迅速水化，并在溶液中析出其化合物，导致水泥迅速凝结。对于国产速凝剂，当其掺量为 2.5%~4.0% 时，可使水泥在 5 min 内初凝，10 min 内终凝，并能提高早期强度，虽 28 d 强度比不掺速凝剂时有所降低，但可长期保持稳定值不再下降。速凝剂主要用于道路、隧道、机场的修补、抢修工程以及喷锚支护时的喷射混凝土施工，亦可用于需要速凝的其他混凝土。

4. 防冻剂

防冻剂是指在规定温度下能显著降低混凝土的冰点，使混凝土液相不冻结或仅部分冻结，以保证水泥的水化作用，并在一定时间内获得预期强度的外加剂。防冻剂常由防冻组分、早强组分、减水组分和引气组分组成，形成复合防冻剂。其中防冻组分有以下几种：亚硝酸钠和亚硝酸钙（兼有早强、阻锈功能），掺量为 1%~8%；氯化钙和氯化钠，掺量为 0.5%~1.0%；尿素，掺量不大于 4%；碳酸钾，掺量不大于 10%。某些防冻剂（如尿素）掺量过多时，混凝土会缓慢向外释放对人产生刺激的气体，如氨气等，使竣工后的建筑室内有害气体含量超标。对于此类防冻剂要严格控制其掺量，并要依有关规定进行检测。

5. 加气剂

加气剂是指在混凝土硬化过程中，与水泥发生化学反应，放出气体（H_2、O_2 和 N_2 等），能在混凝土中形成大量气孔的外加剂。加气剂有铝粉、双氧水、碳化钙和漂白粉等。铝粉可与水泥水化产物 $Ca(OH)_2$ 发生反应，产生氢气，使混凝土体积剧烈膨胀，形成大量气孔，虽使混凝土强度明显降低，但可显著提高混凝土的保温隔热性能。加气剂（铝粉）的掺量为 0.005%~0.02%，在工程上主要用于生产加气混凝土和堵塞建筑物的缝隙。加气剂与水泥作用强烈，一般应随拌随用，以免降低使用效果。

6.5.8 外加剂使用的注意事项

外加剂掺量虽小，但可对混凝土的性质和功能产生显著影响，在具体应用时要严格按产品说明操作，稍有不慎，便会造成事故，故在使用时应注意以下事项。

1. 产品质量控制及储放

外加剂应由供货单位提供技术文件，包括标明产品主要成分的产品说明书、出厂检验报告及合格证、掺外加剂混凝土性能检验报告。外加剂运到工地（或混凝土搅拌站）应立即取代表性样品进行检验，进货与工程试配时一致，方可入库、使用。若发现不一致时，应停止使用。

外加剂应按不同供货单位、不同品种、不同牌号分别存放，标识应清楚。粉状外加剂应防止受潮结块，如有结块，经性能检验合格后应粉碎至全部通过 0.65 mm 筛后方可使用。液体外加剂应放置于阴凉干燥处，防止日晒、受冻、污染、进水或蒸发，如有沉淀等现象，经性能检验合格后方可使用。

2. 对外加剂品种的选择

外加剂品种繁多、性能各异，有的能混用，有的严禁互相混用，如不注意可能会发生严重事故。选择外加剂应依据现场材料条件、工程特点、环境情况，根据产品说明及有关规定，如 GB 50119—2013《混凝土外加剂应用技术规范》及国家有关环境保护的规定，进行品种的选择。有条件的应在正式使用前进行试验检验。

3. 外加剂掺量的选择

外加剂掺量以胶凝材料总量的百分比表示，或以 mL/kg 胶凝材料表示。

除矿物掺合料外，外加剂一般用量微小，有的外加剂掺量仅为几万分之一，而且推荐的掺量往往是在某一范围内，外加剂的掺量和水泥品种、环境温湿度、搅拌条件等有关。掺量的微小变化对混凝土的性质会产生明显影响：掺量过小，作用不显著；掺量过大，有时会物极必反，起反作用，酿成事故。故在大批量使用前要通过基准混凝土（不掺加外加剂的混凝土）与试验混凝土的试验对比，取得实际性能指标的对比后，再确定应采用的掺量。

4. 外加剂的掺入方法

外加剂不论是粉状还是液态状，为保持作用的均匀性，不宜采用直接倒入搅拌机的方法。合适的掺入方法应该是：可溶解的粉状外加剂或液态状外加剂，应预先配成适宜浓度的溶液，再按所需掺量加入按配合比计算要求量的拌合水中，与拌合水一起加入搅拌机内；不可溶解的粉状外加剂，应预先称量好，再与适量的水泥、砂拌和均匀，然后倒入搅拌机中。外加剂倒入搅拌机内，要控制好搅拌时间，以满足混合均匀、时间又在允许范围内的要求。

6.6   普通混凝土的配合比设计

普通混凝土的配合比是指混凝土的各组成材料之间的比例关系，可采用质量比，亦可采用体积比，我国目前采用的是质量比。普通混凝土的组成材料主要包括胶凝材料、粗骨料、细骨料和水，随着混凝土技术的发展，外加剂和掺合料的应用日益普遍，因此，其掺量也是混凝土配合比设计时需选定的。因外加剂的型号、品种甚多，性能各异，掺合料的品种也在逐渐增加，在目前国家标准中，外加剂和掺合料的掺量只做原则规定。混凝土的配合比一般有两种表示方法：一种是用 1 m³ 混凝土中胶凝材料、矿物掺合料、水、细骨料、粗骨料的实际用量（kg），按顺序表达，如水泥 200 kg、矿物掺合料 100 kg、水 182 kg、砂 680 kg、石子 1 310 kg；另一种是以胶凝材料的质量为 1，矿物掺合料、砂、石子依次以相对质量比及水胶比表达。

6.6.1   混凝土配合比设计的过程

混凝土的配合比设计是一个计算、试配、调整的复杂过程，大致可分为初步配合比、基准配合比（亦称试拌配合比）、实验室配合比和施工配合比四个设计阶段，如图 6-17 所示。初步配合比主要是依据设计的基本条件，参照理论和大量试验提供的参数进行计算，得到基本满足强度和耐久性要求的配合比；基准配合比是在初步配合比的基础上，通过实配、检测，进行工作性的调整，对配合比进行修正；实验室配合比是通过对水胶比的微量调整，在满足设计强度的前提下，确定一个胶凝材料用量最节约的方案，从而进一步调整配合比；施工配合比是考虑实际砂、石子的含水对配合比的影响，对配合比最后的修正，是实际应用的配合比。总之，配合比设计的过程是逐步满足混凝土的强度、工作性、耐久性、节约水泥等设计目标的过程。

图 6-17 混凝土配合比设计的过程

6.6.2 混凝土配合比设计的基本资料

在进行混凝土的配合比设计前，需确定和了解的基本资料，即设计的前提条件，主要有以下几方面：

① 混凝土设计强度等级和强度的标准差。

② 材料的基本情况：水泥品种、强度等级、实际强度、密度；砂的种类、表观密度、细度模数、含水率；石子种类、表观密度、含水率；是否掺外加剂以及外加剂种类。

③ 运输、施工等对混凝土的工作性要求，如坍落度指标。

④ 与工程耐久性要求有关的环境条件，如冻融状况、地下水情况等。

⑤ 工程特点及施工工艺，如构件几何尺寸、钢筋的疏密、浇筑振捣的方法等。

6.6.3 混凝土配合比设计基本参数的确定

> 课程讲解：混凝土 混凝土配合比的三个基本参数确定的思路
>
> 这种思路是解决工程实践问题，也是将学科知识转变为有效工程处理方法的典型范例

混凝土的配合比设计，实际上就是单位体积混凝土拌合物中水、胶凝材料、粗骨料（石子）、细骨料（砂）和外加剂等各种材料用量的确定。简洁、明确地反映与混凝土性质间关系的是四种组成材料间关系的三个基本参数，即水和胶凝材料之间的比例（水胶比）、砂和石子间的比例（砂率）、骨料与胶凝材料浆之间的比例（用水量）。这三个基本参数一旦确定，混凝土的配合比也就基本确定了。

水胶比的确定主要取决于混凝土的强度和耐久性。从强度角度看，水胶比应小些，水胶比可根据混凝土的强度公式（6-6）来确定。从耐久性角度看，水胶比小些，胶凝材料用量

多些，混凝土的密实度就高，耐久性则优良，这可通过控制最大水胶比和最小胶凝材料的用量（见表 6-23）来满足。由强度和耐久性分别决定的水灰比往往是不同的，此时应取较小值。但在强度和耐久性都已满足的前提下，水灰比应取较大值，以获得较高的流动性。

表 6-23　混凝土的最小胶凝材料用量（JGJ 55—2011）

最大水胶比	最小胶凝材料用量 /(kg·m⁻³)		
	素混凝土	钢筋混凝土	预应力混凝土
0.60	250	280	300
0.55	280	300	300
0.50	320		
≤ 0.45	330		

注：配制 CI5 级及以下强度等级的混凝土，可不受本表的限制。

砂率主要应从满足工作性和节约水泥两方面考虑。在水胶比和水泥用量（水泥浆量）不变的前提下，应取坍落度最大，而黏聚性和保水性又好的砂率，即合理砂率，这可由表 6-24 初步决定，经试拌调整而定。在工作性满足的情况下，砂率尽可能取小值，以达到节约水泥的目的。

表 6-24　混凝土的砂率（JGJ 55—2011）

水胶比 (W/B)	卵石最大粒径 /mm			碎石最大粒径 /mm		
	10	20	40	16	20	40
0.40	26%~32%	25%~31%	24%~30%	30%~35%	29%~34%	27%~32%
0.50	30%~35%	29%~34%	28%~33%	33%~38%	32%~37%	30%~35%
0.60	33%~38%	32%~37%	31%~36%	36%~41%	35%~40%	33%~38%
0.70	36%~41%	35%~40%	34%~39%	39%~44%	38%~43%	36%~41%

注：1. 本表数值是中砂的选用砂率，对细砂或粗砂，可相应地减小或增大砂率。

2. 采用人工砂配制混凝土时，砂率可适当增大。

3. 只用一个单粒级粗骨料配制混凝土时，砂率应适当增大。

单位用水量在水胶比和胶凝材料用量及比例不变的情况下，实际反映的是胶凝材料浆量与骨料用量之间的比例关系。胶凝材料浆量要满足包裹粗、细骨料表面并保持足够流动性的要求，但用水量过大，会降低混凝土的耐久性。根据拌合物的稠度，以及粗骨料的品种、最大粒径，用水量可通过表 6-14 确定。

混凝土配合比设计的三个基本参数的确定原则如图 6-18 所示。

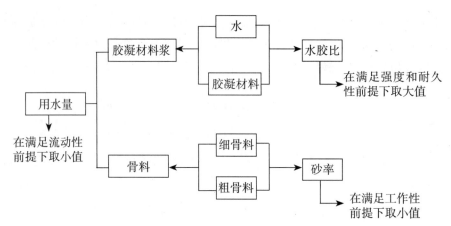

图 6-18 混凝土配合比设计的三个基本参数的确定原则

6.6.4 混凝土配合比设计的步骤

IP 讲座：第 5 讲第一节 混凝土的配合比设计

课程讲解：混凝土 配合比求解思路

随着专业课程学习的不断深入，你会更深刻地理解工程问题的求解与基础学科的最大不同点就是可通过逻辑推导与试验修正间的不断互动而逐渐接近最终结果

1. 初步配合比

（1）混凝土配制强度的确定

当混凝土的设计强度等级小于 C60 时，配制强度应按式（6-8）确定：

$$f_{cu,0} = f_{cu,k} + 1.645\,\sigma \tag{6-8}$$

当设计强度等级不小于 C60 时，配制强度应按式（6-9）确定：

$$f_{cu,0} = 1.15 f_{cu,k} \tag{6-9}$$

式中：$f_{cu,0}$——混凝土配制强度，MPa；

$f_{cu,k}$——混凝土立方体抗压强度标准值，即混凝土的设计强度等级，MPa；

σ——混凝土强度标准差，MPa。

σ 可根据同类混凝土的强度资料确定（详见 6.7.2 节中混凝土强度的检验评定）。对于强度等级不大于 C30 的混凝土，当混凝土强度标准差计算值不小于 3.0 MPa 时，应按式（6-26）计算结果取值；当混凝土强度标准差计算值小于 3.0 MPa 时，应取 3.0 MPa。对于强度等级大于 C30 且小于 C60 的混凝土，当混凝土强度标准差计算值不小于 4.0 MPa 时，应按式（6-26）计算结果取值；当混凝土强度标准差计算值小于 4.0 MPa 时，应取 4.0 MPa。

当没有近期的同一品种、同一强度等级混凝土强度资料时，其强度标准差 σ 可按表 6-25 取值。

表 6-25　混凝土强度标准差 σ（JGJ 55—2011）　　　　　　　　　　　MPa

混凝土强度标准差	≤ C20	C25~C45	C50~C55
σ	4.0	5.0	6.0

（2）确定水胶比

当混凝土强度等级小于 C60 时，混凝土水胶比（W/B）宜按式（6-10）计算：

$$\frac{W}{B} = \frac{\alpha_a f_b}{f_{cu,0} + \alpha_a \alpha_b f_b} \tag{6-10}$$

式中：α_a、α_b——回归系数，根据工程所使用的原材料，通过试验建立的水胶比与混凝土强度关系式来确定，当不具备试验统计资料时，碎石取为 α_a=0.53、α_b=0.20、卵石取为 α_a=0.49、α_b=0.13；

$f_{cu,0}$——混凝土的试配强度，MPa；

f_b——胶凝材料 28 d 胶砂抗压强度，MPa，可实测且试验方法应按现行国家标准 GB/T 17671—1999《水泥胶砂强度检验方法（ISO 法）》执行，当无实测值时，可按式（6-11）确定：

$$f_b = r_f r_s f_{ce} \tag{6-11}$$

式中：r_f、r_s——粉煤灰影响系数和粒化高炉矿渣粉影响系数，可按表 6-26 确定；

f_{ce}——水泥 28 d 胶砂抗压强度，MPa，可实测，当水泥 28 d 胶砂抗压强度无实测值时，可按式（6-12）计算：

$$f_{ce} = r_c \cdot f_{ce,g} \tag{6-12}$$

式中：r_c——水泥强度等级值的富余系数，可按实际统计资料确定，若缺乏实际统计资料，可按水泥强度等级值为 32.5、42.5、52.5 时分别取值 1.12、1.16、1.10；

$f_{ce,g}$——水泥强度等级值，MPa。

由式（6-10）计算出的水胶比应不大于表 6-18 中规定的最大水胶比。若计算而得的水胶比大于最大水胶比，则取最大水胶比，以保证混凝土的耐久性。

表 6-26　粉煤灰影响系数（r_f）和粒化高炉矿渣粉影响系数（r_s）（JGJ 55—2011）

掺量	粉煤灰影响系数（r_f）	粒化高炉矿渣粉影响系数（r_s）
0	1.00	1.00
10%	0.85~0.95	1.00
20%	0.75~0.85	0.95~1.00
30%	0.65~0.75	0.90~1.00

掺量	粉煤灰影响系数（r_f）	粒化高炉矿渣粉影响系数（r_s）
40%	0.55~0.65	0.80~0.90
50%	—	0.70~0.85

注：1. 采用Ⅰ级、Ⅱ级粉煤灰宜取上限值；

2. 采用S75级粒化高炉矿渣粉宜取下限值，采用S95级粒化高炉矿渣粉宜取上限值，采用S105级粒化高炉矿渣粉可取上限值加0.05；

3. 当超出表中的掺量时，粉煤灰影响系数和粒化高炉矿渣粉影响系数应经试验确定。

（3）确定用水量和外加剂用量

当混凝土水胶比为0.40~0.80时，每立方米干硬性或塑性混凝土的用水量应按施工要求的混凝土拌合物的坍落度及所用骨料的种类和最大粒径由表6-14查得；混凝土水胶比小于0.40时，可通过试验确定。

掺外加剂时，每立方米流动性或大流动性混凝土的用水量可按式（6-13）计算：

$$m_{w0}=m'_{w0}(1-\beta) \qquad (6-13)$$

式中：m_{w0}——掺外加剂时每立方米混凝土的用水量，kg/m³；

m'_{w0}——未掺外加剂时推定的满足实际坍落度要求的每立方米混凝土的用水量，kg/m³，以表6-14中90 mm坍落度的用水量为基础，按每增加20 mm坍落度相应增加5 kg/m³用水量来计算，当坍落度增大到180 mm以上时，随坍落度相应增加的用水量可减少；

β——外加剂的减水率，应经混凝土试验确定。

每立方米混凝土中外加剂用量（m_{a0}）应按式（6-14）计算：

$$m_{a0}=m_{b0}\beta_a \qquad (6-14)$$

式中：m_{a0}——计算配合比每立方米混凝土中外加剂用量，kg/m³；

m_{b0}——计算配合比每立方米混凝土中胶凝材料用量，kg/m³，计算应符合胶凝材料用量的规定。

β_a——外加剂掺量，应经混凝土试验确定。

（4）胶凝材料、矿物掺合料和水泥用量

由已求得的水胶比W/B和用水量m_{w0}可计算出胶凝材料用量m_{b0}，如式（6-15）所示，并应进行试拌调整，在拌合物性能满足的情况下，取经济合理的胶凝材料用量。

$$m_{b0} = \frac{m_{w0}}{W/B} \qquad (6-15)$$

式中：m_{b0}——计算配合比每立方米混凝土中胶凝材料用量，kg/m³；

m_{w0}——计算配合比每立方米混凝土的用水量，kg/m³；

W/B——混凝土水胶比。

由式（6-15）计算出的胶凝材料用量应不小于表6-23中规定的最小胶凝材料用量。若计算而得的胶凝材料用量小于最小胶凝材料用量，应选取最小胶凝材料用量，以保证混凝土的耐久性。

每立方米混凝土的矿物掺合料用量（m_{f0}）应按式（6-16）计算：

$$m_{f0}=m_{b0}\beta_f \tag{6-16}$$

式中：m_{b0}——计算配合比每立方米混凝土的矿物掺合料用量，kg/m^3；

β_f——矿物掺合料掺量，矿物掺合料掺量应通过试验确定，采用硅酸盐水泥或普通硅酸盐水泥时，钢筋混凝土、预应力钢筋混凝土中最大矿物掺合料掺量应符合表6-21和表6-22的规定，对基础大体积混凝土、粉煤灰、粒化高炉矿渣粉和复合掺合料的最大掺量可增加5%，采用掺量大于30%的C类粉煤灰的混凝土应以实际使用的水泥和粉煤灰掺量进行安定性检验。

每立方米混凝土的水泥用量（m_{c0}）应按式（6-17）计算：

$$m_{c0}=m_{b0}-m_{f0} \tag{6-17}$$

式中：m_{c0}——计算配合比每立方米混凝土中水泥用量，kg/m^3。

（5）确定砂率

砂率（β_s）应根据骨料的技术指标、混凝土拌合物性能和施工要求，参考既有历史资料确定。

如缺乏历史资料，则对于坍落度小于10 mm的混凝土，其砂率应经试验确定；坍落度为10~60 mm的混凝土的砂率可根据粗骨料品种、最大公称粒径及水胶比按表6-24选取；坍落度大于60 mm的混凝土的砂率，可经试验确定，也可在表6-24的基础上，按坍落度每增大20 mm，砂率增大1%的幅度予以调整。

（6）计算砂、石子用量

为求出砂和石子用量 m_{s0}、m_{g0}，可建立关于 m_{s0} 和 m_{g0} 的二元方程组。其中一个等式根据砂率 β_s 的表达式建立，另一个等式根据体积法和质量法两种假定建立。

① 体积法。该方法假定混凝土拌合物的体积等于各组成材料的体积与拌合物中所含空气的体积之和。如取混凝土拌合物的体积为1 m^3，则可得以下关于 m_{s0}、m_{g0} 的二元方程组：

$$\begin{cases} \dfrac{m_{c0}}{\rho_c}+\dfrac{m_{f0}}{\rho_f}+\dfrac{m_{g0}}{\rho_g'}+\dfrac{m_{s0}}{\rho_s'}+\dfrac{m_{w0}}{\rho_w}+0.01\alpha=1 \\ \beta_s=\dfrac{m_{s0}}{m_{s0}+m_{g0}}\times100\% \end{cases} \tag{6-18}$$

式中：ρ_c——水泥的密度，kg/m^3，可取2 900~3 100 kg/m^3；

ρ_f——矿物掺合料的密度，kg/m^3；

ρ_g'——粗骨料（石子）的表观密度，kg/m^3；

ρ_s'——细骨料（砂）的表观密度，kg/m^3；

ρ_w——水的密度，kg/m^3，可取1 000 kg/m^3；

α——混凝土的含气量百分数，在不使用引气剂或引气型外加剂时，α 可取1。

② 质量法。该方法假定 1 m³ 混凝土拌合物质量等于其各组成材料质量之和，据此可得以下方程组：

$$\begin{cases} m_{c0} + m_{f0} + m_{g0} + m_{s0} + m_{w0} = m_{cp} \\ \beta_s = \dfrac{m_{s0}}{m_{s0} + m_{g0}} \times 100\% \end{cases} \qquad (6\text{-}19)$$

式中：m_{c0}、m_{f0}、m_{s0}、m_{g0}、m_{w0}——每立方米混凝土中的水泥、矿物掺合料、细骨料（砂）、粗骨料（石子）、水的质量，kg；

m_{cp}——每立方米混凝土拌合物的假定质量，可根据实际经验选取 2 350~2 450 kg。

解以上关于 m_{g0} 和 m_{s0} 的二元方程组，可解出 m_{g0} 和 m_{s0}，则混凝土的计算配合比（初步满足强度和耐久性要求）为 $m_{c0}:m_{f0}:m_{w0}:m_{s0}:m_{g0}$。

2. 基准配合比

按初步配合比进行混凝土配合比的试配和调整。试拌时，混凝土的搅拌量可按表 6-27 选取。当采用机械搅拌时，其搅拌量不应小于搅拌机公称容量的 1/4。

表 6-27　混凝土试配的最小搅拌量（JGJ 55—2011）

粗骨料最大公称粒径/mm	拌合物数量/L
≤ 31.5	20
40	25

试拌后立即测定混凝土的工作性。当试拌得出的拌合物坍落度比要求值小时，应在水胶比不变的前提下，增加用水量（同时增加水泥和矿物掺合料的用量）；当比要求值大时，应在砂率不变的前提下，增加砂、石子用量；当黏聚性、保水性差时，可适当加大砂率。调整时，应即时记录调整后的各材料用量（m_{fb}、m_{cb}、m_{wb}、m_{sb}、m_{gb}），并实测调整后混凝土拌合物的表观密度 ρ_{oh}（kg/m³）。令工作性调整后的混凝土试样总质量 m_{Qb} 为

$$m_{Qb} = m_{cb} + m_{fb} + m_{wb} + m_{sb} + m_{gb} \quad （体积大于试拌调整前体积） \qquad (6\text{-}20)$$

由此得出基准配合比（调整后的 1 m³ 混凝土中各材料用量）：

$$\begin{cases} m_{cj} = \dfrac{m_{cb}}{m_{Qb}} \rho_{oh} \ (\text{kg/m}^3) \\[2mm] m_{fj} = \dfrac{m_{fb}}{m_{Qb}} \rho_{oh} \ (\text{kg/m}^3) \\[2mm] m_{wj} = \dfrac{m_{wb}}{m_{Qb}} \rho_{oh} \ (\text{kg/m}^3) \\[2mm] m_{sj} = \dfrac{m_{sb}}{m_{Qb}} \rho_{oh} \ (\text{kg/m}^3) \\[2mm] m_{gj} = \dfrac{m_{gb}}{m_{Qb}} \rho_{oh} \ (\text{kg/m}^3) \end{cases} \qquad (6\text{-}21)$$

> 课程讲解：混凝土　基准配合比求解公式（6-21）的含义
> 表面不易理解的公式依据的基本原理往往是简单的

3. 实验室配合比

经调整后的基准配合比虽工作性已满足要求，但经计算而得出的水胶比是否真正满足强度的要求，还须加以强度试验检验。在基准配合比的基础上做强度试验时，应采用三个不同的配合比，其中一个为基准配合比中的水胶比，另外两个配合比的水胶比宜较基准配合比的水胶比分别增加和减少 0.05。其用水量应与基准配合比的用水量相同，砂率可分别增加和减少 1%。

制作混凝土强度试验试件时，应检验混凝土拌合物的坍落度或维勃稠度黏聚性、保水性及拌合物的体积密度，并以此结果作为代表相应配合比的混凝土拌合物的性能。进行混凝土强度试验时，每种配合比至少应制作一组（三块）试件，并应标准养护到 28 d 时试压。需要时可同时制作几组试件，供快速检验或早龄试压，以便提前定出混凝土配合比供施工使用，但应以标准养护 28 d 的强度的检验结果为依据调整配合比。

根据试验绘出的混凝土强度与其相对应的胶水比（B/W）的线性关系，用作图法或计算法求出与混凝土配制强度（$f_{cu,0}$）相对应的胶水比，并应按下列原则确定每立方米混凝土的材料用量：

① 用水量（m_w）应在基准配合比用水量的基础上，根据制作强度试件时测得的坍落度或维勃稠度进行调整确定。

② 胶凝材料用量（m_b）应以用水量乘以选定的胶水比计算确定。

③ 粗骨料和细骨料用量（m_g 和 m_s）应根据用水量和胶凝材料用量进行调整。

经试配确定配合比后，尚应按下列步骤进行校正：

据前述已确定的材料用量按式（6-22）计算混凝土的表观密度计算值 $\rho_{c,c}$：

$$\rho_{c,c}=m_c+m_f+m_g+m_s+m_w \tag{6-22}$$

再按式（6-23）计算混凝土配合比校正系数 δ：

$$\delta = \frac{\rho_{c,t}}{\rho_{c,c}} \tag{6-23}$$

式中：$\rho_{c,t}$——混凝土表观密度实测值，kg/m^3；

$\qquad \rho_{c,c}$——混凝土表观密度计算值，kg/m^3。

当混凝土体积密度实测值与计算值之差的绝对值不超过计算值的 2% 时，按试配确定的配合比即确定的实验室配合比；当二者之差超过 2% 时，应将配合比中的每项材料用量均乘以校正系数 δ，即最终确定的实验室配合比。

配合比调整后，应测定混凝土拌合物中水溶性氯离子含量，试验结果应符合表 6-28 的规定。

表6-28　混凝土拌合物中水溶性氯离子最大含量（JGJ 55—2011）

环境条件	水溶性氯离子最大含量（水泥用量的质量百分比）		
	钢筋混凝土	预应力混凝土	素混凝土
干燥环境	0.30%		
潮湿但不含氯离子的环境	0.20%	0.06%	1.00%
潮湿但含氯离子的环境、盐渍土环境	0.10%		
除冰盐等侵蚀性物质的腐蚀环境	0.06%		

对耐久性有设计要求的混凝土应进行相关耐久性试验验证。

生产单位可根据常用的材料设计出常用的混凝土配合比备用，并应在启用过程中予以验证和调整。遇有下列情况之一时，应重新进行配合比设计：

①对混凝土性能有特殊要求时。

②水泥、外加剂或矿物掺合料品种、质量有显著变化时。

4. 施工配合比

经测定，施工现场砂含水率为 w_s，石子的含水率为 w_g，则施工配合比为：

$$
\begin{aligned}
&\text{水泥用量 } m_c' &&m_c'=m_c\\
&\text{矿物掺合料用量 } m_b' &&m_b'=m_b\\
&\text{砂用量 } m_s' &&m_s'=m_s(1+w_s)\\
&\text{石子用量 } m_g' &&m_g'=m_g(1+w_g)\\
&\text{用水量 } m_w' &&m_w'=m_w-m_s w_s-m_g w_g
\end{aligned}
\tag{6-24}
$$

式中：m_c、m_b、m_w、m_s、m_g——调整后的实验室配合比的每立方米混凝土中的水泥、矿物掺合料、水、砂和石子的用量，kg。

应注意，进行混凝土配合比计算时，其计算公式和有关参数表格中的数值均系以干燥状态骨料（含水率小于0.05%的细骨料或含水率小于0.2%的粗骨料）为基准的。当以饱和面干骨料为基准进行计算时，则应做相应的调整，施工配合比公式即式（6-24）中的 w_s 和 w_g 将分别表示现场砂、石子含水率与其饱和面干含水率之差。

6.6.5　混凝土配合比设计例题

某现场浇筑普通混凝土工程，试根据以下基本资料和条件设计混凝土的施工配合比。混凝土的设计强度等级为C40，该施工单位收集到本单位曾进行过的同类工程混凝土的抗压强度的试验历史资料（30组）见表6-29。该施工单位决定采用硅酸盐水泥，有条件测定水泥的实际强度，水泥的密度 $\rho_c=3.1 \text{ g/cm}^3$。矿物掺合料采用S95级粒化高炉矿渣粉，其密度 $\rho_f=3.05 \text{ g/cm}^3$。砂为中砂，表观密度 $\rho_s'=2.65 \text{ g/cm}^3$，现场用砂含水率为3%。石子为碎石，

表观密度 ρ'_g =2.70 g/cm³，现场用石子含水率为1%。拌合水为自来水。混凝土不掺用外加剂。构件截面的最小尺寸为400 mm，钢筋净距为60 mm。该工程为潮湿环境下无冻害构件工程。混凝土施工采用振捣，坍落度选择35~50 mm。

表 6-29　混凝土抗压强度试验历史资料

$f_{c,c}$ =36.0，37.0，37.8，39.5，38.3，39.0，39.9，40.1，40.2，41.0，41.8，41.8，43.0，43.3，43.2，43.5，43.8，43.8，44.0，44.1，44.7，45.4，45.5，45.8，46.0，46.8，47.0，46.2，48.2，49.1（MPa）		
$\Sigma f_{c,c}$ =1 286 MPa	$m_{f_{cu}}$ =429 MPa	$\sigma_0^{①}$ =3.4 MPa

1. 初步配合比

（1）混凝土配制强度的确定

根据表6-29提供的混凝土抗压强度试验历史资料，可知均方差 σ_0 =3.4 MPa，小于规定的C40混凝土强度标准差的下限值，取4.0 MPa。

混凝土的配制强度 $f_{cu,0}$ 为

$$f_{cu,0}=f_{cu,k}+1.645\,\sigma_0=40+1.645\times4.0=46.6（MPa）$$

（2）确定水胶比 W/B

由混凝土的设计强度等级，根据关系式 $f_{ce}=（1.5~2.0）\cdot f_{cu,k}$ ，选择强度等级为62.5的硅酸盐水泥和S95级粒化高炉矿渣粉，现场实测胶凝材料28 d胶砂抗压强度为 f_b = 70.6 MPa，选采用碎石水胶比计算的回归系数 α_a = 0.53， α_b = 0.20，则水胶比 W/B 为

$$W/B=\frac{\alpha_a\cdot f_b}{f_{cu,0}+\alpha_a\cdot\alpha_b\cdot f_b}=\frac{0.53\times70.6}{46.6+0.53\times0.20\times70.6}=0.69$$

根据本工程的环境条件，查表6-18，确定为二 a 环境等级，可得满足耐久性要求的最大水胶比 $（W/B）_{max}$ = 0.55，小于满足强度要求的计算 W/B ，故取 $W/B=（W/B）_{max}$ = 0.55。

（3）确定粗骨料的最大粒径 D_{max} 和单位用水量 m_{w0}

根据构件截面最小尺寸和钢筋净距，选用粗骨料的最大粒径：

$$D_{max}=\frac{1}{4}\times400=100（mm）；\quad D_{max}=\frac{3}{4}\times60=45（mm）$$

故同时满足以上两条件的 D_{max} 应为45 mm。同时应考虑粒级的范围，故决定选用5~40 mm的碎石骨料。

根据骨料种类为碎石、 D_{max} 为40 mm、坍落度为35~50 mm，查表6-14可得单位用水量 m_{w0} =175 kg/m³。

（4）确定胶凝材料用量 m_{b0}

$$m_{b0}=\frac{m_{w0}}{W/B}=\frac{175}{0.55}=318（kg/m^3）$$

---

① 此数据是根据具体单位的历史数据得出的，故采用加下标0的表示方式。

对照表 6-23，本工程要求的最小胶凝材料用量 $m_{b,min}=300$ kg，$m_{b,min}<m_{b0}$，故取 $m_{b0}=318$ kg/m³。经试验，每立方米混凝土的胶凝材料中，水泥取 200 kg，矿渣粉取 118 kg，则矿物掺合料的掺合比为 118/318=37%，小于表 6-21 给出的满足此题条件的矿物掺合料的最大掺量 55%。

（5）确定砂率 β_s

根据水胶比和骨料情况，查表 6-24，初步选 $\beta_s=35\%$。

（6）确定砂、石子用量 m_{s0} 和 m_{g0}

采用绝对体积法（取 $\alpha=1$），将有关数值代入方程组：

$$\begin{cases} \dfrac{m_{c0}}{\rho_c}+\dfrac{m_{f0}}{\rho_f}+\dfrac{m_{g0}}{\rho_g'}+\dfrac{m_{s0}}{\rho_s'}+\dfrac{m_{w0}}{\rho_w}+0.01=1 \\ \beta_s=\dfrac{m_{s0}}{m_{s0}+m_{g0}}\times100\% \end{cases}$$

得：

$$\begin{cases} \dfrac{200}{3\,100}+\dfrac{180}{3\,050}+\dfrac{m_{g0}}{2\,700}+\dfrac{m_{s0}}{2\,650}+\dfrac{175}{1\,000}+0.01=1 \\ \dfrac{m_{s0}}{m_{s0}+m_{g0}}\times100\%=35\% \end{cases}$$

解得：
$$m_{s0}=668 \text{ kg/m}^3 ; \quad m_{g0}=1\,240 \text{ kg/m}^3$$

以上计算结果为初步配合比，即每立方米混凝土的材料用量为：水泥 200 kg；矿渣粉 118 kg；水 175 kg；砂 668 kg；石子 1 240 kg。

配合比例表示为：水泥∶矿渣粉∶砂∶石子＝1∶0.59∶3.34∶6.20，水胶比 $W/B=0.55$。

2. 基准配合比

检验、调整工作性。按计算配合比，配制 25 L 混凝土（根据表 6-27）。试样的各组成材料用量为：水泥 5.0 kg；矿渣粉 2.95 kg；水 4.38 kg；砂 16.70 kg；石子 31.00 kg。按规定方法拌和后，测定坍落度为 15 mm，达不到要求的坍落度 35~50 mm，故需在水胶比不变的前提下，增加胶凝材料浆用量。现增加水和胶凝材料各 5%，而用水量为 4.38×1.05=4.60（kg）；水泥用量为 5.0×1.05=5.25（kg），矿渣粉用量为 2.95×1.05=3.10（kg），重新拌和后，测得坍落度为 40 mm，且黏聚性、保水性良好。

试拌材料总量：

$$\begin{aligned} m_{Qb}&=m_{cb}+m_{fb}+m_{wb}+m_{sb}+m_{gb} \\ &=5.25+3.10+4.60+16.70+31.00 \\ &=60.65 \text{（kg）} \end{aligned}$$

实测试拌混凝土的体积密度 $\rho_{oh}=2\,415$ kg/m³。

混凝土经调整工作性后的每立方米的材料用量，即基准配合比为

$$m_{cj}=\frac{m_{cb}}{m_{Qb}}\times\rho_{oh}=\frac{5.25}{60.65}\times2\,415=209 \text{（kg/m}^3\text{）}$$

$$m_{fj} = \frac{m_{fb}}{m_{Qb}} \times \rho_{oh} = \frac{3.10}{60.65} \times 2\ 415 = 123\ (kg/m^3)$$

$$m_{wj} = \frac{m_{wb}}{m_{Qb}} \times \rho_{oh} = \frac{4.60}{60.65} \times 2\ 415 = 183\ (kg/m^3)$$

$$m_{sj} = \frac{m_{sb}}{m_{Qb}} \times \rho_{oh} = \frac{16.70}{60.65} \times 2\ 415 = 665\ (kg/m^3)$$

$$m_{gj} = \frac{m_{gb}}{m_{Qb}} \times \rho_{oh} = \frac{31.00}{60.65} \times 2\ 415 = 1\ 234\ (kg/m^3)$$

3. 实验室配合比

分别以三种不同的水胶比,即 0.55 以及比其分别加大和减小 0.05 的 0.60 和 0.50 制作三组试件。试件经养护 28 d,进行强度试验(也可用短期强度推算),得出与各水胶比(胶水比)对应的各组试件的强度代表值,见表 6-30。利用表 6-30 中的三组数据,在坐标纸上以胶水比为横坐标,以强度为纵坐标,找出对应的三个点,作出与各点距离最小的拟和直线。由此直线可确定与配制强度 46.6 MPa 对应的胶水比(B/W)为 1.92(见图 6-19)。符合强度要求的各材料用量(非 1 m³)为

用水量 $= m_{wj} = 183$(kg)

胶凝材料量 $= m_{wj} \cdot (B/W) = 183 \times 1.92 = 351$(kg)

(其中水泥 221 kg,矿渣粉 130 kg)

砂用量 $= m_{sj} = 665$(kg)

石子用量 $= m_{gj} = 1\ 234$(kg)

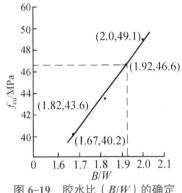

图 6-19 胶水比(B/W)的确定

表 6-30 三组试件的强度试验结果

W/B	B/W	f_{cu}/MPa
0.50	2.00	49.1
0.65	1.82	43.6
0.60	1.67	40.2

按以上材料的比例试拌,再一次测定工作性,坍落度为 38 mm,满足 35~50 mm 的要求,且黏聚性和保水性也合格,试拌混凝土的表观密度的实测值 $\rho_{c,t} = 2\ 505$ kg/m³,而混凝土的表观密度的计算值 $\rho_{c,c} = 183 + 351 + 665 + 1\ 234 = 2\ 433$(kg/m³),则:

$$\frac{(\rho_{c,t} - \rho_{c,c})}{\rho_{c,c}} = \frac{2\ 505 - 2\ 433}{2\ 433} \times 100\% = 3.0\%$$

则混凝土配合比的校正系数为

$$\delta = \frac{\rho_{c,t}}{\rho_{c,c}} = \frac{2\ 505}{2\ 433} = 1.03$$

经检验强度后并经校正的实验室配合比为

$$m_w = 183 \times 1.03 = 188（kg/m^3）$$
$$m_c = 221 \times 1.03 = 228（kg/m^3）$$
$$m_f = 130 \times 1.03 = 134（kg/m^3）$$
$$m_s = 665 \times 1.03 = 685（kg/m^3）$$
$$m_g = 1\ 234 \times 1.03 = 1\ 271（kg/m^3）$$

4. 施工配合比

考虑现场砂、石子的含水对配合比的影响，可得施工配合比：

$$m'_c = m_c = 228（kg/m^3）$$
$$m_f = m'_f = 134（kg/m^3）$$
$$m'_s = m_s(1 + w_s) = 685 \times (1 + 3\%) = 706（kg/m^3）$$
$$m'_g = m_g(1 + w_g) = 1\ 271 \times (1 + 1\%) = 1\ 284（kg/m^3）$$
$$m'_w = m_w - m_s \cdot w_g - m_g \cdot w_g$$
$$= 187 - 685 \times 3\% - 1\ 271 \times 1\% = 154（kg/m^3）$$

6.7　混凝土质量的控制

混凝土的质量是影响钢筋混凝土结构可靠性的一个重要因素，为保证结构安全可靠地使用，必须对混凝土的生产和合格性进行控制。生产控制是对混凝土生产过程的各个环节进行有效质量控制，以保证产品质量可靠。合格性控制是对混凝土质量进行准确判断，目前采用的方法是用数理统计的方法，通过混凝土强度的检验评定来完成。

6.7.1　混凝土生产的质量控制

混凝土的生产是配合比设计、配料搅拌、运输浇筑、振捣养护等一系列过程的综合。要保证生产出的混凝土的质量，必须在各方面给予严格的质量控制。

1. 原材料的质量控制

混凝土是由多种材料混合制作而成的，任何一种组成材料的质量偏差或不稳定都会造成混凝土整体质量的波动。水泥要严格按其技术质量标准进行检验，并按有关条件进行品种的合理选用，特别要注意水泥的有效期；粗、细骨料应控制其杂质和有害物质含量，若不符合要求，应经处理并检验合格后方能使用；采用天然水现场进行搅拌的混凝土，拌合水的质量应按标准进行检验。水泥、砂、石子、外加剂等主要材料应检查产品合格证、出厂检验报告或进场复验报告。

2. 配合比设计的质量控制

混凝土应按行业标准 JGJ 55—2011 的有关规定，根据混凝土的强度等级、耐久性和工作性等要求进行配合比设计。首次使用的混凝土配合比应进行开盘鉴定，其工作性应满足设计配合比的要求。开始生产时应至少留置一组标准养护试件，作为检验配合比的依据。混凝土拌制前，应测定砂、石子含水率，根据测试结果及时调整材料用量，提出施工配合比。生产时应检验配合比设计资料、试件强度试验报告、骨料含水率测试结果和施工配合比通知单。

3. 混凝土生产施工工艺的质量控制

混凝土的原材料必须称量准确，每盘称量的允许偏差应控制在水泥、掺合料为 ±2%，粗、细骨料为 ±3%，水、外加剂为 ±2%，每工作班抽查不少于一次，各种衡器应定期检验。

混凝土的运输、浇筑及间歇的全部时间不应超过混凝土的初凝时间。要及时观察、检查施工记录。在运输、浇筑过程中，要防止离析、泌水、流浆等不良现象，并分层按顺序振捣，严防漏振。

混凝土浇筑完毕后，应按施工技术方案及时采取有效的养护措施，随时观察并检查施工记录。

6.7.2 混凝土合格性的评定

1. 合格性评定的数理统计方法

混凝土质量的合格性一般以抗压强度进行评定。混凝土的生产通常是连续而大量的，为提高质量检验的效率和降低检验的成本，通常在浇筑地点（浇筑现场）或混凝土出厂前（预拌混凝土厂），随机抽样进行强度试验，用抽样的样本值进行数理统计计算，得出反映质量水平的统计指标来评定混凝土的质量及合格性。大量的统计分析和试验研究表明：同一等级的混凝土，在龄期、生产工艺和配合比基本一致的条件下，其强度分布可用正态分布来描述。如图 6-20（a）所示正态分布曲线是中心对称曲线，对称轴的横坐标值即平均值，曲线左右半部的凹凸交界点（拐点）与对称轴间的偏离强度值即标准差 σ，曲线与横轴间所围面积代表概率的总和，即 100%。

用数理统计方法研究混凝土的强度分布及评定其质量的合格性时，常用到以下几个正态分布的统计量：

（1）强度平均值 $m_{f_{cu}}$

强度平均值代表某批混凝土的立方体抗压强度的平均值，即混凝土的配制强度值。

$$m_{f_{cu}} = \frac{1}{n}\sum_{i=1}^{n} f_{cu,i} \qquad (6-25)$$

（2）标准差 σ

标准差说明混凝土强度的离散程度，为消除强度与强度平均值间偏差值正负的影响，采取了平方后再开方的方法，所以又称均方差。标准差值越大，正态分布曲线越扁平，说明混凝土的强度分布集中程度越差，质量越不均匀，越不稳定。

$$\sigma = \sqrt{\frac{\sum_{i=1}^{n}(f_{cu,i} - m_{f_{cu}})^2}{n-1}} = \sqrt{\frac{\sum_{i=1}^{n}f_{cu,i}^2 - nm_{f_{cu}}^2}{n-1}} \qquad (6-26)$$

（3）变异系数 δ

变异系数说明混凝土强度的相对离散程度。例如，混凝土 A 和混凝土 B 的强度标准差均为 4 MPa，但 A 和 B 的平均强度分别为 20 MPa 和 60 MPa，显然混凝土 B 比混凝土 A 的强度相对离散性小，质量的均匀性也较好。变异系数 δ 以标准差和强度平均值之商表示，又称离差系数。

$$\delta = \frac{\sigma}{m_{f_{cu}}} \qquad (6-27)$$

（4）强度保证率 P

强度保证率是指在混凝土强度总体分布中，大于设计强度等级的概率，以正态分布曲线上大于某设计强度值的曲线下面积值表示，如图 6-20（b）所示，强度保证率 P 可用式（6-28）表达：

$$P = \frac{1}{\sqrt{2\pi}}\int_{t}^{+\infty} e^{\frac{t^2}{2}} dt \qquad (6-28)$$

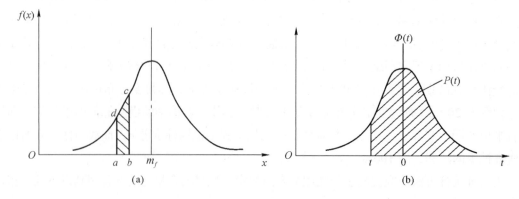

图 6-20　混凝土强度的正态分布示意图

（5）概率度

式（6-28）中广义积分变量下限 t，称为概率度，其值可用式（6-29）表达：

$$t = \frac{f_{cu,k} - m_{f_{cu}}}{\sigma} = \frac{f_{cu,k} - m_{f_{cu}}}{\delta m_{f_{cu}}} \tag{6-29}$$

对于选定的强度保证率，由式（6-29）可求出概率度 t，代入式（6-30）即可求出已知混凝土的设计强度等级 $f_{cu,k}$、标准差 σ 或变异系数 δ 的前提下满足某一强度保证率的混凝土的配制强度 $f_{cu,0}$（平均强度 $\mu_{f_{cu}}$）为

$$f_{cu,0} = f_{cu,k} - t\sigma \tag{6-30}$$

概率度与强度保证率间的关系可由积分法求得，常用的对应值见表6-31。

表 6-31　概率度与强度保证率间的关系

概率度（t）	0	-0.524	-0.70	-0.842	-1.00	-1.04	-1.282	-1.645	-2.00	-2.05	-2.33	-3.00
强度保证率（P）	50%	70%	75.8%	80%	84.1%	85%	90%	95%	97.7%	98%	99%	99.87%

将强度保证率为95%时的 $t=-1.645$ 值代入式（6-30）即可得出行业标准 JGJ 55—2011 规定的普通混凝土配制强度表达式，即式（6-8）。

在已选定设计强度等级 $f_{cu,k}$ 的情况下，欲提高混凝土的强度保证率，可提高配制强度 [见图6-21（a）] 或减少标准差（或变异系数）[见图6-21（b）]。但提高混凝土的配制强度对节约水泥不利，故控制混凝土的质量、提高合格性主要应从减少标准差、提高生产施工质量控制水平入手。

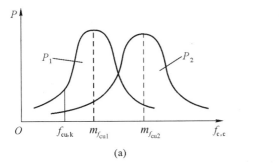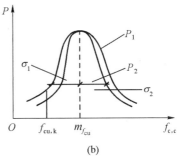

图 6-21　提高混凝土强度保证率的措施
（a）$P_2 > P_1$（$m_{f_{cu2}} > m_{f_{cu1}}$）；（b）$P_2 > P_1$（$\sigma_2 < \sigma_1$）

2. 混凝土强度的检验评定

混凝土强度的检验评定应符合 GB/T 50081—2019《混凝土物理力学性能试验方法标准》、GB 50666—2011《混凝土结构工程施工规范》和 GB/T 50107—2010《混凝土强度检验评定标准》的规定。

（1）混凝土的取样、试拌、养护和试验

对于混凝土的取样频率和数量，每100盘，但不超过100 m³的同配合比的混凝土，取样次数不得少于一次；每一工作班拌制的同配合比的混凝土不足100盘和100 m³时，取样次数不得少于一次；当一次连续浇注的同配合比混凝土超过1 000 m³时，每200 m³取样不应少于一次；对于房屋建筑，每一楼层、同一配合比的混凝土，取样不应少于一次。预拌混凝土应在预拌混凝土厂内按以上规定取样，混凝土运到施工现场后，还应按以上规定批样检验。每批（验收批）混凝土取样应制作的试样总组数应符合不同情况下强度评定所必需的组数，每组的3个试件应在同一盘混凝土内取样制作。若检验结构或构件施工阶段的混凝土强度，应根据实际情况决定必需的试件组数。

（2）混凝土强度的评定

混凝土强度的评定可分为统计方法评定和非统计方法评定。

① 统计方法评定。根据混凝土强度质量控制的稳定性，GB/T 50107—2010将评定混凝土强度的统计方法分为两种情况：标准差已知方案和标准差未知方案。

a. 标准差已知方案。在这种情况下，同一品种的混凝土生产，有可能在较长的时期内，通过质量管理，维持基本相同的生产条件，即维持原材料、设备、工艺以及人员配备的稳定性，即使有所变化，也能很快予以调整而恢复正常，能使同一品种、同一强度等级混凝土的强度变异性保持稳定。对于这类状况，每检验批混凝土的强度标准差 σ 可根据前一时期生产累计的强度数据确定。符合以上情况时，采用标准差已知方案。一般来说，预制构件生产可以采用标准差已知方案。

采用该种方案，按GB/T 50107—2010要求，一检验批的样本容量应为连续的3组试件，其强度应符合以下规定：

$$m_{f_{cu}} \geq f_{cu,k} + 0.7\sigma \qquad (6\text{-}31)$$

$$f_{cu,min} \geq f_{cu,k} - 0.7\sigma \qquad (6\text{-}32)$$

当混凝土强度等级不高于C20时，其强度的最小值尚应满足式（6-33）要求：

$$f_{cu,min} \geq 0.85 f_{cu,k} \qquad (6\text{-}33)$$

当混凝土强度等级高于C20时，其强度的最小值尚应满足式（6-34）要求：

$$f_{cu,min} \geq 0.90 f_{cu,k} \qquad (6\text{-}34)$$

$$\sigma = \sqrt{\frac{\sum_{i=1}^{n} f_{cu,i}^2 - n m_{f_{cu}}^2}{n-1}} \qquad (6\text{-}35)$$

式中：$m_{f_{cu}}$——同一检验批混凝土立方体抗压强度的平均值，N/mm²，精确至0.1 N/mm²。

$f_{cu,k}$——混凝土立方体抗压强度标准值，N/mm²，精确至0.1 N/mm²。

σ——检验批混凝土立方体抗压强度的标准差，N/mm²，精确至0.01 N/mm²，当计算值小于2.5 N/mm²时，应取2.5 N/mm²，由前一时期（生产周期不少于60 d且不宜超过 90 d）的同类混凝土，样本容量不少于 45 的强度数据计算确定。假定其值延续在一个检验期内保持不变，3 个月后，重新按上一个检验期的强度数据计算 σ 值。

$f_{cu,i}$——前一检验期内同一品种、同一强度等级的第 i 组混凝土试件的立方体抗压强度的代表值，N/mm²，精确到 0.1 N/mm²，该检验期不应少于 60 d，也不得大于 90 d。

$f_{cu,min}$——同一检验批混凝土立方体抗压强度的最小值，N/mm²，精确到 0.1 N/mm²。

n——前一检验期内的样本容量，在该期间内样本容量不应少于 45。

b. 标准差未知方案。在这种情况下，生产连续性较差，即在生产中无法维持基本相同的生产条件，或生产周期较短，无法积累强度数据以计算可靠的标准差参数，此时检验评定只能直接根据每一检验批抽样的样本强度数据确定。为了提高检验的可靠性，GB/T 50107—2010 要求每批样本组数不少于 10 组，其强度应符合以下要求：

$$m_{f_{cu}} \geq f_{cu,k} + \lambda_1 \cdot S_{f_{cu}} \quad (6-36)$$

$$f_{cu,min} \geq \lambda_2 \cdot f_{cu,k} \quad (6-37)$$

$$S_{f_{cu}} = \sqrt{\frac{\sum_{i=1}^{n} f_{cu,i}^2 - n m_{f_{cu}}^2}{n-1}} \quad (6-38)$$

式中：$S_{f_{cu}}$——同一检验批混凝土立方体抗压强度的标准差，N/mm²，精确至 0.01 N/mm²，当检验批混凝土强度标准差 $S_{f_{cu}}$ 的计算值小于 2.5 N/mm² 时，取 2.5 N/mm²；

λ_1，λ_2——合格评定系数，按表 6-32 取用；

n——本检验期（为确定检验批强度标准差而规定的统计时段）内的样本容量。

表 6-32　混凝土强度的合格评定系数（GB/T 50107—2010）

试件组数	10~14	15~19	≥ 20
λ_1	1.15	1.05	0.95
λ_2	0.90	0.85	

② 非统计方法评定。当用于评定的样本容量小于 10 组时，应采用非统计方法评定混凝土强度，其强度按 GB/T 50107—2010 规定，并应同时符合以下要求：

$$m_{f_{cu}} \geq \lambda_3 \cdot f_{cu,k} \quad (6-39)$$

$$f_{cu,min} \geq \lambda_4 \cdot f_{cu,k} \quad (6-40)$$

式中：λ_3，λ_4——合格评定系数，按表 6-33 取用。

（3）混凝土强度的合格性判断

混凝土强度应分批进行检验评定，当检验结果能满足以上评定强度公式的规定时，则该批混凝土判为合格；当不能满足上述规定时，该批混凝土强度判为不合格。对不合格批混凝土，可按国家现行有关标准进行处理。

表 6-33　混凝土强度的非统计方法合格评定系数（GB/T 50107—2010）

混凝土强度等级	C60	≥C60
λ_3	1.15	1.10
λ_4	0.95	

当对混凝土试件强度的代表性有怀疑时，可采用从结构或构件中钻取试件的方法或采用非破损检验方法，按有关标准对结构或构件中混凝土的强度进行推定。

结构或构件拆模、出池、出厂、吊装、预应力筋张拉或放张，以及施工期间需短暂负荷时的混凝土强度，应满足设计要求或现行国家标准的有关规定。

3. 混凝土强度检验评定的例题

某施工单位现场集中搅拌 C40 的混凝土，在标准条件下养护 28 d 的同批 15 组试件的立方体抗压强度代表值见表 6-34，试评定其质量。

表 6-34　15 组试件的立方体抗压强度代表值

组别（i）	1	2	3	4	5	6	7	8	9	10	11	12	13	14	15
$f_{\mathrm{cu},i}$/MPa	39.8	42.4	43.8	47.8	44.8	38.0	41.4	46.8	43.6	46.2	40.3	43.6	44.5	46.8	43.8

解：（1）计算其立方体抗压强度的平均值 $m_{f_{\mathrm{cu}}}$

$$m_{f_{\mathrm{cu}}} = \frac{1}{15}\sum_{i=1}^{15} f_{\mathrm{cu},i} = 43.57(\mathrm{MPa})$$

（2）计算其立方体抗压强度的标准差 $S_{f_{\mathrm{cu}}}$

$$S_{f_{\mathrm{cu}}} = \sqrt{\frac{\sum_{i=1}^{n} f_{\mathrm{cu},i}^2 - n\cdot m_{f_{\mathrm{cu}}}^2}{n-1}} = \sqrt{\frac{\sum_{i=1}^{n} f_{\mathrm{cu},i}^2 - 15\times 43.57^2}{15-1}} = 2.86\,(\mathrm{MPa})$$

（3）确定合格判定系数

由表 6-32 可得：$\lambda_1 = 1.05$；$\lambda_2 = 0.85$。

（4）评定质量

$m_{f_{\mathrm{cu}}} - \lambda_1 S_{f_{\mathrm{cu}}} = 43.57 - 1.05\times 2.86 = 40.6$（MPa）

$f_{\mathrm{cu,k}} = 40.0\ \mathrm{MPa}$

$m_{f_{\mathrm{cu}}} - \lambda_1 S_{f_{\mathrm{cu}}} > f_{\mathrm{cu,k}}$

$f_{\mathrm{cu,min}} = 38.0\ \mathrm{MPa}$

$\lambda_2 f_{\mathrm{cu,k}} = 0.85\times 40.0 = 34.0$（MPa）

$f_{\mathrm{cu,min}} > \lambda_2 f_{\mathrm{cu,k}}$

根据 GB/T 50107—2010，该混凝土的强度符合要求。

学习活动 6-4

混凝土的质量控制

在此活动中，你将通过学习混凝土质量控制的规定，针对不同施工现场混凝土的应用情况，归纳正确进行质量控制的方法。通过此学习活动，你在施工现场进行混凝土质量控制的实操能力将得到提高。

完成此活动需要花费 20 min。

步骤 1：针对以下 3 种现场混凝土的应用实景，确定进行混凝土现场质量检测每一检验批应留取的试件组数。

① 生产条件稳定的商品混凝土，同品种、同强度混凝土强度变异性（σ）保持稳定。

② 中学教学楼工程，现场集中搅拌 C40 混凝土，使用和生产周期较短，无法积累足够数据以确定变异性参数。

③ 现场混凝土搅拌，使用量较小，经监理批准，采用非统计方法评定混凝土的质量。

步骤 2：讨论和思考步骤 1 提出的试件组数留取的依据。同时回答问题：对于不同的试件组数留取方法，是否影响所对应的混凝土强度分布规律？

反馈：

1. 学习者之间或与教师进行沟通，以确定此学习活动结论的正确性（可参阅或网上查询 GB/T 50107—2010《混凝土强度检验评定标准》中的条文说明）。

2. 混凝土强度的分布规律是客观存在的，不依留取试件组数的多少而变化。

6.8　新型混凝土简介

6.8.1　泵送混凝土

泵送混凝土是可在施工现场通过压力泵及输送管道进行浇筑的混凝土。泵送混凝土这种特殊的施工方法要求混凝土除满足一般的强度、耐久性等要求外，还必须满足泵送工艺的要求，即要求混凝土有较好的可泵性，在泵送过程中具有良好的流动性，摩擦阻力小、不离析、不泌水、不堵塞管道等。为达到这些要求，泵送混凝土在配制上应注意以下几点：

① 水泥用量不宜低于 300 kg/m³。

② 石子要用连续级配，碎石最大粒径与输送管径之比宜小于或等于 1 : 3，卵石为 1 : 2.5，以免阻塞。当垂直泵送高度超过 100 m 时，粒径要进一步减小。

③ 砂率要比普通混凝土大 8%~10%，应以 38%~45% 为宜。

④ 掺用混凝土泵送外加剂。

⑤ 掺用活性掺合料，如粉煤灰、矿渣微粉等，可改善级配、防止泌水，还可以替代部分水泥以降低水化热，推迟热峰时间。

泵送混凝土可大大提高混凝土浇筑的机械化水平，降低人力成本、提高生产率、保证施工质量，在大、中型的混凝土工程中，应用越来越广泛。我国目前已掌握世界领先的泵送混凝土应用技术，2011 年在深圳京基 100 大厦的施工中，成功将 C120 超高性能混凝土泵送到 417 m 的高度，创下我国采用自主技术泵送超高性能混凝土的世界纪录。

6.8.2　大体积混凝土

通常认为，大体积混凝土是指混凝土结构物中实体最小尺寸大于或等于 1 m，或预计会由水泥水化热引起混凝土内外温差过大而导致裂缝的混凝土。大体积混凝土有如下特点：

① 混凝土结构物体积较大，在一个块体中需要浇筑大量的混凝土。

② 大体积混凝土常处于潮湿或与水接触的环境条件下，因此除要求具备一定的强度外，还必须具有良好的耐久性，有的要求具有抗冲击或抗震等性能。

③ 大体积混凝土由于水泥水化热不容易很快散失，内部温升较高，与外部环境温差较大时容易产生温度裂缝。降低混凝土硬化过程中胶凝材料的水化热以及养护过程中对混凝土进行温度控制是大体积混凝土应用最突出的特点。

大型土木工程，如大坝、大型基础、大型桥墩以及海洋平台等体积较大的混凝土均属大体积混凝土。为了最大限度地降低温升，控制温度裂缝，在工程中常用的措施主要有：采用中低热的水泥品种；对混凝土结构合理进行分缝分块；在满足强度和其他性能要求的前提下，尽量降低水泥用量；掺加适宜的化学和矿物外加剂；选择适宜的骨料；控制混凝土的出机温度和浇筑温度；预埋水管，通水冷却，降低混凝土的内部温升；采取表面保护、保温隔热措施，降低内外温差，进而降低或推迟热峰，从而控制混凝土的温升。

6.8.3　高性能混凝土

高性能混凝土的"性能"应该区别于传统混凝土的性能。但是，高性能混凝土不像高强混凝土那样，可以用单一的强度指标予以明确定义，不同的工程对象在不同场合对混凝土的各种性能有着不同的要求，并随不同的使用对象与地区而改变。

高性能混凝土是一种新型高技术混凝土，是以耐久性作为设计的主要指标，针对不同用途的要求，对耐久性、施工性、适用性、强度和体积稳定性、经济性等性能有重点地加以保证，在大幅度提高普通混凝土性能的基础上采用现代混凝土技术制作的混凝土。与传统的混凝土相比，高性能混凝土在配制上采用低用水量（水与胶结材料总量之比低于 0.4，或至多不超过 0.45），较低的水泥用量，并以化学外加剂和矿物掺合料作为水泥、水、砂、石子之外的必需组分。虽然高性能混凝土的内涵不单单反映在高耐久性上，但是目前国内外学术界和工程界普遍认为耐久性仍应是高性能混凝土的基础性指标。

配制高性能混凝土的技术途径主要应从材料选择、配合比设计及拌制工艺等方面着手。

1. 材料选择

（1）水泥

配制高性能混凝土宜选用强度等级不低于 42.5 的硅酸盐水泥、普通硅酸盐水泥、中低热水泥。对水泥的主要要求为：C_3A 含量不宜超过 8%，含碱量不宜超过 0.7%；需水量小；细度不宜过高，颗粒形状和级配合理。

（2）矿物掺合料

大掺量矿物掺合料混凝土可以制成耐久性很好的高性能混凝土。使用的矿物掺合料主要以粉煤灰和磨细矿渣粉为代表，国外也有少数掺加较多石灰石粉的实例。必要时，也可以掺用磨细天然沸石粉和硅灰。

（3）高性能混凝土用化学外加剂

对高性能混凝土用化学外加剂的要求是：减水率高（20%~35%）；保塑性好，能延缓坍落度损失；对水泥适应性好；能改善混凝土的孔结构，提高抗渗性、耐久性等；能调节混凝土的凝结和硬化速度；氯离子含量、碱含量低。

（4）粗、细骨料

配制高性能混凝土的粗骨料颗粒尺寸必须大小搭配、有良好的级配，这样才能减少用于填充骨料间空隙的浆体量，减少混凝土收缩而有利于防裂。高性能混凝土应选用粒径较小（最大粒径不宜大于 25 mm）的石子，且应选用粒形接近于等径状的石子，以获得混凝土拌合物良好的施工性能，并对硬化后的强度有利。为此，要控制针、片状颗粒含量不大于 5%。

2. 配合比设计

为达到很低的渗透性并使活性矿物掺合料充分发挥强度效应，高性能混凝土水胶比一般低于 0.40，但必须通过加强早期养护加以控制。

高性能混凝土在配合比上的特点是低用水量，较低的水泥用量，并以大量掺用的优质矿物掺合料和配用的高性能混凝土外加剂作为水泥、水、砂、石子之外的混凝土必需组分。

3. 拌制工艺

高性能混凝土水泥的胶结料用量较大，用水量小，混凝土拌合物组分多、黏性较大，不易拌和均匀，需要采用拌和性能好的强制搅拌设备，适当延长搅拌时间。

在世界范围内，高性能混凝土已成为土木工程技术中的研究和开发热点。各个发达国家都投入了大量资金，由政府机构来组织配套研究并通过示范工程加以推广。在大规模进行基础设施建设的今天，结合我国国情发展高性能混凝土，为高质量的工程设施建设提供性能可靠、经济耐久且符合可持续发展要求的结构材料，具有重要意义。

6.8.4 商品混凝土

商品混凝土是相对于施工现场搅拌的混凝土而言的一种预拌商品化的混凝土。这种混凝土不是从性能上，而是从生产和供应角度对传统现场制作混凝土的一种变革。商品混凝土是指把混凝土从原料选择、混凝土配合比设计、外加剂与掺合料的选用、混凝土的拌制、输送到工地等一系列生产过程从一个个施工现场集中到搅拌站，由搅拌站统一生产，根据供销合同，把满足性能要求的成品混凝土以商品形式供应给施工单位。

商品混凝土可保证质量。传统的分散于工地搅拌的混凝土的生产工艺，受技术条件和设备条件的限制，混凝土不够均匀，而商品混凝土采用工业化的标准生产工艺，从原材料供应到产品生产过程都有严格的控制管理，计量准确，检验手段完备，使混凝土的质量得到充分保证，这是混凝土应用的主要发展方向。

> 课程讲解：混凝土　其他品种混凝土

6.9 普通混凝土试验

> 试验演示：普通混凝土试验

6.9.1 砂的筛分

1.试验目的

测定细集料（天然砂、人工砂、石屑）的颗粒级配及粗细程度。

2.主要仪器设备

标准套筛、摇筛机、烘箱、天平等。

3.试验准备

将来样缩分至约 1 100 g，在 105 ℃ ±5 ℃的烘箱中烘干至恒量，冷却至室温后，筛除大于 9.50 mm 的颗粒，并算出其筛余百分率。然后分成大致相等的两份备用。

4.试验步骤

① 准确称取烘干试样 500 g，精确至 1 g，置于套筛的最上一只 4.75 mm 筛上，将套筛装入摇筛机，开动摇筛机约 10 min，取出套筛，再按筛孔大小顺序，从最大的筛号开始，在清

洁的浅盘上逐个进行手筛，直到每分钟的筛出量小于试样总量的 0.1% 为止。将筛出通过的颗粒并入下一号筛，和下一号筛中的试样一起过筛，这样顺序进行，直到各号筛全部筛完为止。

② 称量各筛筛余试样的质量。所有各筛的分计筛余量和底盘中剩余量的总量与筛分前的试样总量相比，相差不得超过 1%；否则，须重新试验。

5. 结果整理

① 分计筛余百分率 α_i：各号筛上的筛余量占试样总量的百分率，精确至 0.1%。

② 累计筛余百分率 β_i：该号筛上的分计筛余百分率与大于该号筛的各号筛上的分计筛余百分率总和，精确至 0.1%。

③ 细度模数 μ_t 按式（6-41）计算，精确至 0.01：

$$\mu_t = \frac{(\beta_2 + \beta_3 + \beta_4 + \beta_5 + \beta_6) - 5\beta_1}{100 - \beta_1} \qquad （6-41）$$

式中：μ_t——细度模数；

$\beta_1 \sim \beta_6$——4.75 mm、2.36 mm、1.18 mm、600 μm、300 μm、150 μm 各筛上的累计筛余百分率。

④ 筛分试验应采用两个试样进行平行试验。累计筛余百分率取两次试验结果的算术平均值，精确至 1%。细度模数取两次试验结果的算术平均值，精确至 0.1；如果两次试验的细度模数之差超过 0.20，则须重新试验。

⑤ 根据各筛的累计筛余百分率，评定该试样的颗粒级配。

6.9.2 混凝土拌合物的和易性

1. 试验目的

① 确定或检验混凝土拌合物的流动性，并根据经验评定黏聚性和保水性，进而评定混凝土拌合物的和易性，以满足配合比设计及施工要求。

② 测定流动性的方法有坍落度法和维勃稠度法两种。本试验介绍坍落度法。

2. 主要仪器设备

坍落度筒、捣棒、小铲、钢尺（2 把钢尺，钢尺的量程不应小于 300 mm，分度值不应大于 1 mm）、拌板、抹刀、下料斗等。

底板应采用平面尺寸不小于 1 500 mm × 1 500 mm、厚度不小于 3 mm 的钢板，其最大挠度不应大于 3 mm。

3. 试验方法及步骤

（1）坍落度法

① 按配合比计算 20 L 材料用量并拌制混凝土（骨料以全干状态为准）。

机械拌和：搅拌前将搅拌机冲洗干净，并预拌少量同种混凝土拌合物或水胶比相同的砂浆，搅拌机内壁挂浆后将剩余料卸出。

将粗骨料、胶凝材料、细骨料和水依次加入搅拌机，难溶和不溶的粉状外加剂宜与胶凝材料同时加入搅拌机，液体和可溶性外加剂宜与拌合水同时加入搅拌机，并搅拌 2 min 以上。

混凝土拌合物一次搅拌量不宜少于搅拌机公称容量的 1/4，不应大于搅拌机公称容量，且不应少于 20 L。

② 湿润坍落度筒及其他工具。把坍落度筒放在铁板上，用双脚踏紧踏板。

③ 用小方铲将混凝土拌合物分两层均匀装入筒内，每层装料厚度应大致相等，每层沿螺旋方向在截面上由外向中心均匀插捣 25 次，插捣深度要求为：底层应穿透该层，上层应插到下层表面以下 20~30 mm。插捣时捣棒应保持垂直，不得倾斜，插捣后应用抹刀沿筒内壁插拔数次。

④ 顶层插捣完毕后，用抹刀将混凝土拌合物沿筒口抹平，并清除筒外周围的混凝土。

⑤ 将坍落度筒徐徐垂直提起，轻放于试样旁边，坍落度筒的提离过程宜控制在 3~7 s；从开始装料到提起坍落度筒的整个过程应连续进行，并应在 150 s 内完成。

当试样不再继续坍落或坍落时间达 30 s 时，用钢尺测量出筒高与坍落后混凝土试体最高点之间的高度差，即该混凝土拌合物的坍落度值。

⑥ 坍落度经时损失。测量出机时的混凝土拌合物的初始坍落度值 H_0；将全部混凝土拌合物试样装入塑料桶或不被水泥浆腐蚀的金属桶内，用桶盖或塑料薄膜密封静置。

自搅拌加水开始计时，静置 60 min 后将桶内混凝土拌合物试样全部倒入搅拌机内，搅拌 20 s，进行坍落度试验，得出 60 min 坍落度值 H_{60}。初始坍落度值与静置 60 min 后的坍落度差值，为 60 min 混凝土坍落度经时损失试验结果。

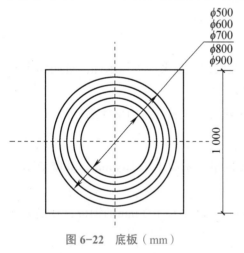

图 6-22 底板（mm）

（2）坍落扩展度法

本试验方法宜用于骨料最大公称粒径不大于 40 mm、坍落度不小于 160 mm 混凝土扩展度的测定。

扩展度试验的坍落度仪应符合 JG/T 248—2009《混凝土坍落度仪》的规定；钢尺的量程不应小于 1 000 mm，分度值不应大于 1 mm；底板应采用平面尺寸不小于 1 500 mm×1 500 mm、厚度不小于 3 mm 的钢板，其最大挠度不应大于 3 mm，并应在平板表面标出坍落度筒中心位置和直径分别为 200 mm、300 mm、500 mm、600 mm、700 mm、800 mm 及 900 mm 的同心圆（见图 6-22，坍落度筒直径为 300 mm，故底板上未标出直径 200 mm 和 300 mm 的圆）。

清除筒边底板上的混凝土后，应垂直平稳地提起坍落度筒，坍落度筒的提离过程宜控制在 3~7 s；当混凝土拌合物不再扩散或扩散持续时间已达 50 s 时，用钢尺测量混凝土拌合物展开扩展面的最大直径以及与最大直径呈垂直方向的直径。

当两直径之差小于 50 mm 时，取其算术平均值作为扩展度试验结果；当两直径之差不小于 50 mm 时，应重新取样另行测定。

扩展度试验从开始装料到测得混凝土扩展度的整个过程应连续进行，并应在 4 min 内完成。混凝土拌合物扩展度值测量应精确至 1 mm，结果修约至 5 mm。

扩展度经时损失测定参见坍落度经时损失测定。

4. 结果整理

混凝土拌合物坍落度值以 mm 为单位，测量精确至 1 mm，结果修约至 5 mm。

6.9.3　混凝土立方体抗压强度的测定

1. 试验目的

掌握普通混凝土极限抗压强度测定方法，并能根据测定结果确定混凝土的强度等级。

2. 主要仪器设备

抗压强度试模（150 mm × 150 mm × 150 mm）、振动台、压力试验机。

3. 试验步骤

根据国家标准 GB/T 50081—2019《混凝土物理力学性能试验方法标准》的规定。

实验室拌制混凝土时，材料用量以质量计，骨料的称量精度为 ± 0.5%，水泥、掺合料、水、外加剂的称量精度为 ± 0.2%（骨料所用称量工具精度为 100 g，称量 50 kg，水泥、掺合料、水所用称量工具精度为 1 g，称量 15 kg；外加剂所用称量精度为 0.01 g，称量 2 kg）。

（1）试件的制作

① 取样或对于拌制好的混凝土拌合物，应至少用铁锹再来回拌和三次。

② 将拌合物装入试模，根据坍落度选择用振动台振实或用捣棒捣实。

③ 刮去试模上口多余的混凝土，待混凝土临近初凝时，用抹刀抹平。

（2）试件的养护

① 试件成型后应立即用不透水的薄膜覆盖表面。

② 采用标准养护的试件，应在温度为 20 ℃ ± 5 ℃ 的环境中静置一昼夜，然后编号、拆模。拆模后应立即放入温度为 20 ℃ ± 2 ℃、相对湿度为 95% 以上的标准养护室中养护，或在温度为 20 ℃ ± 2 ℃ 的不流动的 Ca（OH）$_2$ 饱和溶液中养护。标准养护室内的试件应放在支架上，彼此间隔 10~20 mm，试件表面应保持潮湿，并不得被水直接冲淋。

③ 标准养护龄期为 28 d（从搅拌加水开始计时）。

（3）抗压强度测定

① 试件从养护地点取出后应及时进行试验，将试件表面与上下承压板面擦干净。

② 将试件放在试验机的下压板或垫板上，试件的承压面应与成型时的顶面垂直。试件的中心应与试验机下压板中心对准，开动试验机。当上压板与试件或钢垫板接近时，调整球

座，使接触均衡。

③ 在试验过程中应连续均匀地加荷，混凝土强度等级小于C30时，加荷速度为每秒 0.3~0.5 MPa；混凝土强度等级大于或等于C30且小于C60时，加荷速度为每秒 0.5~0.8 MPa；混凝土强度等级大于或等于C60时，加荷速度为每秒 0.8~1.0 MPa。

④ 当试件接近破坏开始急剧变形时，应停止调整试验机油门，直到破坏。然后记录破坏荷载。

4. 结果整理

（1）普通混凝土立方体抗压强度

抗压强度应按式（6-42）计算，精确至 0.1 MPa：

$$f_{c,c} = \frac{F}{A} \qquad (6\text{-}42)$$

式中：$f_{c,c}$——混凝土立方体试件抗压强度，MPa；

F——试件破坏荷载，N；

A——试件承压面积，mm^2。

（2）强度值的确定

强度值应符合下列规定：

将三个试件测值的算术平均值作为该组试件的强度值（精确至 0.1 MPa）。

三个测值中的最大值或最小值中，当有一个与中间值的差值超过中间值的 ±15% 时，把最大值与最小值一并舍去，取中间值作为该组试件的抗压强度值。

如果最大值和最小值与中间值的差值均超过中间值的 ±15%，则该组试件的试验结果无效。

📖 小结

本章以介绍普通混凝土为主，同时介绍了混凝土的最新发展，是全书的核心章节。重点为普通混凝土的组成、性质、质量检验和应用。

本章主要介绍混凝土的四项基本要求；混凝土组成材料的要求、技术指标及测定方法；混凝土拌合物工作性的含义和指标及测定，影响工作性的因素，调整工作性的原则及常用方法；混凝土的强度（立方体抗压强度及标准值和强度等级），影响混凝土强度的因素及提高混凝土强度的措施，混凝土质量的评定原则；普通混凝土的耐久性；混凝土配合比设计；混凝土外加剂的种类、主要性质、选用和应用要点。

📖 自测题

思考题

1. 普通混凝土是由哪些材料组成的？它们各起什么作用？

2. 建筑工程对混凝土提出的基本技术要求是什么?

3. 在测定混凝土拌合物工作性时,遇到如下四种情况,应采取什么有效和合理的措施进行调整?(1)坍落度比要求的大;(2)坍落度比要求的小;(3)坍落度比要求的小且黏聚性较差;(4)坍落度比要求的大,且黏聚性、保水性都较差。

4. 在配制混凝土时为什么要考虑骨料的粗细及颗粒级配?评定指标是什么?

5. 混凝土拌合物的工作性含义是什么?影响因素有哪些?

6. 决定混凝土强度的主要因素是什么?如何有效地提高混凝土的强度?

7. 混凝土的立方体抗压强度与立方体抗压强度标准值间有何关系?混凝土强度等级的含义是什么?

8. 混凝土的配制强度如何确定?

9. 混凝土配合比的三个基本参数是什么?与混凝土的性能有何关系?如何确定这三个基本参数?

10. 配合比设计中的基准配合比公式的本质是什么?

11. 描述混凝土耐久性的主要性质指标有哪些?如何提高混凝土的耐久性?

12. 根据普通混凝土的优缺点,你认为今后混凝土的发展趋势是什么?

计算题

1. 浇筑钢筋混凝土梁,要求配制强度为C20的混凝土,用42.5强度等级的普通硅酸盐水泥和碎石,如水胶比为0.60,问能否满足强度要求?(标准差为4.0 MPa,水泥强度值的富余系数取1.13)

2. 某混凝土的实验室配合比为1:2:1:4.0,W/B=0.60,混凝土实配体积密度为2 400 kg/m³,求1 m³混凝土各种材料的用量。

3. 按初步配合比试拌30 L混凝土拌合物,各种材料用量为:水泥9.63 kg,水5.4 kg,砂18.99 kg,经试拌增加5%的用水量(W/B保持不变),满足和易性要求并测得混凝土拌合物的体积密度为2 380 kg/m³,试计算该混凝土的基准配合比。

4. 已知混凝土的水胶比为0.5,设1 m³混凝土的用水量为180 kg,砂率为33%,假定混凝土的体积密度为2 400 kg/m³,试计算1 m³混凝土各种材料的用量。

测验评价

完成"混凝土"测评

CHAPTER 7

建筑砂浆

导言

在上一章中，你已经学习了普通混凝土的组成、技术性能、配合比设计、质量检验评定及应用，并了解了高性能混凝土的应用与发展。在这一章你将重点学习建筑砂浆的种类、用途、质量要求、配合比设计及新型预拌砂浆的应用。

建筑砂浆是由无机胶凝材料、细骨料和水组成的，有时也掺入某些掺合料，是建筑工程中用量最大、用途最广的建筑材料之一，它常用于砌筑砌体（如砖、石和砌块）结构，建筑物内外表面（如墙面、地面和顶棚）的抹面，大型墙板和砖石墙的勾缝以及装饰材料的黏结等。

砂浆的种类很多，根据用途不同可分为砌筑砂浆和抹面砂浆。抹面砂浆包括普通抹面砂浆、装饰砂浆和特种抹面砂浆（如防水砂浆、耐酸砂浆、绝热砂浆、吸声砂浆等）。根据胶凝材料的不同，其可分为水泥砂浆、石灰砂浆和混合砂浆（包括水泥石灰砂浆、水泥黏土砂浆、石灰黏土砂浆、石灰粉煤灰砂浆等）。根据生产方式的不同，其可分为现场拌制砂浆和预拌砂浆。

7.1 砌筑砂浆

IP 讲座：第 6 讲第一节　砌筑砂浆

将砖、石、砌块等黏结成为砌体的砂浆称为砌筑砂浆。它起着传递荷载的作用，是砌体的重要组成部分。

7.1.1　砌筑砂浆的组成材料

1. 水泥

水泥是砂浆的主要胶凝材料，常用的水泥品种有通用硅酸盐水泥或砌筑水泥，具体可根据设计要求、砌筑部位及所处环境条件选择适宜的水泥品种。水泥强度等级应根据砂浆品种及强度等级的要求进行选择。M15 及以下强度等级的砌筑砂浆宜选用 32.5 级的通用硅酸盐水泥或砌筑水泥；M15 以上强度等级的砌筑砂浆宜选用 42.5 级通用硅酸盐水泥。

2. 其他胶凝材料及掺加料

为改善砂浆的和易性，减少水泥用量，通常掺入一些廉价的其他胶凝材料（如石灰膏、黏土膏等）制成混合砂浆。生石灰熟化成石灰膏时，应用孔径不大于 3 mm×3 mm 的网过滤，熟化时间不得少于 7 d；磨细生石灰粉的熟化时间不得少于 2 d。沉淀池中储存的石灰膏，应采取措施防止干燥、冻结和污染。严禁使用脱水硬化的石灰膏。所用的石灰膏的稠度应控制在 120 mm 左右。

采用黏土制备黏土膏时，以选颗粒细、黏性好、含砂量及有机物含量少的黏土为宜。所用的黏土膏的稠度应控制在 120 mm 左右。

为节省水泥、石灰用量，充分利用工业废料，也可将粉煤灰掺入砂浆中。

3. 细骨料

砂浆常用的细骨料为普通砂，对特种砂浆也可选用白色或彩色砂、轻砂等。

砌筑砂浆用砂宜选用中砂，其中毛石砌体宜选用粗砂，其含泥量不应超过 5%；强度等级为 M2.5 的水泥混合砂浆，砂的含泥量不应超过 10%。

4. 拌合水

砂浆用拌合水与混凝土用拌合水的要求相同，应选用无有害杂质的洁净水来拌制砂浆。

7.1.2 砌筑砂浆的性质

经拌成后的砂浆应具有以下性质：满足和易性要求；满足设计种类和强度等级要求；具有足够的黏结力。

1. 和易性

新拌砂浆应具有良好的和易性。和易性良好的砂浆容易在粗糙的砖石底面上铺设成均匀的薄层，而且能够和底面紧密黏结。使用和易性良好的砂浆，既便于施工操作，提高劳动生产率，又能保证工程质量。砂浆和易性包括流动性、保水性和稳定性。

（1）流动性

砂浆的流动性也称为稠度，是指在自重或外力作用下砂浆流动的性能，用"沉入度"表示。沉入度大，砂浆流动性大，但流动性过大，硬化后强度将会降低；若流动性过小，则不便于施工操作。

砂浆流动性的大小与砌体材料种类、施工条件及气候条件等因素有关。对于多孔吸水的砌体材料和干热的天气，要求砂浆的流动性大些；相反，对于密实不吸水的材料和湿冷的天气，则要求砂浆流动性小些。根据 JGJ/T 98—2010《砌筑砂浆配合比设计规程》，砌筑砂浆的施工稠度见表 7-1。

表 7-1　砌筑砂浆的施工稠度

砌 体 种 类	施工稠度/mm
烧结普通砖砌体、粉煤灰砖砌体	70~90
烧结多孔砖砌体、烧结空心砖砌体、轻集料混凝土小型空心砌块砌体、蒸压加气混凝土砌块砌体	60~80
混凝土砖砌体、普通混凝土小型空心砌块砌体、灰砂砖砌体	50~70
石砌体	30~50

（2）保水性

新拌砂浆能够保持水分的能力称为保水性。新拌砂浆在存放、运输和使用的过程中，必须保持其中的水分不致很快流失，这样才能形成均匀密实的砂浆缝，保证砌体的质量。

砂浆的保水性用"保水率"表示，可用保水性试验测定。将砂浆拌合物装入圆环试模（底部有不透水片或自身密封性良好），称量试模与砂浆总质量，在砂浆表面覆盖棉纱及滤纸，并在上面加盖不透水片，以 2 kg 的重物把上部不透水片压住，静置 2 min 后移走重物及上部不透水片，取出滤纸（不包括棉纱），迅速称量滤纸质量，则砂浆保水率按式（7-1）计算：

$$W = \left[1 - \frac{m_4 - m_2}{\alpha(m_3 - m_1)} \right] \times 100\% \qquad (7-1)$$

式中：W——保水率；

m_1——底部不透水片与干燥试模的质量，精确至 1 g；

m_2——15 片滤纸吸水前的质量，精确至 0.1 g；

m_3——试模、底部不透水片与砂浆的总质量，精确至 1 g；

m_4——15 片滤纸吸水后的质量，精确至 0.1 g；

α——砂浆含水率。

砌筑砂浆的保水率应符合表 7-2 的规定。

表 7-2　砌筑砂浆的保水率（JGJ/T 98—2010）

砂浆种类	水泥砂浆	水泥混合砂浆	预拌砂浆
保水率	≥ 80%	≥ 84%	≥ 88%

（3）稳定性

砂浆的稳定性是指砂浆拌合物在运输及停放时内部各组分保持均匀、不离析的性质。

砂浆的稳定性用"分层度"表示。分层度以 10~20 mm 为宜，不得大于 30 mm。分层度大于 30 mm 的砂浆，容易产生离析，不便于施工；分层度接近于零的砂浆，容易发生干缩裂缝。

2. 砂浆的强度

砂浆在砌体中主要起传递荷载的作用，并经受周围环境介质作用，因此砂浆应具有一定的黏结强度、抗压强度和耐久性。试验证明：砂浆的黏结强度、耐久性均随抗压强度的增大而提高，即它们之间有一定的相关性。因抗压强度的试验方法较为成熟，测试较为简单准确，所以工程上常以抗压强度作为砂浆的主要技术指标。

砂浆的强度等级是以边长为 70.7 mm 的立方体试块，在标准养护条件下（温度为 20℃ ±2℃，相对湿度为 90% 以上），用标准试验方法测得 28 d 龄期的抗压强度来确定的。水泥混合砂浆的强度等级可分为 M5、M7.5、M10 和 M15；水泥砂浆及预拌砂浆的强度等级可分为 M5、M7.5、M10、M15、M20、M25、M30。

影响砂浆强度的因素较多。试验证明，当原材料质量一定时，砂浆的强度主要取决于水泥强度等级与水泥用量。用水量对砂浆强度及其他性能的影响不大。砂浆的强度可用式（7-2）表示：

$$f_m = \frac{\alpha f_{ce} Q_C}{1\,000} + \beta = \frac{\alpha K_C f_{ce,k} Q_C}{1\,000} + \beta \qquad (7-2)$$

式中：f_m——砂浆的抗压强度，MPa；

f_{ce}——水泥的实际强度，MPa；

Q_C——1 m³ 砂浆中的水泥用量，kg；

K_C——水泥强度等级值的富余系数，按统计资料确定，无统计资料时可取 1.0；

$f_{ce,k}$——水泥强度等级的标准值，MPa；

$α$、$β$——砂浆的特征系数，$α = 3.03$，$β = -15.09$。

学习活动 7-1

水灰比对砂浆强度和混凝土强度影响的不同

在此活动中，你将根据水灰比对砂浆强度和对混凝土强度影响不同点的对比，了解工程使用条件（外因）对材料组成性质（内因）的重要作用，以及对同一目标（如强度）设计思路（如砂浆和混凝土配合比设计）的影响差异，从而认识材料的性质与外界条件的重要依存关系。

完成此活动需要花费 20 min。

步骤 1：对比砌筑砂浆强度式（7-2）和混凝土强度式（6-6），找出影响两者因素的相同点与不同点。

步骤 2：思考并讨论为什么混凝土强度重要影响因素中的"水胶比"，在砌筑砂浆强度中对应的却为"水泥用量"？

反馈：

1. 对于砂浆，因其在砌筑中与墙体材料（砖、砌块等）紧密接触，拌合水会被迅速吸收，不论砂浆的稀稠，最终参与凝结硬化的仅是砂浆由保水能力所保留的水分，故决定强度的因素是水泥用量而不再表现为水胶比。

2. 你思考、讨论的结果与反馈 1 相符吗？如相符，可进一步在教师的辅导下思考：对用于吸水性极小的墙体材料（如花岗石），砌筑砂浆水胶比对砂浆强度的影响又如何？

3. 砂浆黏结力

砖石砌体是靠砂浆黏结成为坚固整体的，因此要求砂浆对砖石必须有一定的黏结力。砌筑砂浆的黏结力随其强度的增大而提高，砂浆强度等级越高，黏结力越大。此外，砂浆的黏结力与砖石的表面状态、洁净程度、湿润情况及施工养护条件等有关。因此，砌筑前砖要浇水湿润，其含水率控制为 10%~15%，表面不沾泥土，以提高砂浆与砖之间的黏结力，保证砌筑质量。

4. 砂浆的抗冻性

有抗冻性要求的砌体工程，砌筑砂浆应进行冻融试验。砌筑砂浆的抗冻性应符合表 7-3 的规定，且当设计对抗冻性有明确要求时，尚应符合设计规定。

表 7-3　砌筑砂浆的抗冻性（JGJ/T 98—2010）

使用条件	抗冻指标	质量损失率	强度损失率
夏热冬暖地区	F15	≤ 5%	≤ 25%
夏热冬冷地区	F25		
寒冷地区	F35		
严寒地区	F50		

7.1.3　砌筑砂浆配合比

砌筑砂浆配合比可通过查找有关资料或手册来选取，或通过计算来初步确定，然后进行试拌调整。JGJ/T 98—2010 规定，砌筑砂浆的配合比以质量比表示。本书以计算法为例介绍砌筑砂浆的配合比设计。

1. 基本要求

砌筑砂浆配合比设计应满足以下基本要求：

① 砂浆拌合物的和易性应满足施工要求，且拌合物的体积密度：水泥砂浆 ≥ 1 900 kg/m³，水泥混合砂浆 ≥ 1 800 kg/m³，预拌砂浆 ≥ 1 800 kg/m³。

② 砌筑砂浆的强度、体积密度、耐久性应满足设计要求。

③ 经济上应合理，水泥及掺合料的用量应较少。

2. 砌筑砂浆配合比设计

（1）水泥混合砂浆配合比计算

① 确定砂浆的试配强度 $f_{m,0}$，如式（7-3）所示。

$$f_{m,0}=k f_2 \tag{7-3}$$

式中：$f_{m,0}$——砂浆的试配强度，应精确至 0.1 MPa；

　　　f_2——砂浆强度等级值，应精确至 0.1 MPa；

　　　k——系数，按表 7-4 取值。

表 7-4　砂浆强度标准差 σ 及 k 值（JGJ/T 98—2010）

施工水平	强度标准差 σ/MPa							k
	M5[①]	M7.5	M10	M15	M20	M25	M30	
优良	1.00	1.50	2.00	3.00	4.00	5.00	6.00	1.15
一般	1.25	1.88	2.50	3.75	5.00	6.25	7.50	1.20
较差	1.50	2.25	3.00	4.50	6.00	7.50	9.00	1.25

注：① 为强度等级。

砂浆强度标准差的确定应符合下列规定：

a. 当有统计资料时，砂浆强度标准差应按式（7-4）计算：

$$\sigma = \sqrt{\frac{\sum_{i=1}^{n} f_{m,i}^2 - n\mu_{f_m}^2}{n-1}} \qquad (7-4)$$

式中：$f_{m,i}$——统计周期内同一品种砂浆第 i 组试件的强度，MPa；

μ_{f_m}——统计周期内同一品种砂浆 n 组试件强度的平均值，MPa；

n——统计周期内同一品种砂浆试件的总组数，$n \geqslant 25$。

b. 当无统计资料时，砂浆强度标准差可按表 7-4 取值。

② 计算水泥用量 Q_C，如式（7-5）所示。

$$Q_C = \frac{1\,000\,(f_{m,0} - \beta)}{\alpha f_{ce}} \qquad (7-5)$$

式中：Q_C——每立方米砂浆的水泥用量，应精确至 1 kg；

f_{ce}——水泥的实测强度，应精确至 0.1 MPa；

α、β——砂浆的特征系数，$\alpha = 3.03$，$\beta = -15.09$。

在无法取得水泥的实测强度值时，可按式（7-6）计算：

$$f_{ce} = K_C f_{ce,k} \qquad (7-6)$$

式中：$f_{ce,k}$——水泥强度等级值，MPa；

K_C——水泥强度等级值的富余系数，宜按实际统计资料确定，无统计资料时可取 1.0。

③ 计算石灰膏用量 Q_D，如式（7-7）所示。

$$Q_D = Q_A - Q_C \qquad (7-7)$$

式中：Q_D——每立方米砂浆的石灰膏用量，应精确至 1 kg，石灰膏使用时的稠度宜为 120 mm ± 5 mm；

Q_C——每立方米砂浆的水泥用量，应精确至 1 kg；

Q_A——每立方米砂浆中水泥和石灰膏总量，应精确至 1 kg，可为 350 kg。

砌筑砂浆中的水泥和石灰膏、电石膏等材料的用量可按表 7-5 选用。

表 7-5　砌筑砂浆的材料用量（JGJ/T 98—2010）

砂浆种类	水泥砂浆	水泥混合砂浆	预拌砂浆
材料用量/(kg·m⁻³)	≥ 200	≥ 350	≥ 200

注：1. 水泥砂浆中的材料用量是指水泥用量；

　　2. 水泥混合砂浆中的材料用量是指水泥和石灰膏、电石膏的材料总量；

　　3. 预拌砂浆中的材料用量是指胶凝材料用量，包括水泥和替代水泥的粉煤灰等。

砂浆中可掺入保水增稠材料、外加剂等，掺量应经试配后确定。

④ 确定砂用量 Q_S。确定每立方米砂浆中的砂用量时，应将干燥状态（含水率 <0.5%）

砂的堆积密度值作为计算值（kg）。当含水率 >0.5% 时，应考虑砂的含水率。

⑤ 确定用水量 Q_w。每立方米砂浆的用水量，可根据砂浆稠度等要求选用 210~310 kg。

注意，混合砂浆的用水量，不包括石灰膏中的水；当采用细砂或粗砂时，用水量分别取上限或下限；稠度小于 70 mm 时，用水量可小于下限；施工现场气候炎热或干燥季节，可酌量增加用水量。

（2）水泥砂浆配合比选用

① 每立方米水泥砂浆材料用量可按表 7-6 选用。

表 7-6　每立方米水泥砂浆材料用量（JGJ/T 98—2010）

强度等级	每立方米砂浆水泥用量 /kg	每立方米砂浆砂用量 /kg	每立方米砂浆用水量 /kg
M5	200~230	砂的堆积密度值	270~330
M7.5	230~260		
M10	260~290		
M15	290~330		
M20	340~400		
M25	360~410		
M30	430~480		

注：1. M15 及 M15 以下强度等级水泥砂浆，水泥强度等级为 32.5 级；M15 以上强度等级水泥砂浆，水泥强度等级为 42.5 级。

2. 当采用细砂或粗砂时，用水量分别取上限或下限。

3. 稠度小于 70 mm 时，用水量可小于下限。

4. 施工现场气候炎热或干燥季节，可酌量增加用水量。

② 每立方米水泥粉煤灰砂浆材料用量可按表 7-7 选用。

表 7-7　每立方米水泥粉煤灰砂浆材料用量（JGJ/T 98—2010）

强度等级	每立方米砂浆水泥和粉煤灰总量 /kg	每立方米砂浆粉煤灰用量 /kg	每立方米砂浆砂用量 /kg	每立方米砂浆用水量 /kg
M5	210~240	粉煤灰掺量可占胶凝材料总量的 15%~25%	砂的堆积密度值	270~330
M7.5	240~270			
M10	270~300			
M15	300~330			

注：1. 表中水泥强度等级为 32.5 级。

2. 当采用细砂或粗砂时，用水量分别取上限或下限。

3. 稠度小于 70 mm 时，用水量可小于下限。

4. 施工现场气候炎热或干燥季节，可酌量增加用水量。

（3）预拌砌筑砂浆配合比设计注意事项

① 在确定湿拌砂浆稠度时应考虑砂浆在运输和储存过程中的稠度损失。

② 干混砂浆应明确拌制时的加水量范围。

③ 预拌砌筑砂浆的搅拌、运输、储存等应符合国家标准 GB/T 25181—2019《预拌砂浆》的规定。

④ 预拌砌筑砂浆生产前应进行试配，试配强度应按式（7-3）计算确定，试配时稠度取 70~80 mm。

⑤ 预拌砌筑砂浆中可掺入保水增稠材料、外加剂等，其掺量应经试配后确定。

（4）配合比试配、调整与确定

试配时应采用工程中实际使用的材料。砂浆试配时应采用机械搅拌。水泥砂浆、混合砂浆搅拌时间不少于 120 s；预拌砂浆和掺有粉煤灰、外加剂、保水增稠材料等的砂浆，搅拌时间不少于 180 s。

按计算或查表所得的配合比进行试拌，测定砌筑砂浆拌合物的稠度和保水率。当稠度和保水率不能满足要求时，应调整材料用量，直到符合要求为止，由此得到的配合比即基准配合比。

检验砂浆强度时至少应采用三个不同的配合比，其中一个应为基准配合比，其余两个配合比的水泥用量应按基准配合比分别增加及减少 10%。在保证稠度、保水率合格的条件下，可将用水量、石灰膏、保水增稠材料或粉煤灰等活性掺合料用量做相应调整。三组配合比的砂浆分别成型、养护、测定 28 d 砂浆强度，由此确定符合试配强度及和易性要求且水泥用量最低的配合比，将其作为砂浆的试配配合比。

砂浆试配配合比尚应按下列步骤进行校正：

① 根据砂浆试配配合比材料用量，计算砂浆的理论体积密度值：

$$\rho_c = Q_C + Q_D + Q_S + Q_W \qquad (7-8)$$

式中：ρ_c——砂浆的理论体积密度值，应精确至 10 kg/m³。

② 计算砂浆配合比校正系数 δ：

$$\delta = \frac{\rho_t}{\rho_c} \qquad (7-9)$$

式中：ρ_t——砂浆的实测体积密度值（kg/m³），应精确至 10 kg/m³。

③ 当砂浆的实测体积密度值与理论体积密度值之差的绝对值不超过理论值的 2% 时，试配配合比即砂浆的设计配合比；当超过 2% 时，应将试配配合比中每项材料用量均乘以校正系数（δ）后，确定为砂浆设计配合比。

砂浆配合比确定后，当原材料有变更时，其配合比必须重新通过试验确定。

3. 砌筑砂浆配合比设计实例

某砌筑工程用水泥石灰混合砂浆，要求砂浆的强度等级为 M7.5，稠度为 70~90 mm。原材料为：矿渣水泥 32.5 级，实测强度 36.0 MPa；中砂，堆积密度为 1 450 kg/m³，含水率为 2%；石灰膏，稠度为 120 mm。施工水平一般。试计算砂浆的配合比。

解：

① 确定试配强度 $f_{m,0}$：

查表 7-4 得 $k = 1.20$，则

$$f_{m,0} = k f_2 = 1.20 \times 7.5 = 9（MPa）$$

② 计算水泥用量 Q_C：

由 $\alpha = 3.03$，$\beta = -15.09$ 得

$$Q_C = \frac{1\ 000(f_{m,0} - \beta)}{\alpha f_{ce}} = \frac{1\ 000 \times (9 + 15.09)}{3.03 \times 36.0} = 221（kg）$$

③ 计算石灰膏用量 Q_D：

取 $Q_A = 350\ kg$，则

$$Q_D = Q_A - Q_C = 350 - 221 = 129（kg）$$

④ 确定砂用量 Q_S：

$$Q_S = 1\ 450 \times（1 + 2\%）= 1\ 479（kg）$$

⑤ 确定拌合水用量 Q_W：

可选取 300 kg，扣除砂中所含的水量，拌合水用量为

$$Q_W = 300 - 1\ 450 \times 2\% = 271（kg）$$

⑥ 和易性测定：

按照上述计算结果拌制砂浆，进行和易性测定。测定结果为：稠度 70~90 mm，保水率 >80%。符合要求。

因此，基准配合比为

$$Q_C : Q_D : Q_S : Q_W = 221 : 129 : 1\ 479 : 271$$

⑦ 强度测定：

取三个不同的配合比分别制作砂浆，其中一个配合比为基准配合比，另外两个配合比的水泥用量分别为

$$221 \times（1 + 10\%）= 243（kg）$$

$$221 \times（1 - 10\%）= 199（kg）$$

测得第三个配合比（水泥用量 =199 kg）的砂浆保水性不符合要求，直接取消该配合比。另外，基准配合比的强度值达不到试配强度的要求，取消该配合比。

因此，试配配合比为

$$Q_C : Q_D : Q_S : Q_W = 243 : 129 : 1\ 479 : 271$$

⑧ 体积密度测定：

符合试配强度及和易性要求的砂浆的理论体积密度为

$$\rho_c = Q_C + Q_D + Q_S + Q_W = 243 + 129 + 1\ 479 + 271 = 2\ 122\ (\text{kg/m}^3)$$

实测体积密度为 $\qquad\qquad \rho_t = 2\ 250\ \text{kg/m}^3$

比较： $$\frac{2\ 250 - 2\ 122}{2\ 122} = 6\% > 2\%$$

计算砂浆配合比校正系数 δ：

$$\delta = \frac{\rho_t}{\rho_c} = \frac{2\ 250}{2\ 122} = 1.06$$

经强度检验并经校正的砂浆设计配合比为

$$Q_C = 243 \times 1.06 = 258\ (\text{kg})$$
$$Q_D = 129 \times 1.06 = 137\ (\text{kg})$$
$$Q_S = 1\ 479 \times 1.06 = 1\ 568\ (\text{kg})$$
$$Q_W = 271 \times 1.06 = 287\ (\text{kg})$$

7.1.4　砌筑砂浆的验收

进行砌筑砂浆试块强度验收时，其强度必须符合下列规定：

同一验收批砂浆试块抗压强度的平均值必须大于或等于设计强度对应的立方体抗压强度；同一验收批砂浆试块抗压强度最小的一组的平均值必须大于或等于设计强度等级对应的立方体抗压强度的75%。

砌筑砂浆的验收应注意：

① 砌筑砂浆的验收批，同一类型、强度等级的砂浆试块应不少于3组，当同一验收批只有一组试块时，该组试块抗压强度的平均值必须大于或等于设计强度等级所对应的立方体抗压强度。

② 砂浆强度应以标准养护，龄期为28 d的试块抗压试验结果为准。

抽检数量：每一检验批且不超过250 m³砌体的各种类型及强度等级的砌筑砂浆，每台搅拌机应至少抽检一次。

检验方法：在砂浆搅拌机出料口取样制作砂浆试块（同盘砂浆只应制作一组试块），最后检查试块强度试验报告单。

当施工中或验收时出现下列情况，可采用现场检验方法对砂浆和砌体强度进行原位检测或取样检测，并判定其强度：

① 砂浆试块缺乏代表性或试块数量不足。

② 对砂浆试块的试验结果有怀疑或有争议。

③ 砂浆试块的试验结果不能满足设计要求。

7.1.5 砌筑砂浆的工程应用

水泥砂浆宜用于砌筑潮湿环境中以及强度要求较高的砌体；水泥石灰砂浆宜用于砌筑干燥环境中的砌体；多层房屋的墙一般采用强度等级为 M5 的水泥石灰砂浆；砖柱、砖拱、钢筋砖过梁等一般采用强度等级为 M5~M10 的水泥砂浆；砖基础一般采用不低于 M5 的水泥砂浆；低层房屋或平房可采用石灰砂浆；简易房屋可采用石灰黏土砂浆。

7.2 抹面砂浆

IP 讲座：第 6 讲第二节　抹面砂浆

凡涂抹在建筑物或建筑构件表面的砂浆，统称为抹面砂浆。根据抹面砂浆功能的不同，可将其分为普通抹面砂浆、装饰砂浆和具有某些特殊功能的抹面砂浆（如防水砂浆、绝热砂浆、吸声砂浆和耐酸砂浆等）。

对抹面砂浆，要求其具有良好的和易性，容易抹成均匀平整的薄层，便于施工，其还应有较高的黏结力，砂浆层应能与底面黏结牢固，长期不致开裂或脱落。处于潮湿环境中或易受外力作用部位（如地面和墙裙等），还应具有较高的耐水性和强度。

7.2.1 普通抹面砂浆

普通抹面砂浆是建筑工程中用量最大的抹面砂浆。其功能主要是保护墙体、地面不受风雨及有害杂质的侵蚀，提高防潮、防腐蚀、抗风化性能，增强耐久性，同时可使建筑物达到表面平整、清洁和美观的效果。

普通抹面砂浆通常分为两层或三层进行施工。各层砂浆要求不同，因此每层所选用的砂浆也不一样。一般底层砂浆起黏结基层的作用，要求砂浆具有良好的和易性和较高的黏结力，因此底层砂浆的保水性要好，否则水分易被基层材料吸收而影响砂浆的黏结力。基层表面粗糙些有利于与砂浆的黏结。中层抹灰主要是为了找平，有时可省去不用。面层抹灰主要为了平整美观，因此应选细砂。

用于砖墙的底层抹灰，多用石灰砂浆；用于板条墙或板条顶棚的底层抹灰，多用混合砂浆或石灰砂浆；混凝土墙、梁、柱、顶板等底层抹灰，多用混合砂浆、麻刀石灰浆或纸筋石灰浆。

在容易碰撞或潮湿的地方，应采用水泥砂浆。如墙裙、踢脚板、地面、雨棚、窗台以及水池、水井等处，一般多用 1∶2.5 的水泥砂浆。

各种普通抹面砂浆的配合比，可参考表 7-8。

表 7-8　各种普通抹面砂浆配合比参考表

材　　料	配合比（体积比）	应 用 范 围
石灰∶砂	1∶2～1∶4	用于砖石墙表面（檐口、勒脚、女儿墙以及潮湿房间的墙除外）
石灰∶黏土∶砂	1∶1∶4～1∶1∶8	用于干燥环境的墙表面
石灰∶石膏∶砂	1∶0.6∶2～1∶1∶3	用于不潮湿房间的墙及天花板
石灰∶水泥∶砂	1∶0.5∶4.5～1∶1∶5	用于檐口、勒脚、女儿墙外脚以及比较潮湿的部位
水泥∶砂	1∶3～1∶2.5	用于浴室、潮湿车间等的墙裙、勒脚等，或地面基层
水泥∶砂	1∶2～1∶1.5	用于地面、天棚或墙面面层
水泥∶石膏∶砂∶锯末	1∶1∶3∶5	用于吸声粉刷
水泥∶白石子	1∶2～1∶1	用于水磨石（打底用 1∶2.5 水泥砂浆）

7.2.2　特种抹面砂浆

1. 防水砂浆

防水砂浆是一种抗渗性高的砂浆。防水砂浆层又称刚性防水层，适用于不受振动和具有一定刚度的混凝土或砖石砌体的表面，对于变形较大或可能发生不均匀沉陷的建筑物，不易采用刚性防水层。

防水砂浆按其组成成分可分为多层抹面水泥砂浆（抹面法有五层抹面法和四层抹面法）、掺防水剂防水砂浆、膨胀水泥防水砂浆和掺聚合物防水砂浆四类。

常用的防水剂有氯化物金属盐类防水剂、水玻璃类防水剂和金属皂类防水剂等。

防水砂浆的防渗效果在很大程度上取决于施工质量，因此施工时要严格控制原材料质量和配合比。防水砂浆层一般分四层或五层施工，每层厚约 5 mm，每层在初凝前压实一遍，最后一层要进行压光。抹完后要加强养护，防止脱水过快造成干裂。总之，刚性防水层必须保证砂浆的密实性，对施工操作要求高，否则难以获得理想的防水效果。

2. 保温砂浆

保温砂浆又称绝热砂浆，是采用水泥、石灰和石膏等胶凝材料与膨胀珍珠岩或膨胀蛭石、陶砂等轻质多孔骨料按一定比例配合制成的砂浆。保温砂浆具有轻质、保温隔热、吸声等性能，其导热系数为 0.07~0.10 W/(m·K)，可用于屋面保温层、保温墙壁以及供热管道保温层等处。

常用的保温砂浆有水泥膨胀珍珠岩砂浆、水泥膨胀蛭石砂浆和水泥石灰膨胀蛭石砂浆等。近年，随着国内节能减排工作的推进，涌现出众多新型墙体保温材料，其中 EPS（聚苯乙烯泡沫）颗粒保温砂浆就是一种得到广泛应用的新型外保温砂浆，其采用分层抹灰的工艺，最大厚度可达 100 mm，此砂浆保温、隔热、阻燃、耐久。

3. 吸声砂浆

一般绝热砂浆是由轻质多孔骨料制成的，都具有吸声性能。另外，也可以用水泥、石膏、砂、锯末按体积比为 1∶1∶3∶5 配制成吸声砂浆，或在石灰、石膏砂浆中掺入玻璃纤维和矿棉等松软纤维材料制成。吸声砂浆主要用于室内墙壁和平顶。

4. 耐酸砂浆

用水玻璃（硅酸钠）与氟硅酸钠可拌制成耐酸砂浆，有时也可掺入石英岩、花岗岩、铸石等粉状细骨料。水玻璃硬化后具有很好的耐酸性能。耐酸砂浆多用作衬砌材料、耐酸地面和耐酸容器的内壁防护层。

5. 装饰砂浆

装饰砂浆是直接用于建筑物内外表面，以提高建筑物装饰艺术性为主要目的的抹面砂浆。使用装饰砂浆是常用的装饰手段之一。装饰砂浆的底层和中层抹灰与普通抹面砂浆基本相同，主要是装饰砂浆的面层，要选用具有一定颜色的胶凝材料和骨料以及采用某种特殊的操作工艺，使表面呈现出各种不同的色彩、线条与花纹等装饰效果。

装饰砂浆所采用的胶凝材料有普通水泥、矿渣水泥、火山灰水泥和白水泥、彩色水泥，或在常用的水泥中掺加耐碱矿物颜料配成彩色水泥以及石灰、石膏等。骨料常采用大理石、花岗石等带颜色的细石渣或玻璃、陶瓷碎粒。

7.3 预拌砂浆

预拌砂浆是近年来随着建筑业科技进步和文明施工要求发展起来的一种新型建筑材料，它具有产品质量高、品种全、生产效率高、使用方便、对环境污染小和便于文明施工等优点，它可大量利用粉煤灰等工业废渣，并可促进推广应用散装水泥。推广使用预拌砂浆是提高散装水泥使用量的一项重要措施，也是保证建筑工程质量、提高建筑施工现代化水平、实现资源综合利用、促进文明施工的一项重要技术手段。

预拌砂浆是指专业生产厂生产的湿拌砂浆或干混砂浆。

湿拌砂浆是由水泥、细骨料、矿物掺合料、外加剂、添加剂和水，按一定比例，在搅拌站经计量、拌制后，运至使用地点，并在规定时间内使用的拌合物。

干混砂浆是由水泥、干燥骨料或粉料、添加剂以及根据性能确定的其他组分，按一定比例，在专业生产厂经计量、混合而成的混合物，在使用地点按规定比例加水或配套组分拌和使用。

7.3.1　使用基本要求

预拌砂浆的使用基本要求如下：

① 预拌砂浆的品种选用应根据设计、施工等的要求确定。

② 不同品种、规格的预拌砂浆不应混合使用。

③ 预拌砂浆施工前，施工单位应根据设计和工程要求及预拌砂浆产品说明书等编制施工方案，并应按施工方案进行施工。

④ 预拌砂浆施工时，施工环境温度宜为 5 ℃ ~35 ℃。当在温度低于 5 ℃或高于 35 ℃施工时，应采取保证工程质量的措施。在大于等于五级风、雨天和雪天的露天环境条件下，不应进行预拌砂浆施工。

⑤ 施工单位应建立各道工序的自检、互检和专职人员检验制度，并应有完整的施工检查记录。

⑥ 预拌砂浆抗压强度、实体拉伸黏结强度应按验收批进行评定。

7.3.2　进场检验、储存与拌和

1. 进场检验

预拌砂浆进场时，供方应按规定批次向需方提供质量证明文件。质量证明文件应包括产品形式检验报告和出厂检验报告等。

预拌砂浆进场时应进行外观检验，并应符合下列规定：

① 湿拌砂浆应外观均匀，无离析、泌水现象。

② 散装干混砂浆应外观均匀，无结块、受潮现象。

③ 袋装干混砂浆应包装完整，无受潮现象。

根据 GB/T 25181—2019《预拌砂浆》，湿拌砂浆应进行稠度检验，且稠度允许偏差应符合表 7-9 的规定；预拌砂浆外观、稠度检验合格后，还应按表 7-10 的规定进行复验。

2. 储存

（1）湿拌砂浆储存

施工现场宜配备湿拌砂浆储存容器，并应符合以下规定：

① 储存容器应密闭、不吸水。

② 储存容器的数量、容量应满足砂浆品种、供货量的要求。

表 7-9　湿拌砂浆稠度允许偏差

规定稠度 /mm	允许偏差 /mm
50，70，90	± 10
110	+5
	−10

表 7-10　预拌砂浆进场检验项目和检验批量

砂浆品种		检验项目	检验批量
湿拌砌筑砂浆		保水率、抗压强度	同一生产厂家、同一品种、同一等级、同一批号且连续进场的湿拌砂浆，每 250 m³ 为一个检验批，不足 250 m³ 时，应按一个检验批计
湿拌抹灰砂浆		保水率、抗压强度、拉伸黏结强度	
湿拌地面砂浆		保水率、抗压强度	
湿拌防水砂浆		保水率、抗压强度、抗渗压力、拉伸黏结强度	
干混砌筑砂浆	普通砌筑砂浆	保水率、抗压强度	同一生产厂家、同一品种、同一等级、同一批号且连续进场的干混砂浆，每 500 t 为一个检验批，不足 500 t 时，应按一个检验批计
	薄层砌筑砂浆	保水率、抗压强度	
干混抹灰砂浆	普通抹灰砂浆	保水率、抗压强度、拉伸黏结强度	
	薄层抹灰砂浆	保水率、抗压强度、拉伸黏结强度	
干混地面砂浆		保水率、抗压强度	
干混普通防水砂浆		保水率、抗压强度、抗渗压力、拉伸黏结强度	
聚合物水泥防水砂浆		凝结时间、耐碱性、耐热性	同一生产厂家、同一品种、同一批号且连续进场的砂浆，每 50 t 为一个检验批，不足 50 t 时，应按一个检验批计
界面砂浆		14 d 常温常态拉伸黏结强度	同一生产厂家、同一品种、同一批号且连续进场的砂浆，每 30 t 为一个检验批，不足 30 t 时，应按一个检验批计
陶瓷砖黏结砂浆		常温常态拉伸黏结强度、晾置时间	同一生产厂家、同一品种、同一批号且连续进场的砂浆，每 50 t 为一个检验批，不足 50 t 时，应按一个检验批计

③ 储存容器使用时，内部应无杂物、无明水。

④ 储存容器应便于储运、清洗和砂浆存取。

⑤ 砂浆存取时，应有防雨措施。

⑥ 储存容器宜采取遮阳、保温等措施。

不同品种、强度等级的湿拌砂浆应分别存放在不同的储存容器中，并应对储存容器进行标识，标识内容应包括砂浆的品种、强度等级和使用时限等。砂浆应先存先用。

湿拌砂浆在储存及使用过程中不应加水。砂浆存放过程中，当出现少量泌水时，应拌和均匀后使用。砂浆用完后，应立即清理其储存容器。

湿拌砂浆储存地点的环境温度宜为 5 ℃ ~35 ℃。

（2）干混砂浆储存

不同品种的散装干混砂浆应分别储存在散装移动筒仓中，不得混存混用，并应对筒仓进行标识。筒仓数量应满足砂浆品种及施工要求。更换砂浆品种时，筒仓应清空。

筒仓应符合现行行业标准 SB/T 10461—2008《干混砂浆散装移动筒仓》的规定，并应在现场安装牢固。

袋装干混砂浆应储存在干燥、通风、防潮、不受雨淋的场所，并应按品种、批号分别堆放，不得混堆混用，且应先存先用。配套组分中的有机类材料应储存在阴凉、干燥、通风、远离火和热源的场所，不应露天存放和暴晒，储存环境温度应为 5 ℃ ~35 ℃。

散装干混砂浆在储存及使用过程中，当对砂浆质量的均匀性有疑问或争议时，应按 GB/T 25181—2019 的相关规定检验其均匀性。

3. 干混砂浆拌和

干混砂浆应按产品说明书的要求加水或其他配套组分拌和，不得添加其他成分。

干混砂浆拌和用水应符合现行行业标准 JGJ 63—2006《混凝土用水标准》中对混凝土拌和用水的规定。

干混砂浆应采用机械搅拌，搅拌时间除应符合产品说明书的要求外，尚应符合下列规定：

① 采用连续式搅拌器搅拌时，应搅拌均匀，并应使砂浆拌合物均匀稳定。

② 采用手持式电动搅拌器搅拌时，应先在容器中加入规定量的水或配套液体，再加入干混砂浆搅拌，搅拌时间宜为 3~5 min，且应搅拌均匀。应按产品说明书的要求静停后再拌和均匀。

③ 搅拌结束后，应及时清洗搅拌设备。

砂浆拌合物应在砂浆可操作时间内用完，且应满足工程施工的要求。

当砂浆拌合物出现少量泌水时，应拌和均匀后使用。

7.4 建筑砂浆试验

试验演示：建筑砂浆试验

7.4.1 砂浆稠度试验

1. 试验目的

通过稠度试验可以测得达到设计稠度时的加水量，或在施工期间控制砂浆稠度以保证施工质量。

2. 主要仪器设备

砂浆稠度仪、钢制捣棒、秒表、木槌等。

3. 试验准备

将容器内壁和试锥表面用湿布擦干净，并用少量润滑油轻擦滑杆，将滑杆上多余的油用吸油纸擦净，保证滑杆能自由滑动。

4. 试验步骤

① 将砂浆拌合物一次装入容器，使砂浆表面低于容器口约 10 mm，用捣棒自容器中心向边缘插捣 25 次，然后轻轻地将容器摇动或敲击 5~6 下，使砂浆表面平整，立即将容器置于砂浆稠度仪的底座上。

② 拧开试锥滑杆的制动螺丝，向下移动滑杆，当试锥尖端与砂浆表面刚接触时，拧紧制动螺丝，使齿条侧杆下端刚刚接触滑杆上端，并将指针对准零点。

③ 拧开制动螺丝，同时以秒表计时，10 s 后立即固定螺丝，使齿条侧杆下端接触滑杆上端，从刻度盘上读出下沉深度（精确至 1 mm），即砂浆稠度值。

④ 圆锥容器内的砂浆，只允许测定一次稠度。重复测定时，应重新取样。

5. 结果整理

以两次试验结果的算术平均值作为砂浆的稠度值，精确至 1 mm；如果两次试验值之差大于 20 mm，则应另取砂浆拌和后重新测定。

7.4.2 砂浆分层度试验

1. 试验目的

分层度试验用于测定砂浆拌合物在运输、停放、使用过程中不离析、不泌水等内部组成的稳定性。

2. 主要仪器设备

分层度筒（见图 7-1），其他仪器设备同 7.4.1。

3. 试验步骤

① 将砂浆拌合物按砂浆稠度试验方法测定稠度（K_1）。

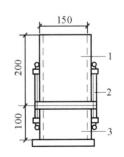

1—无底圆筒；2—连接螺栓；3—有底圆筒。

图 7-1 砂浆分层度筒

② 将砂浆拌合物一次装入分层度筒内，用木槌在分层度筒四周距离大致相等的四个不同地方轻击 1~2 下，如果砂浆沉落到分层度筒口以下，则随时添加，然后刮去多余的砂浆，并用抹刀抹平。

③ 静置 30 min 后，去掉上节 200 mm 砂浆，将剩余的 100 mm 砂浆倒出并放在拌合锅内拌 2 min，再按稠度试验方法测定其稠度（K_2）。前后测得的稠度之差（$K_1 - K_2$）即该砂浆的分层度值，以 mm 为单位。

4. 结果整理

① 以两次试验结果的算术平均值为砂浆分层度值，精确至 1 mm。

② 如两次分层度试验值之差大于 20 mm，则应重新试验。

📖 小结

本章介绍了砂浆种类和用途，以及砂浆常用原材料的品种及质量要求。重点介绍砂浆和易性概念和测定方法，砌筑砂浆的强度及配合比确定。同时简要介绍了普通抹面砂浆和特种抹面砂浆的常用品种及特点。

📖 自测题

思考题

1. 何谓砂浆？何谓砌筑砂浆？

2. 新拌砂浆的和易性包括哪些含义？各用什么指标表示？砂浆保水性不良对其质量有何影响？

3. 测定砌筑砂浆强度的标准试件尺寸是多少？如何确定砂浆的强度等级？

4. 简述砌筑砂浆配合比的设计方法。

5. 对抹面砂浆有哪些要求？

6. 何谓防水砂浆？防水砂浆中常用哪些防水剂？

7. 如何理解"1 m³ 砂浆中的砂用量，应以干燥状态（含水率 <0.5%）砂的堆积密度值作为计算值"这句话？

8. 砌筑砂浆与抹面砂浆在功能上有何不同？

计算题

某工程需配制 M7.5、稠度为 70~100 mm 的砌筑砂浆，采用强度等级为 32.5 的普通水泥，稠度为 120 mm 的石灰膏，含水率为 2% 的砂的堆积密度为 1 450 kg/m³，施工水平优良。试确定该砂浆的配合比。

测验评价

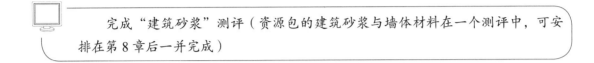

完成"建筑砂浆"测评（资源包的建筑砂浆与墙体材料在一个测评中，可安排在第 8 章后一并完成）

8 CHAPTER 8

墙体材料

📖 导言

在上一章中，你已经学习了建筑砂浆的种类和用途，初步掌握了建筑砂浆常用原材料的品种、质量要求及配合比设计。本章主要研究建筑工程中重要的墙体材料，包括砌墙砖、墙用砌块与新型墙体材料的品种、分类、技术性能和选择应用。

墙体材料是指用来砌筑墙体结构的块状材料。在一般房屋建筑中，墙体材料起承重、围护、隔断、保温、隔热和隔音等作用。

目前我国大量生产和应用的墙体材料主要是烧结砖、蒸养砖和中小型砌块。由于传统的墙体材料体积小，采用手工操作，因此劳动强度大，施工效率低，工期长，建筑物自重大，使用功能差，严重阻碍建筑施工机械化和装配化。因此，墙体材料必须向轻质、高强、空心、大块方向发展，实现机械化和装配化施工。

本章主要包括以下内容：

• 砌墙砖；

• 墙用砌块；

• 新型墙体材料简介。

8.1 砌墙砖

8.1.1 烧结普通砖

 IP 讲座：第 5 讲第一节　块体材料相关内容

国家标准 GB/T 5101—2017《烧结普通砖》规定，凡以黏土、页岩、煤矸石和粉煤灰等为主要原料，经成型、焙烧而成的实心或孔洞率不大于 15% 的砖，称为烧结普通砖。

需要指出的是，烧结普通砖中的烧结普通黏土砖，因其毁田取土，能耗大、块体小、施工效率低、砌体自重大、抗震性差等缺点，在我国主要大、中城市及地区已被禁止使用。须重视烧结多孔砖、烧结空心砖的推广应用，因地制宜地发展新型墙体材料。利用工业废料生产的粉煤灰砖、煤矸石砖、页岩砖等以及各种砌块、板材正在逐步发展起来，并将逐渐取代烧结普通黏土砖。

1. 烧结普通砖的品种

按使用原料的不同，烧结普通砖可分为烧结普通黏土砖（N）、烧结粉煤灰砖（F）、烧结煤矸石砖（M）、烧结页岩砖（Y）、建筑渣土砖（I）、淤泥砖（U）、污泥砖（W）和固体废弃物砖（G）八个品种。它们的原料来源及生产工艺略有不同，但各产品的性质和应用几乎完全相同。

为了节约燃料，常将炉渣等可燃物的工业废渣掺入黏土中，用其烧制而成的砖称为内燃砖。按砖坯在窑内焙烧气氛及黏土中铁的氧化物的变化情况，可将烧结普通砖分为红砖和青砖。

2. 烧结普通砖的技术要求

烧结普通砖的技术要求的依据标准为 GB/T 5101—2017。

（1）规格

烧结普通砖的外形为直角六面体，公称尺寸为 240 mm×115 mm×53 mm。按技术指标分为合格品和不合格品两个质量等级。

（2）外观质量

烧结普通砖的外观质量应符合有关规定。

（3）强度

烧结普通砖按抗压强度分为 MU30、MU25、MU20、MU15 和 MU10 五个强度等级。各强度等级砖的强度值应符合表 8-1 的要求。

表 8-1　烧结普通砖的强度等级（GB/T 5101—2017）　　　MPa

强度等级	抗压强度平均值 $\overline{f}$ ≥	强度标准值 f_k ≥
MU30	30.0	22.0
MU25	25.0	18.0
MU20	20.0	14.0
MU15	15.0	10.0
MU10	10.0	6.5

（4）泛霜

泛霜也称起霜，是砖在使用过程中的盐析现象。砖内过量的可溶盐受潮吸水而溶解，随水分蒸发沉积于砖的表面，形成白色粉状附着物，影响建筑美观。如果溶盐为硫酸盐，当水分蒸发呈晶体析出时，产生膨胀，使砖面剥落。标准规定：每块砖不准许出现严重泛霜。

（5）石灰爆裂

石灰爆裂是指砖坯中夹杂有石灰石，砖吸水后，由于石灰逐渐熟化而膨胀产生的爆裂现象。这种现象会影响砖的质量，并会降低砌体强度。

标准规定：破坏尺寸大于2 mm且小于或等于15 mm的爆裂区域，每组砖不得多于15处，其中大于10 mm的不得多于7处；不准许出现最大破坏尺寸大于15 mm的爆裂区域。

3. 烧结普通砖的应用

烧结普通砖是传统的墙体材料，具有较高的强度和耐久性，其又因多孔而具有保温绝热、隔音吸声等优点，因此适宜于做建筑围护结构，被大量应用于砌筑建筑物的内墙、外墙、柱、拱、烟囱、沟道及其他构筑物，也可在砌体中置入适当的钢筋或钢丝以代替混凝土构造柱和过梁。

8.1.2　烧结多孔砖、烧结空心砖

高层建筑的发展对烧结普通黏土砖提出了减轻自重，进一步改善绝热和隔音等要求。使用烧结多孔砖及烧结空心砖在一定程度上能达到此要求。生产黏土多孔砖、空心砖能减少能量消耗20%~30%，并可节约黏土用量、降低生产成本。同时可减轻自重30%~35%，降低造价近20%，提高工效达40%。

1. 烧结多孔砖

烧结多孔砖即竖孔空心砖，是以黏土、页岩、煤矸石为主要原料，经焙烧而成的主要用于承重部位的多孔砖，其孔洞率在20%左右，如图8-1所示。国家标准GB 13544—2011《烧结多孔砖和多孔砌块》规定，多孔砖的外形为直角六面体，其长、宽、高的尺寸主要有290 mm、240 mm、190 mm、180 mm、140 mm、115 mm、90 mm。

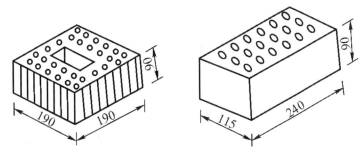

图 8-1 烧结多孔砖

烧结多孔砖根据抗压强度分为 MU30、MU25、MU20、MU15、MU10 五个强度等级。各强度等级的强度应符合表 8-2 的规定。

表 8-2　烧结多孔砖的强度等级（GB 13544—2011） MPa

强度等级	抗压强度平均值 $\overline{f}\geqslant$	强度标准值 $f_k\geqslant$
MU30	30.0	22.0
MU25	25.0	18.0
MU20	20.0	14.0
MU15	15.0	10.0
MU10	10.0	6.5

2. 烧结空心砖

烧结空心砖即水平孔空心砖，是以黏土、页岩、煤矸石为主要原料，经焙烧而成的主要用于非承重部位的空心砖和空心砌块。

根据国家标准 GB/T 13545—2014《烧结空心砖和空心砌块》，空心砖和空心砌块外形为直角六面体，如图 8-2 所示，其长度规格尺寸有 390 mm、290 mm、240 mm、190 mm、180（175）mm、140mm；宽度规格尺寸有 190 mm、180（175）mm、140 mm、115 mm；高度规格尺寸有 180（175）mm、140 mm、115 mm、90 mm。其他规格尺寸由供需双方协商确定。

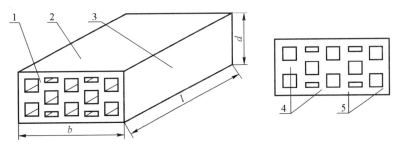

1—顶面；2—大面；3—条面；4—肋；5—壁；l—长度；b—宽度；d—高度。

图 8-2　烧结空心砖和空心砌块

烧结空心砖和空心砌块根据其大面抗压强度分为MU10.0、MU7.5、MU5.0、MU3.5四个强度等级；按体积密度分为800、900、1000、1100四个密度级别。强度等级指标要求见表8-3，密度等级指标要求见表8-4。

表8-3　烧结空心砖和空心砌块的强度等级（GB/T 13545—2014）

强度等级	抗压强度 / MPa		
	抗压强度平均值 $\overline{f}\geqslant$	变异系数 $\delta \leqslant 0.21$	变异系数 $\delta > 0.21$
		强度标准值 $f_k \geqslant$	单块最小抗压强度值 $f_{min} \geqslant$
MU10.0	10.0	7.0	8.0
MU7.5	7.5	5.0	5.8
MU5.0	5.0	3.5	4.0
MU3.5	3.5	2.5	2.8

表8-4　烧结空心砖和空心砌块的密度等级（GB/T 13545—2014）　　kg/m³

密度等级	5块砖密度平均值	密度等级	5块砖密度平均值
800	≤ 800	1 000	901~1 000
900	801~900	1 100	1 001~1 100

3. 烧结多孔砖和烧结空心砖的应用

烧结多孔砖因其强度较高，绝热性能优于普通砖，一般用于砌筑六层以下建筑物的承重墙；烧结空心砖主要用于非承重的填充墙和隔墙。

烧结多孔砖和烧结空心砖在运输、装卸过程中，应避免碰撞，严禁倾卸和抛掷。堆放时应按品种、规格、强度等级分别堆放整齐，不得混杂；砖的堆置高度不宜超过2 m。

8.1.3　蒸压（养）砖

蒸压（养）砖又称免烧砖。这类砖的强度不是通过烧结获得的，而是制砖时掺入一定量的胶凝材料或在生产过程中形成一定的胶凝物质使砖具有一定强度的。根据所用原料不同有蒸压灰砂砖、蒸压粉煤灰砖等。

1. 蒸压灰砂砖

蒸压灰砂砖（LSB），简称灰砂砖，是以石灰和砂为主要原料，经坯料制备、压制成型，再经高压饱和蒸汽养护而成的砖。砖的颜色分为本色（N）和彩色（CO）。灰砂砖的国家标准为GB/T 11945—2019《蒸压灰砂实心砖和实心砌块》。

（1）规格

灰砂砖的外形为矩形体，规格尺寸为 240 mm × 115 mm × 53 mm。

（2）强度等级

根据抗压强度，灰砂砖可分为 MU30、MU25、MU20、MU15 和 MU10 五个强度等级，见表 8-5。

表 8-5　灰砂砖的强度等级（GB/T 11945—2019）　　　　　　　MPa

强度等级	抗压强度	
	平均值 ≥	单块最小值 ≥
MU30	30.0	25.5
MU25	25.0	21.2
MU20	20.0	17.0
MU15	15.0	12.8
MU10	10.0	8.5

（3）抗冻性

灰砂砖的抗冻性要求见表 8-6。

（4）灰砂砖的应用

灰砂砖在高压下成型，又经过蒸压养护，砖体组织致密，具有强度高、大气稳定性好、干缩率小、尺寸偏差小、外形光滑平整等特性。灰砂砖色泽淡灰，如果配入矿物颜料，则可制得各种颜色的砖，有较好的装饰效果，主要用于工业与民用建筑的墙体和基础。其中 MU15、MU20 和 MU25 的灰砂砖可用于基础及其他部位，MU10 的灰砂砖可用于防潮层以上的建筑部位。

表 8-6　灰砂砖的抗冻性（GB/T 11945—2019）

使用地区*	抗冻指标	干质量损失率**	抗压强度损失率
夏热冬暖地区	D15		
温和与夏热冬冷地区	D25	平均值 ≤ 3.0%	平均值 ≤ 15%
寒冷地区#	D35	单个最大值 ≤ 4.0%	单个最大值 ≤ 20%
严寒地区#	D50		

*区域划分执行 GB 50176 的规定；

**当某个试件的试验结果出现负值时，按 0.0% 计；

#当产品明确用于室内环境等，供需双方有约定时，可降低抗冻指标要求，但不应低于 D25。

灰砂砖不得用于长期受热 200 ℃以上，受急冷、急热或有酸性介质侵蚀的环境。灰砂砖的耐水性良好，但抗流水冲刷能力较弱，可长期在潮湿、不受冲刷的环境中使用。灰砂砖表面光滑平整，使用时应注意提高砖和砂浆间的黏结力。

2. 蒸压粉煤灰砖（AFB）

蒸压粉煤灰砖是以粉煤灰、石灰或水泥为主要原料，掺以适量的石膏、外加剂、颜料和集料等，经坯料制备、成型、高压或常压蒸汽养护而制成的实心砖。

（1）规格

蒸压粉煤灰砖的外形为直角六面体，规格尺寸为 240 mm×115 mm×53 mm。

（2）强度等级

根据抗压强度及抗折强度，蒸压粉煤灰砖可分为MU30、MU25、MU20、MU15、MU10五个强度等级，见表8-7。

表 8-7　蒸压粉煤灰砖强度等级（JC/T 239—2014）　　　　　　　　　MPa

强度等级	抗压强度		抗折强度	
	10 块平均值≥	单块最小值≥	10 块平均值≥	单块最小值≥
MU30	30.0	24.0	4.8	3.8
MU25	25.0	20.0	4.5	3.6
MU20	20.0	16.0	4.0	3.2
MU15	15.0	12.0	3.7	3.0
MU10	10.0	8.0	2.5	2.0

（3）蒸压粉煤灰砖的应用

蒸压粉煤灰砖可用于工业与民用建筑的基础、墙体，但应注意：

① 用于易受冻融作用的建筑部位时要进行抗冻性检验，并采取适当措施，以提高建筑的耐久性。

② 用蒸压粉煤灰砖砌筑的建筑物，应适当增设圈梁及伸缩缝或采取其他措施，以避免或减少收缩裂缝的产生。

③ 蒸压粉煤灰砖出釜后，应存放一段时间后再用，以减少相对伸缩值。

④ 长期受高于 200 ℃温度作用，或受冷热交替作用，或有酸性介质侵蚀的建筑部位不得使用蒸压粉煤灰砖。

8.2　墙用砌块

砌块是一种比砌墙砖大的新型墙体材料，具有适应性强、原料来源广、不毁耕地、制作方便、可充分利用地方资源和工业废料、砌筑方便灵活等特点，同时可提高施工效率及施工的机械化程度，减轻房屋自重，改善建筑物功能，降低工程造价。推广和使用砌块是墙体材料改革的一条有效途径。

建筑砌块可分为实心和空心两种；按大小分为中型砌块（高度为 400 mm 和 800 mm）和小型砌块（高度为 200 mm），前者用小型起重机械施工，后者可用手工直接砌筑；按原材料不同分为硅酸盐砌块和混凝土砌块，前者用炉渣、粉煤灰、煤矸石等材料加石灰、石膏配制而成，后者用混凝土制作。

8.2.1 蒸压加气混凝土砌块

蒸压加气混凝土砌块，简称加气混凝土砌块，是以钙质材料（水泥、石灰等）和硅质材料（砂、粉煤灰和矿渣等）为原料，经过磨细，并以铝粉为加气剂，按一定比例配合，经过料浆浇筑，再经过发气成型、坯体切割、蒸压养护等工艺制成的一种轻质、多孔的硅酸盐建筑墙体材料。

加气混凝土砌块的主要技术指标依据为 GB/T 11968—2020《蒸压加气混凝土砌块》。

（1）规格

加气混凝土砌块的规格尺寸有以下两个系列（单位为 mm），如图 8-3 所示。

① 长度：600。高度：200，250，300。宽度：75 为起点，100，125，150，175，200，…（以 25 递增）。

② 长度：600。高度：240，300。宽度：60 为起点，120，180，240，300，360，…（以 60 递增）。

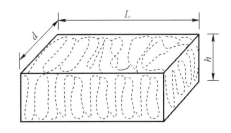

L—长度；d—宽度；h—高度。

图 8-3　蒸压加气混凝土砌块示意图

（2）强度等级与密度等级

加气混凝土砌块按抗压强度分为 A1.5、A2.0、A2.5、A3.5、A5.0 五个强度等级，见表 8-8，A1.5、A2.0 适用于建筑保温。按干体积密度它可分为 B03、B04、B05、B06、B07 五个级别，见表 8-9，B03、B04 适用于建筑保温。按尺寸偏差，其可分为 Ⅰ 型和 Ⅱ 型，Ⅰ 型适用于薄灰缝砌筑，Ⅱ 型适用于厚灰缝砌筑。

表 8-8　蒸压加气混凝土砌块的强度等级（GB/T 11968—2020）

强度级别		A1.5	A2.0	A2.5	A3.5	A5.0
立方体抗压强度/MPa	平均值≥	1.5	2.0	2.5	3.5	5.0
	最小值≥	1.2	1.7	2.1	3.0	4.2

表 8-9　蒸压加气混凝土砌块的干密度等级（GB/T 11968—2020）

干密度级别	B03	B04	B05	B06	B07
平均干密度/（kg·m⁻³）≤	350	450	550	650	750

（3）加气混凝土砌块的应用

加气混凝土砌块具有体积密度小、保温及耐火性能好、抗震性能强、易于加工、施工方便等特点，适用于低层建筑的承重墙，多层建筑的隔墙和高层框架结构的填充墙，也可用于复合墙板和屋面结构中。在无可靠的防护措施时，加气混凝土砌块不得用于风中或高湿度和有侵蚀介质的环境中，也不得用于建筑物的基础和温度长期高于 80 ℃的建筑部位。

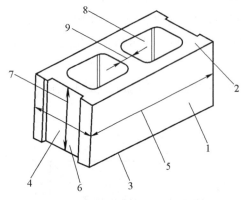

1—条面；2—坐浆面；3—铺浆面；4—顶面；
5—长度；6—宽度；7—高度；8—壁；9—肋。

图 8-4　主块型砌块外形图

8.2.2　普通混凝土小型砌块

普通混凝土小型砌块是以水泥、矿物掺合料、砂、石、水等为原料，经搅拌、振动成型、养护等工艺制成的小型砌块，包括空心砌块和实心砌块。其中，空心砌块是指孔隙率大于 25%的砌块，实心砌块的孔隙率一般小于 25%。按照砌筑部位和方式的不同，普通混凝土小型砌块可分为主块型砌块、辅助砌块和免浆砌块。常用的主块型砌块外形如图 8-4 所示。

国家标准 GB/T 8239—2014《普通混凝土小型砌块》规定，其主要技术指标如下：

（1）规格

普通混凝土小型砌块的外形宜为直角六面体，常用的长度尺寸有 390 mm，宽度尺寸有 90 mm、120 mm、140 mm、190 mm、240 mm、290 mm，高度尺寸有 90 mm、120 mm、140 mm、190 mm。

（2）强度等级

强度等级：按抗压强度分为 MU5.0、MU7.5、MU10.0、MU15.0、MU20.0、MU25.0、MU30.0、MU35.0、MU40.0 九个强度等级，具体见表 8-10。

（3）其他

普通混凝土小型砌块的抗冻性在夏热冬暖地区一般环境条件下应达到 D15，在夏热冬冷地区应达到 D25，在严寒地区应达到 D50；其吸水率不应大于 14%；其抗冻性、干燥收缩值等性能也应满足有关规定。

（4）普通混凝土小型砌块的应用

普通混凝土小型砌块适用于建造地震设计烈度为 8 度及 8 度以下地区的各种建筑墙体，

包括高层与大跨度的建筑，也可以用于围墙、挡土墙、桥梁、花坛等市政设施，应用范围十分广泛。

表 8-10　普通混凝土小型砌块强度等级（GB/T 8239—2014）

强度等级	砌块抗压强度/MPa		强度等级	砌块抗压强度/MPa	
	平均值≥	单块最小值≥		平均值≥	单块最小值≥
MU5.0	5.0	4.0	MU25.0	25.0	20.0
MU7.5	7.5	6.0	MU30.0	30.0	24.0
MU10.0	10.0	8.0	MU35.0	35.0	28.0
MU15.0	15.0	12.0	MU40.0	40.0	32.0
MU20.0	20.0	16.0			

使用注意事项：普通混凝土小型砌块采用自然养护时，必须养护 28 d 后方可使用；出厂时，普通混凝土小型砌块的相对含水率必须严格控制在标准规定范围内；普通混凝土小型砌块在施工现场堆放时，必须采取防雨措施；砌筑前，普通混凝土小型砌块不允许浇水预湿。

8.2.3　轻集料混凝土小型空心砌块

轻集料混凝土小型空心砌块是用轻集料混凝土制成的小型空心砌块。轻集料混凝土是指用轻粗集料、轻砂（或普通砂）、水泥和水等配制而成的干表观密度不大于 1 950 kg/m³ 的混凝土。

国家标准 GB/T 15229—2011《轻集料混凝土小型空心砌块》规定，其技术要求如下：

（1）类别

轻集料混凝土小型空心砌块按砌块孔的排数可分为单排孔砌块、双排孔砌块、三排孔砌块和四排孔砌块等。

（2）规格

轻集料混凝土小型空心砌块主要规格尺寸为 390 mm×190 mm×190 mm。其他规格尺寸可由供需双方商定。

（3）强度等级与密度等级

轻集料混凝土小型空心砌块按干表观密度分为 700、800、900、1 000、1 100、1 200、1 300、1 400 八个密度等级，见表 8-11；按抗压强度分为 MU2.5、MU3.5、MU5.0、MU7.5、MU10.0 五个强度等级，见表 8-12。

（4）应用

轻集料混凝土小型空心砌块是一种轻质高强，能取代烧结普通黏土砖的很有发展前途的墙体材料，其又因绝热性能好、抗震性能好等特点，在各种建筑的墙体中得到广泛应用，特别是在绝热要求较高的维护结构上使用广泛。

表 8–11　轻集料混凝土小型空心砌块密度等级（GB/T 15229—2011）　　　　kg/m³

密度等级	砌块干表观密度范围	密度等级	砌块干表观密度范围
700	610~700	1 100	1 010~1 100
800	710~800	1 200	1 110~1 200
900	810~900	1 300	1 210~1 300
1 000	910~1 000	1 400	1 310~1 400

表 8–12　轻集料混凝土小型空心砌块强度等级（GB/T 15229—2011）

强度等级	砌块抗压强度 / MPa	
	平均值≥	最小值≥
MU 2.5	2.5	2.0
MU 3.5	3.5	2.8
MU 5.0	5.0	4.0
MU 7.5	7.5	6.0
MU 10.0	10.0	8.0

8.3　新型墙体材料简介

8.3.1　纤维增强低碱度水泥建筑平板

纤维增强低碱度水泥建筑平板是以温石棉、中碱玻璃纤维或抗碱玻璃纤维等为增强材料，以低碱度硫铝酸盐水泥为胶结材料制成的建筑平板。根据 JC/T 626—2008《纤维增强低碱度水泥建筑平板》，该类板长度为 1 200 mm、1 800 mm、2 400 mm、2 800 mm，宽度为 800 mm、900 mm、1 200 mm，厚度为 4 mm、5 mm、6 mm。此平板质量轻、强度高、防潮、防火、不易变形、可加工性好。该种水泥建筑平板与龙骨体系配合使用，适用于各类建筑物室内的非承重内隔墙和吊顶平板等。

8.3.2　玻璃纤维增强水泥轻质多孔隔墙条板

玻璃纤维增强水泥轻质多孔隔墙条板是以耐碱玻璃纤维为增强材料，以硫铝酸盐水泥为主要原料的预制非承重轻质多孔内隔墙条板。

根据 GB/T 19631—2005《玻璃纤维增强水泥轻质多孔隔墙条板》，玻璃纤维增强水泥轻质多孔隔墙条板按板的厚度分为 90 型和 120 型，按板型分为普通板、门框板、窗框板和过梁板。条板采用不同企口和开孔形式，规格尺寸应符合规定。

8.3.3 石膏空心条板

石膏空心条板是以建筑石膏为胶凝材料，适量加入各种轻质骨料（如膨胀珍珠岩、膨胀蛭石等）和无机纤维增强材料，经搅拌、振动成型、抽芯模、干燥而制成的。

根据行业标准 JC/T 829—2010《石膏空心条板》，石膏空心条板的长度为 2 400~3 600 mm，宽度为 600 mm，厚度为 60~120 mm。

石膏空心条板具有质轻、比强度高、隔热、隔音、防火、可加工性好等优点，且安装墙体时不用龙骨，简单方便。它适用于各类建筑的非承重内墙，但若用于相对湿度大于 75% 的环境中，板材表面应做防水等相应处理。

8.3.4 彩钢夹芯板

彩钢夹芯板是以隔热材料（岩棉、聚苯乙烯和聚氨酯）作芯材，以彩色涂层钢板为面材，用黏结剂复合而成的，一般厚度为 50~250 mm，宽度为 1 150 mm 或 1 200 mm，长度 ≤ 12 000 mm，长度也可根据需要调整。

彩钢夹芯板具有隔热、保温、轻质、高强、吸声、防震、美观等特点，是一种集承重、防水、装饰于一体的新型建筑用材。彩钢夹芯板应用于建筑领域能达到节能效果，其施工速度快、节省钢材用量的优点，能够大大降低建筑成本和使用成本，显著提高经济效益。需注意的是，以发泡塑料作芯材的彩钢夹芯板因市场价格较以岩棉等无机隔热保温材料为芯材的低，故在工程上得到广泛应用，但其芯材的可燃性往往易被忽视，在国家相关规定出台前，应在设计、施工、应用各环节充分考虑其防火性能可能带来的影响。

学习活动 8-1

彩钢夹芯板防火性能的确定与应用

在此活动中，你将通过具体案例，加深对新型建筑材料防火性能重要性的认识，进一步增强技术标准应用和实际工程问题处理的能力。

完成此活动需要花费 20 min。

步骤 1：阅读以下案例。

2011 年 3 月 24 日，北京市发生一起严重的火灾事故，一栋 3 层的聚苯乙烯泡沫彩钢夹芯板建筑被烧毁，幸好没有发生人员伤亡。可见如果忽视彩钢夹芯板的可燃性，就会埋下严重的安全隐患。

实际上，国家标准 GB 50457—2019《医药工业洁净厂房设计规范》中明确要求：洁净厂房的顶棚和壁板，包括夹芯材料，应采用非燃烧体，且不得采用有机复合材料。据了解，上述事故发生的原因正是所采用的夹芯板没有经防火检测，且忽视了聚苯乙烯泡沫塑料为可燃性材料的情况。

步骤2：根据以上案例讨论下述问题。

（1）案例中列举的规范是针对"医药工业洁净厂房"的，对一般建筑适用吗？

（2）对新型建筑材料技术规范往往发布滞后的情况，应如何处理质量标准保证的问题？

反馈：

1. 对暂无针对性规范的情况，可参考和借用相近规范标准。

2. 为确保新型建筑材料的质量标准，对诸如结构性材料的强度、功能性材料的可燃性和防火等级、防水材料的抗渗性等涉及安全和主要应用功能的关键技术指标都要严格检测，慎重选用。

小结

本章主要介绍墙体材料，包括砌墙砖、墙用砌块与新型墙体材料。烧结普通砖为传统的墙体材料，为避免毁田取土，保护环境，烧结普通黏土砖在中国主要大、中城市已被禁止使用。现在国家重视使用新型墙体材料，如烧结多孔砖和烧结空心砖，充分利用工业废料生产其他普通砖、免烧砖和砌块等。

自测题

思考题

1. 评价烧结普通黏土砖的使用特性及应用，简述墙体材料的发展趋势。

2. 为什么要用烧结多孔砖、烧结空心砖及新型轻质墙体材料替代烧结普通黏土砖？

3. 烧结普通砖、烧结多孔砖和烧结空心砖各自的强度等级、质量等级是如何划分的？各自的规格尺寸是多少？主要适用范围如何？

4. 什么是蒸压灰砂砖和蒸压粉煤灰砖？它们的主要用途是什么？

5. 加气混凝土砌块的规格、等级各有哪些？用途有哪些？

6. 什么是普通混凝土小型砌块？什么是轻集料混凝土小型空心砌块？它们各有什么用途？

测验评价

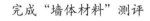
完成"墙体材料"测评

建筑钢材

导言

在上一章中，你已经学习了建筑工程中重要的墙体材料，包括砌墙砖、墙用砌块与新型墙体材料，认识到发展新型墙体材料的意义及途径。本章主要介绍当代与混凝土并列的主体建筑材料钢材的品种、分类、技术性能和选择应用。

建筑钢材主要是指用于钢结构中的各种型材（如角钢、槽钢、工字钢和圆钢等）、钢板、钢管和用于钢筋混凝土结构中的各种钢筋、钢丝等。

建筑钢材材质均匀，具有较高的强度、良好的塑性和韧性，能承受冲击和振动荷载，可焊接或铆接，易于加工和装配。钢结构安全可靠、构件自重小，广泛应用于建筑工程中，已成为当代高层和超高层建筑，以及大跨度、超大空间构筑物的首选结构材料，而钢材存在的易锈蚀及耐火性差等缺点也逐渐被一系列新技术所克服。

本章主要包括以下内容：

• 钢的冶炼和分类；

• 建筑钢材的技术性能；

• 钢材的化学成分及其对性能的影响；

- 钢材的冷加工及时效；
- 建筑钢材的标准及使用；
- 钢材的锈蚀及防止；
- 钢筋试验。

课程讲解：建筑钢材　背景资料

回顾我国近代钢铁工业从无到有，一直到连续数年稳居世界排名第一的发展历程，还列举了近代我国知名的钢结构建筑工程案例

学习活动 9-1

建筑钢材特性的认知

在此活动中你将根据所给钢结构工程案例，并结合个人已有的直观感受，初步获取并加深对建筑钢材应用特性的认知。

完成此活动需要花费 20 min。

步骤 1：请阅读以下资料。

"钢铁凤凰"——北京大兴国际机场航站楼钢结构屋顶及支撑结构

北京大兴国际机场航站楼按照节能环保理念建设，成为中国国内新的标志性建筑。其外形如展翅的凤凰，主体结构采用钢筋混凝土框架结构，屋顶及支承结构采用钢结构；中心区屋顶采用钢网格结构，支承结构采用 C 形钢柱、支承筒、钢管柱和幕墙钢柱；指廊部分屋顶采用钢桁架结构，支承结构采用钢管柱和幕墙钢柱。机场的钢结构用钢总量超过了 13 万 t。

航站楼金属屋面投影面积 18 万 m^2，最大跨度达 180 m，起伏高差约 30 m，质量达 5 万多吨，是世界上最大的机场钢屋盖。主航站楼屋顶钢结构采用空间网架结构体系，钢构件主要采用圆钢管和焊接球，部分受力较大部位采用铸钢球节点。屋盖网架圆钢管共有 63 450 根，屋盖网架球节点 12 300 个，钢管总长度将近 500 km。整个机场只用了 8 根上宽下窄的 C 形钢柱就完全支起了屋顶，C 形钢柱周围有很多气泡窗，这样中空的 C 形设计能够让更多的自然光照进来，提高了机场的节能性。

步骤 2：根据以上资料，与混凝土对比，简单列举你对钢材特性的认识和钢材在建筑工程上应用前景的看法。

反馈：

1. 列举你所在地区近年有代表性的钢结构建筑或构筑物的实例。

2. 随本章学习的逐渐深入，对以上认知进行印证。

9.1 钢的冶炼和分类

▶ 课程讲解：建筑钢材　钢的冶炼和分类

9.1.1 钢的冶炼

钢由生铁冶炼而成。生铁的冶炼是把铁矿石、焦炭和石灰石（助熔剂）按一定比例装入高炉中，在炉内高温条件下，焦炭中的碳与铁矿石中的氧化铁发生化学反应，将铁矿石中的铁和氧分离，生成的一氧化碳和二氧化碳由炉顶排出。通过这种冶炼方式得到的生铁中，仍含有较多的碳、硫和磷等杂质，故其既硬又脆，影响使用。生铁又分为炼钢生铁（白口铁）和铸造生铁（灰口铁）。含碳量在 2% 以下，含有害杂质较少的铁碳合金称为钢。

将生铁在炼钢炉中进一步熔炼，并供给足够的氧气，通过炉内的高温氧化作用，部分碳被氧化成一氧化碳气体而逸出，其他杂质则形成氧化物进入炉渣中被除去，这样可使产品中碳的含量降低。由此过程得到的产品为钢，这个过程称为炼钢。

目前，常用的炼钢方法有空气转炉法、氧气转炉法和电炉法。建筑钢材一般采用转炉法获得。

钢在冶炼过程中会产生部分氧化铁并残留在钢水中，降低了钢的质量。因此，钢在铸锭过程中要进行脱氧处理。钢的脱氧方法对钢材的性能和使用影响较大。

根据脱氧程度不同，浇铸的钢锭可分为沸腾钢（F）、镇静钢（Z）、半镇静钢（b）和特殊镇静钢（TZ）。

沸腾钢脱氧不完全，钢水在浇铸时会有大量一氧化碳气体逸出，引起钢水沸腾，故称沸腾钢。沸腾钢组织稀疏、气泡含量多、化学偏析较大、成分不均匀、质量较差，但成本较低。

镇静钢脱氧充分，浇铸时钢水在锭模内平静凝固，故称镇静钢。其组织致密，化学成分均匀，机械性能好，是质量较好的钢种。镇静钢的缺点是成本较高。

半镇静钢的脱氧程度介于镇静钢和沸腾钢之间，其质量亦介于二者之间。

9.1.2 钢的分类

钢的种类很多，性质各异，为了便于选用，常将钢从不同角度进行分类。

① 钢按化学成分可分为碳素钢和合金钢两类。

碳素钢根据含碳量可分为低碳钢（含碳量小于 0.25%）、中碳钢（含碳量为 0.25%~0.60%）、高碳钢（含碳量大于 0.60%）。

合金钢是在碳素钢中加入某些合金元素（锰、硅、钒、钛等）所获得的钢，目的是改善钢的性能或使其获得某些特殊性能。按合金元素含量，合金钢分为低合金钢（合金元素含量小于 5%）、中合金钢（合金元素含量为 5%~10%）、高合金钢（合金元素含量大于 10%）。

② 按钢在熔炼过程中脱氧程度的不同，其可分为：脱氧充分的为镇静钢和特殊镇静钢（代号为 Z 和 TZ）；脱氧不充分的为沸腾钢（代号为 F）；介于二者之间的为半镇静钢（代号为 b）。

③ 钢按用途可分为结构用钢（钢结构用钢和混凝土结构用钢）、工具钢（制作刀具、量具和模具等）、特殊钢（不锈钢、耐酸钢、耐热钢和磁钢等）。

④ 钢按主要质量等级分为普通质量钢、优质钢和特殊质量钢。

目前，在建筑工程中常用的钢种是普通碳素结构钢和普通低合金结构钢。

9.2 建筑钢材的技术性能

> ▶ 课程讲解：建筑钢材　建筑钢材的技术性能

建筑钢材的技术性能主要包括力学性能、工艺性能和化学性能等，其中力学性能是最主要的性能之一。

9.2.1 力学性能

1. 抗拉性能

抗拉性能是表示钢材性能的重要指标。钢材抗拉性能采用拉伸试验测定。建筑钢材的强度指标，通常用屈服点和抗拉强度表示。常以如图 9-1 所示的低碳钢受拉时的应力-应变曲线来阐明钢材的抗拉性能。

如图 9-1 所示，低碳钢受拉经历四个阶段：弹性阶段（$O \rightarrow A$）、屈服阶段（$A \rightarrow B$）、强化阶段（$B \rightarrow C$）和颈缩阶段（$C \rightarrow D$）。

OA 段为一直线，说明应力和应变呈正比关系。如果卸去拉力，试件能恢复原状，这种性质即弹性，该阶段为弹性阶段。应力 σ 与应变 ε 的比值为常数，该常数为弹性模量 E（$E=\sigma/\varepsilon$）。弹性模量反映钢材抵抗变形的能力，是计算结构受力变形的重要指标。

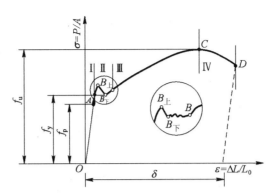

图 9-1　低碳钢受拉的应力－应变曲线

当拉伸应力超过 A 点后,应力应变不再成正比关系,开始出现塑性变形,进入屈服阶段 AB,该阶段的应力最低点称为屈服强度或屈服点,用 f_y 表示。结构设计时一般以 f_y 作为强度取值的依据。而对屈服现象不明显的中碳钢和高碳钢(硬钢),则规定以产生残余变形为原标距长度的 0.2% 所对应的应力值作为屈服强度,称为条件屈服点,用 $f_{0.2}$ 表示。

进入 BC 段,曲线逐步上升,表示试件在屈服阶段以后,其抵抗塑性变形的能力又重新提高,这一阶段称为强化阶段。最高点 C 对应的应力值称为极限抗拉强度,简称抗拉强度,用 f_u 表示。设计中抗拉强度不能利用,但屈强比 f_y/f_u 即屈服强度和抗拉强度之比能反映钢材的利用率和结构的安全可靠性,屈强比越小,则钢材受力超过屈服点工作时的可靠性越大,因而结构的安全性越高。但屈强比太小,则说明钢材不能有效地被利用,会造成钢材浪费。建筑结构钢合理的屈强比一般为 0.60~0.75。

进入 CD 段,即颈缩阶段,试件薄弱处急剧缩小,塑性变形迅速增加,产生"颈缩现象",直到断裂。试件拉断后(见图 9-2)测定出拉断后标距部分的长度 L_1,利用 L_1 与试件原标距 L_0,按式(9-1)可以计算出伸长率 δ。

$$\delta = \left[(L_1 - L_0) / L_0 \right] \times 100\% \qquad (9\text{-}1)$$

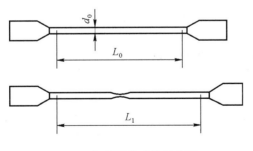

图 9-2　钢材拉伸试件示意图

伸长率表征了钢材的塑性变形能力。由于在塑性变形时颈缩处的变形最大,故原标距与试件的直径之比越大,则颈缩处伸长值在整个伸长值中的比重越小,因而计算所得的伸长率会小些。通常以 δ_5 和 δ_{10} 分别表示 $L_0=5d_0$ 和 $L_0=10d_0$ 时的伸长率，d_0 为试件直径。对同一种钢材，δ_5 大于 δ_{10}。

2. 冲击韧性

冲击韧性是指钢材抵抗冲击荷载而不被破坏的能力。冲击韧性指标是通过标准试件的弯曲冲击韧性试验确定的（见图9-3）。以摆锤冲击试件刻槽的背面，使试件承受冲击弯曲面断裂。将试件冲断的缺口处单位截面积上所消耗的功作为钢材的冲击韧性指标，用 a_K 表示。a_K 值越大，钢材的冲击韧性越好。

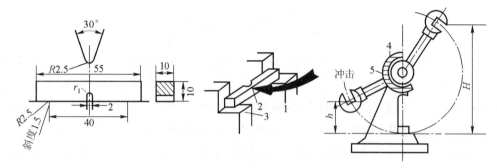

1—摆锤；2—试件；3—试验台；4—刻转盘；5—指针。

图9-3 冲击韧性试验示意图

钢材的化学成分、内在缺陷、加工工艺及环境温度都会影响钢材的冲击韧性。试验表明，冲击韧性随温度的降低而下降，其规律是开始时下降较平缓，当达到一定温度范围时，冲击韧性会突然下降很多而呈脆性，这种脆性称为钢材的冷脆性，此时的温度称为临界温度。临界温度越低，说明钢材的低温冲击性能越好。因此，在负温下使用的结构，应当选用临界温度较工作温度低的钢材。

随时间的延长，钢材强度提高，但塑性和冲击韧性下降的现象称为时效。完成时效变化的过程可达数十年，但是钢材如果经受冷加工变形，或使用中经受振动和反复荷载的作用，时效可迅速发展。由时效导致性能改变的程度称为时效敏感性。对于承受动荷载的结构应该选用时效敏感性小的钢材。

因此，对于直接承受动荷载而且可能在负温下工作的重要结构必须进行钢材的冲击韧性检验。

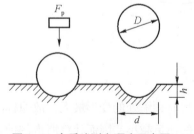

图9-4 布氏法测定硬度示意图

3. 硬度

钢材的硬度是指其表面抵抗重物压入产生塑性变形的能力。测定硬度的方法有布氏法和洛氏法，较常用的方法是布氏法，如图9-4所示，其硬度指标为布氏硬度值（HB）。

布氏法是利用直径为 D（mm）的淬火钢球，以一定的荷载 F_p（N）将其压入试件表面，得到直

径为 d（mm）的压痕，以压痕表面积 S 除荷载 F_p，所得的应力值即试件的布氏硬度值，以不带单位的数字表示。布氏法比较准确，但压痕较大，不适宜做成品检验。

洛氏法测定的原理与布氏法相似，但以压头压入试件的深度来表示洛氏硬度值。洛氏法压痕很小，常用于判定工件的热处理效果。

4. 耐疲劳性

钢材承受交变荷载反复作用时，可能在最大应力远低于屈服强度的情况下突然破坏，这种破坏称为疲劳破坏。钢材的耐疲劳性用疲劳强度（或疲劳极限）来表示，它是指疲劳试验中试件在交变应力作用下，在规定的周期内不发生疲劳破坏所能承受的最大应力值。

9.2.2 工艺性能

良好的工艺性能，可以保证对钢材顺利进行各种加工，使钢材制品的质量不受影响。冷弯及焊接性能均是钢材重要的工艺性能。

1. 冷弯性能

冷弯性能是指钢材在常温下承受弯曲变形的能力，是钢材的重要工艺性能。

冷弯性能指标通过试件被弯曲的角度 α 及弯心直径 d 对试件厚度（或直径）a 的比值（d/a）来表示，如图 9-5 所示。

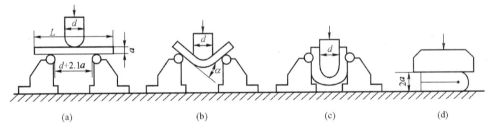

图 9-5　钢筋冷弯

（a）试件安装；（b）弯曲 90°；（c）弯曲 180°；（d）弯曲至两面重合

钢材试件按规定的弯曲和弯心直径进行试验，若试件弯曲处的外表面无裂断、裂缝或起层，即认为冷弯性能合格。冷弯试验能反映试件弯曲处的塑性变形，能揭示钢材是否存在内部组织不均匀、内应力和夹杂物等缺陷。冷弯试验也能对钢材的焊接质量进行严格的检验，能揭示焊件受弯表面是否存在未熔合、裂缝及杂物等缺陷。

2. 焊接性能

钢材主要以焊接的结构形式应用于建筑工程中。焊接的质量取决于钢材与焊接材料的焊接性能及焊接工艺。

钢材的可焊性是指焊接后焊缝处的性质与母材性质一致的程度。影响钢材可焊性的主要因素是化学成分及含量。一般焊接结构用钢应注意选用含碳量较低的氧气转炉或平炉镇静钢。对于高碳钢及合金钢，为了改善其焊接性能，焊接时一般要采用焊前预热及焊后热处理等措施。

钢材焊接应注意的问题是：冷拉钢筋的焊接应在冷拉之前进行；钢筋焊接之前，焊接部位应清除铁锈、熔渣和油污等；应尽量避免不同国家进口的钢筋之间或进口钢筋与国产钢筋之间的焊接。

9.3 钢材的化学成分及其对性能的影响

 IP 讲座：第 6 讲第三节　化学成分对钢材性能的影响

9.3.1 钢材的化学成分

钢是铁碳合金，以生铁冶炼钢材，由于原料、燃料、冶炼过程等因素，钢材中存在大量的其他元素。经过一定的工艺处理后，钢材中除主要含有铁和碳外，还有少量硅、锰、磷、硫、氧、氮等难以除净的化学元素。另外，在生产合金钢的工艺中，为了改善钢材的性能，还特意加入一些化学成分，如锰、硅、矾、钛等。

9.3.2 化学成分对钢材性能的影响

1. 碳

碳（C）是决定钢材性质的主要元素。钢材随含碳量的增加，强度和硬度相应提高，而塑性和韧性相应降低。当碳含量超过 1% 时，钢材的极限强度开始下降。碳对钢材力学性质的影响如图 9-6 所示。建筑工程用钢材含碳量不大于 0.8%。此外，含碳量过高还会增加钢的冷脆性和时效敏感性[1]，降低其抗腐蚀性和可焊性。

2. 硅

硅（Si）是钢的主要合金元素，是为脱氧去硫而加入的。当硅在钢材中的含量较低（小于 1%）时，可提高钢材的强度，且对塑性和韧性影响不明显。若含硅量超过 1%，则会增加钢材的冷脆性，降低其可焊性。

---

① 关于时效敏感性的相关内容见 9.4.2。

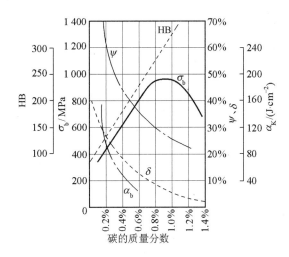

图 9-6 碳含量对热轧碳素钢性能的影响

3. 锰

锰（Mn）是我国低合金钢的重要合金元素，锰含量一般为 1%~2%。它的作用主要是提高强度，它还能消减硫和氧引起的热脆性，改善钢材的热加工性质。

4. 硫

硫（S）是有害元素。硫作为非金属硫化物夹杂于钢中，具有强烈的偏析作用，会降低钢材的各种机械性能。硫化物造成的低熔点使钢在焊接时易产生热裂纹，可焊性显著降低。

5. 磷

磷（P）为有害元素。磷含量提高，钢材的强度提高，塑性和韧性显著下降。温度越低，磷对韧性和塑性的影响越大。磷的偏析较严重，使钢材的冷脆性增大，可焊性降低。

磷可以提高钢的耐磨性和耐腐蚀性，在低合金钢中可配合其他元素作为合金元素使用。

6. 氧

氧（O）为有害元素。氧主要存在于非金属夹杂物内，可降低钢的机械性能，特别是韧性。氧有促进时效倾向的作用，使钢的可焊性变差。

7. 氮

氮（N）对钢材性质的影响与碳、磷相似，使钢材的强度提高，塑性、韧性及冷弯性能显著下降。氮可加剧钢材的时效敏感性和冷脆性，降低其可焊性。

8. 铝、钛、钒、铌

铝、钛、钒和铌均为炼钢时的强脱氧剂，能提高钢材强度，改善其韧性和可焊性，是常用的合金元素。

9.4 钢材的冷加工及时效

▶ 课程讲解：建筑钢材　钢材的冷加工及时效

9.4.1 钢材的冷加工

冷加工是指钢材在常温下进行的加工。常见的冷加工方式有冷拉、冷拔、冷轧、冷扭和刻痕等。钢材经冷加工产生塑性变形，从而提高其屈服强度，这一过程称为冷加工强化处理。

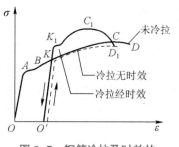

图 9-7　钢筋冷拉及时效的
应力－应变曲线图

冷加工强化过程如图 9-7 所示。钢材的应力-应变曲线为 $OABCD$，若钢材被拉伸至超过屈服强度的任意一点 K 时，放松拉力，则钢材恢复到 O' 点。如此时立即再拉伸，其应力-应变曲线将为 $O'KCD$，新的屈服点 K_1 比原屈服点 B 提高，但伸长率降低。在一定范围内，冷加工变形程度越大，屈服强度提高越多，塑性和韧性降低越多。

工地或预制厂钢筋混凝土施工中常利用这一原理，对钢筋或低碳钢盘条按一定规程进行冷拉或冷拔加工，这样既进行了钢筋的调直除锈，又提高了屈服强度而节约钢材。

9.4.2 钢材的时效

将经过冷拉的钢筋于常温下存放 15~20 d，或加热到 100 ℃ ~200 ℃并保持 2 h 左右，这个过程称为时效处理。前者称为自然时效，后者称为人工时效。

钢筋冷拉以后再经过时效处理，其屈服点、抗拉强度及硬度进一步提高，塑性及韧性继续降低。如图 9-7 所示，经冷加工和时效后，其应力-应变曲线为 $O'K_1C_1D_1$，此时屈服强度 K_1 和抗拉强度 C_1 均较时效前有所提高。一般强度较低的钢材采用自然时效，而强度较高的钢材则采用人工时效。由时效导致的钢材性能改变的程度称为时效敏感性。时效敏感性大的钢材，经时效处理后，其韧性、塑性改变较大。因此，对重要结构应选用时效敏感性小的钢材。

学习活动 9-2

冷加工时效对钢材技术性能的影响

在此活动中，你将在学习资源包和教材对钢材冷加工时效知识的介绍后，通过对相关内容的进一步讨论，加深对建筑钢材应用特性的认识，增强通过对材料技术性能数据（曲线）分析，提炼有价值应用信息的职业能力。

完成此活动需要花费 20 min。

步骤 1：仔细观察分析图 9-7 所示的技术信息，谈一谈你对以下问题的看法：

分别找出冷加工和时效后的曲线与钢材正常条件下的拉伸曲线在强度和变形能力方面的变化，填写表 9-1 的分析结果。

步骤 2：根据以上分析结果，自行归纳钢材冷加工和时效处理在工程上的实用意义（有利和不利两方面）。试解释在国家标准 GB 50666—2011《混凝土结构工程施工规范》中，为什么对冷拉钢筋的冷拉率规定上限（如 HPB235 级不宜大于 4%），且随级别的升高上限值降低（HRB335 及以上各级不宜大于 1%）。

表 9-1 学习活动 9-2 示例表格

加工方式	强 度			塑性变形能力		
	技术指标	信息点	变化趋势	技术指标	信息点	变化趋势
冷拉	f_y	A–K	提高			
	f_u					
时效	f_y					
	f_u					

反馈：

1. 在步骤 1 分析相关技术指标变化趋势时，要注意依据信息点间哪个坐标值的变化。

2. 因冷拉会使钢筋塑性降低，为保留足够的塑性变形能力，故对冷拉率规定上限。因为热轧钢筋随级别的升高，塑性降低，故随钢筋级别的升高，冷拉率上限值反而降低。

9.5 建筑钢材的标准及使用

> 课程讲解：建筑钢材 建筑钢材的标准

建筑钢材可分为钢结构用型钢和钢筋混凝土结构用钢筋。各种型钢和钢筋的性能主要取决于所用钢种及其加工方式。在建筑工程中，钢结构所用的各种型钢和钢筋混凝土结构所用的各种钢筋、钢丝和锚具等钢材基本上都是碳素结构钢和低合金结构钢等钢种经热轧或冷轧、冷拔、热处理等工艺加工而成的。

9.5.1　建筑工程常用钢种

1.碳素结构钢

碳素结构钢包括一般结构钢和工程用热轧钢板、钢带、型钢等。现行国家标准 GB/T 700—2006《碳素结构钢》具体规定了它的牌号表示方法、代号和符号、技术要求、试验方法、检验规则等。

（1）牌号表示方法

碳素结构钢按屈服点的数值（MPa）分为195、215、235、275 四种；按硫、磷杂质的含量由多到少分为 A、B、C、D 四个质量等级；按照脱氧程度不同分为特殊镇静钢（TZ）、镇静钢（Z）、半镇静钢（b）和沸腾钢（F）。

钢的牌号由代表屈服点的字母 Q、屈服点数值、质量等级和脱氧程度四部分按顺序组成。对于镇静钢和特殊镇静钢，脱氧程度在钢的牌号中可予省略。例如：Q235-A·F，表示屈服点为 235 MPa 的 A 级沸腾钢；Q235-C 表示屈服点为 235 MPa 的 C 级镇静钢。

（2）技术要求

碳素结构钢的技术要求包括化学成分、力学性能、冶炼方法、交货状态及表面质量五方面，碳素结构钢的化学成分、力学性能、冷弯试验指标应符合表 9-2、表 9-3 和表 9-4 的要求。

表 9-2　碳素结构钢的牌号和化学成分（GB/T 700—2006）

牌号	统一数字代号[①]	等级	厚度（或直径）/mm	脱氧方法	化学成分（质量分数），不大于				
					C	Si	Mn	P	S
Q195	U11952	—	—	F、Z	0.12%	0.30%	0.50%	0.035%	0.040%
Q215	U12152	A	—	F、Z	0.15%	0.35%	1.20%	0.045%	0.050%
	U12155	B							0.045%
Q235	U12352	A	—	F、Z	0.22%	0.35%	1.40%	0.045%	0.050%
	U12355	B			0.20%[②]				0.045%
	U12358	C		Z	0.17%			0.040%	0.040%
	U12359	D		TZ				0.035%	0.035%

牌号	统一数字代号[①]	等级	厚度（或直径）/mm	脱氧方法	化学成分（质量分数），不大于				
					C	Si	Mn	P	S
Q275	U12752	A	—	F、Z	0.24%	0.35%	1.50%	0.045%	0.050%
	U12755	B	≤ 40	Z	0.21%			0.045%	0.045%
			>40		0.22%				
	U12758	C	—	Z	0.20%			0.040%	0.040%
	U12759	D		TZ	—			0.035%	0.035%

注：① 表中为镇静钢、特殊镇静钢牌号的统一数字，沸腾钢牌号的统一数字代号如下：

　　　Q195F——U11950；

　　　Q215AF——U12150，Q215BF——U12153；

　　　Q235AF——U12350，Q235BF——U12353；

　　　Q275AF——U12750。

　　② 经需方同意，Q235B 的碳含量可不大于 0.22%。

碳素结构钢的冶炼采用氧气转炉、平炉或电炉法，一般为热轧状态交货，表面质量应符合有关规定。

（3）各类牌号钢材的性能和用途

钢材随钢号的增大，含碳量增加，强度和硬度相应提高，而塑性和韧性则降低。

建筑工程中应用最广泛的是 Q235 号钢。其含碳量为 0.14%~0.22%，属低碳钢，具有较高的强度、良好的塑性、韧性及可焊性，综合性能好，能满足一般钢结构和钢筋混凝土结构用钢要求，且成本较低。在钢结构中主要使用 Q235 钢轧制成的各种型钢和钢板。

Q195 和 Q215 号钢，强度较低、塑性和韧性较好，易于冷加工，常用作钢钉、铆钉、螺栓及铁丝等。Q215 号钢经冷加工后可代替 Q235 号钢使用。

Q275 号钢强度较高，但塑性、韧性较差，可焊性也差，不易焊接和冷弯加工，可用于轧制带肋钢筋或作螺栓配件等，但更多用于机械零件和工具等。

2. 低合金高强度结构钢

低合金高强度结构钢是在碳素结构钢的基础上，添加少量的一种或几种合金元素（总含量小于 5%）的一种结构钢。添加合金元素是为了提高钢的屈服强度、抗拉强度、耐磨性、耐蚀性及耐低温性能等。因此，它是综合性较为理想的建筑钢材，尤其在大跨度、承受动荷载和冲击荷载的结构中更适用。另外，与使用碳素钢相比，使用低合金高强度结构钢可节约钢材 20%~30%，而成本并不很高。低合金高强度结构钢的国家标准是 GB/T 1591—2018《低合金高强度结构钢》。

表 9-3 碳素结构钢的拉伸和冲击性能（GB/T 700—2006）

牌号	等级	屈服强度[1]/(N·mm⁻²)，不小于						抗拉强度[2]/(N·mm⁻²)	断后伸长率，不小于/mm						冲击试验（V形缺口）	
		厚度（或直径）/mm							厚度（或直径）/mm						温度/℃	冲击吸收功（纵向）/J，不小于
		≤40	16~40	40~60	60~100	100~150	150~200		≤40	40~60	60~100	100~150	150~200			
Q195	—	195	185	—	—	—	—	315~430	33%	—	—	—	—	—	—
Q215	A	215	205	195	185	175	165	335~450	31%	30%	29%	27%	26%	—	—
	B													+20	27
Q235	A	235	225	215	215	195	185	370~500	26%	25%	24%	22%	21%	—	—
	B													+20	27[3]
	C													0	
	D													−20	
Q275	A	275	265	255	245	225	215	410~540	22%	21%	20%	18%	17%	—	—
	B													+20	27
	C													0	
	D													−20	

注：① Q195 的屈服强度值仅供参考，不作交货条件。

② 厚度大于 100 mm 的钢材抗拉强度下限允许降低 20 N/mm²。宽带钢（包括剪切钢板）抗拉强度上限不作交货条件。

③ 厚度小于 25 mm 的 Q235B 级钢材，如供方能保证冲击吸收功值合格，经需方同意，可不做检验。

表 9-4　碳素结构钢的冷弯性能（GB/T 700—2006）

牌号	试样方向	冷弯试验 180°，$B=2a$[①]	
		钢材厚度（或直径）[②]/mm	
		≤ 60	60~100
		弯心直径 d	
Q195	纵	0	—
	横	0.5a	
Q215	纵	0.5a	1.5a
	横	a	2a
Q235	纵	a	2a
	横	1.5a	2.5a
Q275	纵	1.5a	2.5a
	横	2a	3a

注：①B 为试样宽度，a 为试样厚度（或直径）。

②钢材厚度（或直径）大于 100 mm 时，弯曲试验由双方协商确定。

（1）牌号表示方法

根据国家标准GB/T 1591—2018《低合金高强度结构钢》，钢的牌号由代表屈服强度"屈"字的汉语拼音首字母Q、规定的最小上屈服强度数值、交货状态代号、质量等级符号（B、C、D、E、F）四部分组成。其中，交货状态分为热轧（代号省略）、正火（代号N）、正火轧制（代号N）和热机械轧制（代号M）四种。例如，Q355ND表示低合金高强度结构钢屈服强度为355 MPa，交货状态为正火或正火轧制，质量等级为D级。

（2）标准与选用

低合金高强度结构钢中除含有一定量硅或锰基本元素外，还含有钒（V）、铌（Nb）、钛（Ti）、铝（Al）、钼（Mo）、氮（N）和稀土（RE）等微量元素。热轧钢的牌号及化学成分见表 9-5，其拉伸性能见表 9-6，其伸长率见表 9-7。

9.5.2　钢结构用型钢

课程讲解：建筑钢材　钢结构用型钢

表 9-5　热轧钢的牌号及化学成分（GB/T 1591—2018）

| 牌号 | | 化学成分（质量分数） | | | | | | | | | | | | | | |
钢级	质量等级	C[a] 以下公称厚度或直径/mm ≤40[b] / >40（不大于）	Si	Mn	P[c]	S[c]	Nb[d]	V[e]	Ti[e]	Cr	Ni	Cu	Mo	N[f]	B
Q355	B	0.24	0.55%	1.60%	0.035%	0.035%	—	—	—	0.30%	0.30%	0.40%	—	0.012%	—
	C	0.20 / 0.22			0.030%	0.030%								0.012%	
	D	0.20 / 0.22			0.025%	0.025%								—	
Q390	B	0.20	0.55%	1.70%	0.035%	0.035%	0.05%	0.13%	0.05%	0.30%	0.50%	0.40%	0.10%	0.015%	—
	C	0.20			0.030%	0.030%									
	D	0.20			0.025%	0.025%									
Q420[g]	B	0.20	0.55%	1.70%	0.035%	0.035%	0.05%	0.13%	0.05%	0.30%	0.80%	0.40%	0.20%	0.015%	—
	C	0.20			0.030%	0.030%									
Q460[g]	C	0.20	0.55%	1.80%	0.030%	0.030%	0.05%	0.13%	0.05%	0.30%	0.80%	0.40%	0.20%	0.015%	0.004%

注：
a. 公称厚度大于 100 mm 的型钢，碳含量可由供需双方协商确定。
b. 公称厚度大于 30 mm 的钢材，碳含量不大于 0.22%。
c. 对于型钢和棒材，其磷和硫含量上限值可提高 0.005%。
d. Q390、Q420 最高可到 0.07%，Q460 最高可到 0.11%。
e. 最高可到 0.20%。
f. 如果钢中酸溶铝 Als 含量不小于 0.015% 或全铝 Alt 含量不小于 0.020%，或添加了其他固氮合金元素，固氮元素应在质量证明书中注明，氮元素含量不作限制。
g. 仅适用于型钢和棒材。

表9-6 热轧钢的拉伸性能（GB/T 1591—2018）

牌号		上屈服强度 R_{eH}[a]/MPa 不小于									抗拉强度 R_m/MPa			
钢级	质量等级	公称厚度或直径/mm												
		≤16	>16~40	>40~63	>63~80	>80~100	>100~150	>150~200	>200~250	>250~400	≤100	>100~150	>150~250	>250~400
Q355	B、C	355	345	335	325	315	295	285	275	—	470~630	450~600	450~600	—
	D									265[b]				450~600[b]
Q390	B、C、D	390	380	360	340	340	320	—	—	—	490~650	470~620	—	—
Q420[c]	B、C	420	410	390	370	370	350	—	—	—	520~680	500~650	—	—
Q460[c]	C	460	450	430	410	410	390	—	—	—	550~720	530~700	—	—

注：a. 当屈服不明显时，可用规定塑性延伸强度 $R_{p0.2}$ 代替上屈服强度。

b. 只适用于质量等级为D的钢板。

c. 只适用于型钢和棒材。

表 9-7 热轧钢的伸长率（GB/T 1591—2018）

牌号			断后伸长率A 不小于					
钢级	质量等级	试样方向	公称厚度或直径/mm					
			≤ 40	>40~63	>63~100	>100~150	>150~250	>250~400
Q355	B、C、D	纵向	22%	21%	20%	18%	17%	17%ª
		横向	20%	19%	18%	18%	17%	17%ª
Q390	B、C、D	纵向	21%	20%	20%	19%	—	—
		横向	20%	19%	19%	18%	—	—
Q420ᵇ	B、C	纵向	20%	19%	19%	19%	—	—
Q460ᵇ	C	纵向	18%	17%	17%	17%		

注：a. 只适用于质量等级为 D 的钢板。

b. 只适用于型钢和棒材。

钢结构构件一般应直接选用各种型钢。构件之间可直接或附连接钢板进行连接。连接方式有铆接、螺栓连接或焊接。所用母材主要是碳素结构钢及低合金高强度结构钢。

型钢有热轧型钢和冷轧型钢两种。钢板也有热轧（厚度为 0.35~200 mm）和冷轧（厚度为 0.2~5 mm）两种。

1. 热轧型钢

热轧型钢是由碳素结构钢和低合金结构钢制成，具有一定截面形状和尺寸的长条形钢材。热轧型钢的截面形式如图 9-8 所示。常用的有角钢（等边和不等边）、工形钢、槽形钢、T 形钢、H 形钢、L 形钢等。

建筑用热轧型钢主要采用碳素结构钢 Q235-A，其强度适中，塑性及可焊性较好，成本低，适合建筑工程使用。在钢结构设计规范中，还推荐使用 Q345 及 Q390 低合金钢热轧而成的型钢，主要用于大跨度、承受动荷载的钢结构中。

2. 冷弯薄壁型钢

冷弯薄壁型钢是指用 2~6 mm 厚的薄钢板或带钢经模压或冷弯而成的各种断面形状的成品钢材，是制作轻型钢结构的主要材料。它具有热轧所不能生产的各种特薄、形状合理而复杂的截面。冷弯薄壁型钢品种繁多，从截面形状分，有开口的、半闭口和闭口的，主要产品有冷弯槽钢、角钢、Z 形钢、方管和圆管等。

冷弯薄壁型钢能充分利用钢材的强度，节约钢材。冷弯薄壁型钢主要用作结构用钢材，其应用范围是建筑的承重骨架、围护板件和屋架檩条、单体构件等，如桁架、钢架、楼梯、龙骨和门窗等。除用于各种建筑结构外，冷弯薄壁型钢还广泛用于车辆制造、矿山和桥梁等方面。

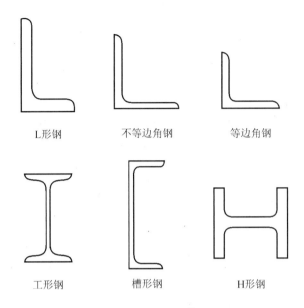

L形钢　　　　不等边角钢　　　　等边角钢

工形钢　　　　槽形钢　　　　H形钢

图 9-8　热轧型钢的截面形式

3. 钢板、压型钢板

用光面轧辊轧制而成的扁平钢材，以平板状态供货的称钢板，以卷状供货的称钢带。按轧制温度不同，分为热轧钢板和冷轧钢板两种：热轧钢板按厚度分为厚板（厚度大于 4 mm）和薄板（厚度为 0.35~4 mm）；冷轧钢板只有薄板（厚度为 0.2~4 mm）。

建筑用钢板及钢带主要是碳素结构钢。一些重型结构、大跨度桥梁和高压容器等也采用低合金钢板。一般厚板可用于焊接结构；薄板可用于屋面或墙面等围护结构，或用作涂层钢板的原材料。钢板还可用来弯曲为型钢。

压型钢板（简称压型板）是用冷轧板、镀锌板、彩色涂层钢板等不同类型的薄钢板，经辊压、冷弯成型的各种类型的波形板。其截面有 V 形、U 形、梯形或相近的波形。它具有质量轻、强度高、色泽丰富、加工简单、施工方便、抗震防火、防雨、寿命长、免维修等特点。压型钢板可以单独使用，用于不保温建筑的外墙、屋面或装饰，也可以与岩棉或玻璃棉组合成各种保温屋面及墙面板材。

9.5.3　钢筋混凝土结构用钢材

▶ 课程讲解：建筑钢材　钢筋混凝土结构用的钢筋和钢丝

钢筋混凝土结构用的钢筋和钢丝，主要由碳素结构钢或低合金结构钢轧制而成。其主要品种有热轧钢筋、冷加工钢筋、热处理钢筋、预应力混凝土用钢丝和钢绞线。按直条或盘条

（也称盘圆）供货。

1. 热轧钢筋

用加热钢坯轧成的条形成品钢筋，称为热轧钢筋。它是建筑工程中用量最大的钢材品种之一，主要用作钢筋混凝土和预应力混凝土结构的配筋。

热轧钢筋按其轧制外形分为热轧光圆钢筋（Hot rolled Plain Bars，HPB）和热轧带肋钢筋（Hot rolled Ribbed Bars，HRB）。热轧带肋钢筋按肋纹的形状分为月牙肋钢筋和等高肋钢筋，如图9-9所示。月牙肋的纵横不相交，而等高肋则纵横相交。月牙肋钢筋有生产简便、强度高、应力集中敏感性小、疲劳性能好等优点，但其与混凝土的黏结锚固性能稍逊于等高肋钢筋。

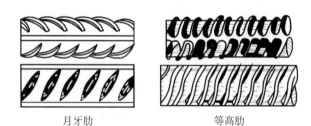

月牙肋　　　　　　　　　　等高肋

图9-9　热轧带肋钢筋外形

根据国家标准GB 1499.1—2017《钢筋混凝土用钢第1部分：热轧光圆钢筋》和国家标准GB 1499.2—2018《钢筋混凝土用钢第2部分：热轧带肋钢筋》，热轧钢筋的力学性能及工艺性能应符合表9-8的规定。

HRB400级钢筋用低合金镇静钢和半镇静钢轧制，以硅、锰作为主要固溶强化元素。其强度较高，塑性和可焊性较好。钢筋表面轧有通长的纵肋和均匀分布的横肋，从而加强了钢筋混凝土之间的黏结力。HRB400级钢筋广泛用作大、中型钢筋混凝土结构的主筋，冷拉后也可作预应力筋。

钢筋的牌号构成及含义分别是：热轧光圆钢筋牌号由HPB（热轧光圆钢筋的英文缩写）和屈服强度构成，仅有HPB300一个牌号。热轧带肋钢筋按热轧过程工艺不同分为普通热轧钢筋和细晶粒热轧钢筋（热轧过程中，通过控轧和控冷工艺，钢筋组织晶粒细化、强度提高）。热轧带肋钢筋牌号由HRB（热轧带肋钢筋的英文缩写）、屈服强度和E（抗震设防结构专用）构成。细晶粒热轧钢筋牌号由HRBF（热轧光圆钢筋的英文缩写+"细"Fine首字母）、屈服强度和E构成。热轧带肋钢筋的公称直径为6~50 mm。热轧钢筋性能见表9-8。

HRB500级钢筋用中碳低合金镇静钢轧制而成，其中以硅、锰为主要合金元素，使之在提高强度的同时保证其塑性和韧性。它具有材料性能稳定、强度高、强度价格比高、抗震性能好、安全储备大、节约钢材等优点，但其延性和焊接性能一般。HRB500级钢筋通常应用于高层、超高层建筑，大型框架结构，高烈度区钢筋混凝土结构，以及大跨度桥梁等。它是房屋建筑的主要预应力钢筋。

表 9-8　热轧钢筋的性能

强度等级代号	外形	钢种	公称直径 / mm	下屈服强度 / ($N \cdot mm^{-2}$) ≥	抗拉强度 / ($N \cdot mm^{-2}$) ≥	断后伸长率≥	冷弯试验	
							角度	弯心直径
HPB300	光圆	低碳钢	6~22	300	420	25%	180°	$d=a$
HRB400	月牙肋	低碳钢合金钢	6~25	400	540	16%	180°	$d=4a$
HRBF400			28~40					$d=5a$
			40~50					$d=6a$
HRB500	等高肋	中碳钢合金钢	6~25	500	630	15%	180°	$d=5a$
HRBF500			28~40					$d=6a$
			40~50					$d=6a$

2. 预应力混凝土热处理钢筋

预应力混凝土热处理钢筋是用热轧带肋钢筋经淬火和回火调质处理后的钢筋，通常有三种规格，直径分别为 6 mm、8 mm、10 mm，其条件屈服强度为不小于 1 325 MPa，抗拉强度不小于 1 470 MPa，伸长率（δ_{10}）不小于 6%，1 000 h 应力松弛不大于 3.5%。其外形分为有纵肋和无纵肋两种，但都有横肋。钢筋热处理后卷成盘，使用时开盘钢筋自行伸直，按要求的长度切断，不能用电焊切断，也不能焊接，以免引起强度下降或脆断。预应力混凝土热处理钢筋在预应力结构中使用，具有与混凝土黏结性能好，应力松弛率低，施工方便等优点。

3. 冷轧带肋钢筋

热轧圆盘经冷轧后，在其表面带有沿长度方向均匀分布的三面或两面横肋，即成为冷轧带肋钢筋。根据国家标准 GB 13788—2017《冷轧带肋钢筋》，冷轧带肋钢筋按照延性高低分为冷轧带肋钢筋和高延性冷轧带肋钢筋两类。冷轧带肋钢筋牌号由 CRB 和抗拉强度值构成，有 CRB550、CRB650 和 CRB800 三个牌号；高延性冷轧带肋钢筋牌号由 CRB、抗拉强度值和 H 构成，有 CRB600H、CRB680H 和 CRB800H 三个牌号。C、R、B、H 分别为冷轧、带肋、钢筋、高延性四个词的英文首字母。与冷拔低碳钢丝相比较，冷轧带肋钢筋具有强度高、塑性好，与混凝土黏结牢固，节约钢材，质量稳定等优点。CRB550 和 CRB600H 宜用于普通钢筋混凝土结构，其他牌号宜用在预应力混凝土结构中。其力学性能和工艺性能见表 9-9。

4. 冷拔低碳钢丝

冷拔低碳钢丝由直径为 6~8 mm 的 Q195、Q215 或 Q235 热轧圆条经冷拔而成，低碳钢经冷拔后，屈服强度可提高 40% ~ 60%，同时塑性大为降低。因此，冷拔低碳钢丝变得硬脆，属硬钢类钢丝。它的性能要求和应用可参阅有关标准或规范，目前，该类钢丝的一些应用已逐渐受限。

表 9-9 冷轧带肋钢筋力学性能和工艺性能

分类	牌号	抗拉强度 R_m/MPa，不小于	规定塑性延伸强度 $R_{p0.2}$/MPa，不小于	$R_m/R_{p0.2}$，不小于	断后伸长率，不小于		最大力总延伸率，不小于	弯曲试验 a 180°	反复弯曲次数	应力松弛初始应力应相当于公称抗拉强度的 70%
					A	$A_{100\,mm}$	A_{gt}			1 000 h，不大于
普通钢筋混凝土用	CRB550	500	550	1.05	11.0%	—	2.5%	$D=3d$	—	—
	CRB600H	540	600	1.05	14.0%	—	5.0%	$D=3d$	—	—
	CRB680H b	600	680	1.05	14.0%	—	5.0%	$D=3d$	4	5%
预应力混凝土用	CRB650	585	650	1.05	—	4.0%	2.5%	—	3	8%
	CRB800	720	800	1.05	—	4.0%	2.5%	—	3	8%
	CRB800H	720	800	1.05	—	7.0%	4.0%	—	4	5%

注：a. D 为弯心直径，d 为钢筋公称直径。

b. 当该牌号钢筋作为普通钢筋混凝土用钢筋使用时，对反复弯曲次数和应力松弛不做要求；当该牌号钢筋作为预应力混凝土用钢筋使用时，应进行反复弯曲试验代替 180° 弯曲试验，并检测松弛率。

5. 冷轧扭钢筋

冷轧扭钢筋是用低碳钢热轧圆盘条专用钢筋经冷轧扭机调直、冷轧并冷扭一次成型，规定截面形状和节距的连续螺旋状钢筋。冷轧扭钢筋有两种类型，如图 9-10 所示。Ⅰ型（矩形截面），Φ^t6.5、8、10、12、14；Ⅱ型（菱形截面），Φ^t12。标记符号 Φ^t 为原材料（母材）轧制前的公称直径（mm）。

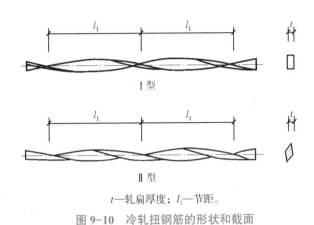

t—轧扁厚度；l_1—节距。

图 9-10　冷轧扭钢筋的形状和截面

冷轧扭钢筋的型号标记由产品名称的代号、特性代号、主参数代号和改型代号四部分组成。例如：LZNΦ^t10（Ⅰ），表示冷轧扭钢筋，标志直径为 10 mm，矩形截面。

冷轧扭钢筋的原材料宜选用低碳钢无扭控冷热轧盘条（高速线材），也可选用符合国家标准的低碳热轧圆盘条，即 Q235 和 Q215 系列，且含碳量控制为 0.12%~0.22%。冷轧扭钢筋力学性能见表 9-10。

表 9-10　冷轧扭钢筋力学性能

规格 /mm	抗拉强度 /（N·mm^{-2}）	弹性模量 /（N·mm^{-2}）	伸长率 δ_{10}	抗压强度设计值 /（N·mm^{-2}）	冷弯 180°（弯心直径 $=3b$）
Φ^t6.5~Φ^t12	≥ 580	1.9×10^5	≥ 4.5%	360	受弯部位表面不得产生裂纹

6. 预应力混凝土用钢丝和钢绞线

预应力混凝土用钢丝是用优质碳素结构钢制成的，根据国家标准 GB/T 5223—2014《预应力混凝土用钢丝》，钢丝按加工状态分为冷拉钢丝（WCD）和消除应力钢丝两类；钢丝按外形可分为光圆钢丝（P）、刻痕钢丝（H）、螺旋肋钢丝（I）。消除应力钢丝按松弛性能又分为低松弛级钢丝（WLR）和普通松弛级钢丝（WNR），但普通松弛级钢丝已不再用于预应力混凝土中。预应力混凝土用钢丝抗拉强度为 1 470~1 860 MPa。在利用钢丝制作预应力混凝土时，所用钢丝力学性能应符合规范的规定，一般情况下，刻痕钢丝和螺旋肋钢丝与混凝土的黏结力好，消除应力钢丝的塑性比冷拉钢丝好。

预应力混凝土用钢绞线，是以数根优质碳素结构钢钢丝经绞捻和消除内应力的热处理后制成的。根据国家标准GB/T 5224—2014《预应力混凝土用钢绞线》，钢绞线按结构可分为八种类型：1×2、1×3、1×3I、1×7、1×7I、（1×7）C、1×19S、1×19W。不同结构类型的钢绞线的制作方式各不相同。例如：1×7结构钢绞线是以一根钢丝为中心，其余6根围绕在周围捻制而成；（1×7）C结构钢绞线则是用7根钢丝捻制，又经模拔的钢绞线。

预应力钢丝和钢绞线强度高，并具有较好的柔韧性，质量稳定，施工简便，使用时可根据要求的长度切断。它们适用于大荷载、大跨度、曲线配筋的预应力钢筋混凝土结构。

7. 钢筋（钢丝、钢绞线）品种的选用原则

在2011年7月1日实施的GB 50010—2010《混凝土结构设计规范》中，根据"四节一环保"（节能、节地、节水、节材和环境保护）的要求，提倡应用高强、高性能钢筋。根据钢筋混凝土构件对受力的性能要求，规定了以下混凝土结构用钢材品种的选用原则：

① 钢筋品种、级别、规格要符合设计要求，若无设计，则参照GB 50010—2010规范选用，选用的钢筋质量应符合相应的产品标准规定，钢筋的外观应平直、无损伤，表面不得有裂纹、油污和锈迹等。目前，推广使用HRB400、HRB500、HRBF400、HRBF500高强热轧带肋钢筋为钢筋混凝土结构纵向受力的主导钢筋，在抗震结构的关键部位及重要构件宜优先选用带"E"的钢筋。

② 推广具有较好的延性、可焊性、机械连接性能及施工适应性的HRB系列普通热轧带肋钢筋。可采用控温轧制工艺生产的HRBF系列细晶粒带肋钢筋。

根据近年来我国强度高、性能好的预应力钢筋（钢丝、钢绞线）已可充分供应的情况，冷加工钢筋不再列入GB 50010—2010《混凝土结构设计规范》中。

应用预应力钢筋的新品种，包括高强、大直径的钢绞线，大直径预应力螺纹钢筋（精轧螺纹钢筋）和中等强度预应力钢丝（以补充中等强度预应力筋的空缺，用于中、小跨度的预应力构件），淘汰锚固性能很差的刻痕钢丝。

9.5.4 建筑钢材的检验

1. 钢材产品合格证的内容

钢材产品合格证的内容包括：钢种、规格、数量、机械性能（屈服点、抗拉强度、冷弯、延伸率）、化学成分（碳、磷、硅、锰、钒等）的数据及结论、出厂日期、检验部门的印章、合格证的编号。合格证要求填写齐全，不得漏填、错填。同时必须填明批量。合格证必须与所进钢材种类、规格相对应。

2. 建筑钢材检验项目

（1）拉伸试验

拉伸试验是用力将试样拉伸，一般拉至断裂以便测定力学性能。主要测定的力学性能是抗拉强度、屈服点和断后伸长率等。

（2）弯曲试验

弯曲试验是使圆形、方形、矩形或多边形横截面试件在弯曲装置上经受弯曲塑性变形，不改变加力方向，直至达到规定的弯曲角度。

3. 钢筋混凝土用钢筋的检验要求

（1）热轧带肋钢筋的检验

钢筋应按批进行检查和验收，每批质量不大于 60 t。每批同一牌号、同一冶炼方法、同一浇铸方法的不同罐号组成混合批，但各炉罐号碳含量之差不大于 0.02%，锰含量之差不大于 0.15%。

（2）冷轧带肋钢筋的检验

钢筋应成批验收，每批应由同一牌号、同一规格、同一级别的钢筋组成。每批不大于 50 t。

（3）冷轧扭钢筋的检验

钢筋验收批应由同一牌号、同一规格、同一台轧机生产、同一台班的钢筋组成，每批不大于 10 t，不足 10 t 按一批计。

钢筋的试样从验收批钢筋中随机抽取。取样部位应距钢筋端部不小于 500 mm。试样长度宜取偶数倍节距，且不应小于 4 倍节距，同时不小于 500 mm。

9.6　钢材的锈蚀及防止

9.6.1　钢材的锈蚀

钢材的锈蚀是指钢的表面与周围介质发生化学作用或电化学作用而遭到侵蚀破坏的过程。锈蚀不仅使钢结构有效断面减小，而且会形成程度不等的锈坑和锈斑，造成应力集中，加速结构破坏。若受到冲击荷载、循环交变荷载作用，将产生锈蚀疲劳现象，使钢材疲劳强度大为降低，甚至出现脆性断裂。钢材锈蚀的主要影响因素有环境湿度、侵蚀性介质性质及数量、钢材材质及表面状况等。

根据锈蚀作用机理，钢材的锈蚀可分为化学锈蚀和电化学锈蚀两类。

1. 化学锈蚀

化学锈蚀是指钢材直接与周围介质发生化学反应而产生锈蚀，这种锈蚀多数是氧化作用，使钢材表面形成疏松的氧化铁。在常温下，钢材表面形成一薄层钝化能力很弱的氧化保护膜，它疏松、易破裂，有害介质可进一步渗入而发生反应，造成锈蚀。在干燥环境下，锈蚀进展缓慢。但在温度或湿度较高的环境条件下，这种锈蚀进展加快。

2. 电化学锈蚀

电化学锈蚀是由于金属表面形成了原电池而产生的锈蚀。钢材本身含有铁、碳等多种成分，由于这些成分的电极电位不同，形成许多微电池。在潮湿空气中，钢材表面将覆盖一层薄的水膜，在阳极区，铁被氧化成 Fe^{2+} 进入水膜，因为水中溶有来自空气中的氧气，故在阴极区氧气将被还原为 OH^-，两者结合成为不溶于水的 $Fe(OH)_2$，并进一步氧化成为疏松易剥落的红棕色铁锈 $Fe(OH)_3$。电化学锈蚀是钢材锈蚀最主要的形式。

钢材锈蚀时，伴随体积增大，最严重的可达原体积的6倍，在钢筋混凝土中会使周围的混凝土胀裂。

9.6.2 锈蚀的防止

1. 使用中钢材锈蚀的防止

埋于混凝土中的钢筋，因处于碱性介质条件，钢筋表面形成氧化保护膜，故不致锈蚀。但应注意氯离子能破坏保护膜，使锈蚀迅速发展。

钢结构防止锈蚀通常采用表面刷漆的方法，常用底漆有红丹、环氧富锌漆和铁红环氧底漆等，面漆有灰铅油、醋酸磁漆和酚醛磁漆等。薄壁钢材可采用热浸镀锌或镀锌后加涂塑料涂层，这种方法效果最好，但价格较高。

混凝土配筋的防锈措施，主要是根据结构的性质和所处环境条件等，考虑混凝土的质量要求，即限制水灰比，并加强生产施工管理，以保证混凝土的密实性，以及保证足够的保护层厚度和限制氯盐外加剂的掺用量。

对于预应力钢筋，一般含碳量较高，又多系经过变形加工或冷拉，因而对锈蚀破坏较敏感，特别是高强度热处理钢筋，容易产生应力锈蚀现象。故重要的预应力承重结构，除不能掺用氯盐外，还应对原材料进行严格检验控制。

2. 仓储中钢材锈蚀的防止

① 保护金属材料的防护层与包装，不使其损坏。金属材料入库时，在装卸搬运、码垛以及保管过程中，对其防护层和外包装必须加以保护。包装已损坏的应及时修复或更换。

② 创造有利的保管环境。选择适宜的保管场所；妥善苫垫、码垛和密封；严格控制温湿度；保持金属材料表面和周围环境的清洁等。

③ 涂敷防锈油（剂）。在金属表面涂敷防锈油（剂），可以使金属表面与周围大气隔离，防止和降低侵蚀性介质到达金属表面的可能，同时金属表面吸附了缓蚀剂分子团以后，金属离子化倾向减少，降低了金属的活泼性，增加了电阻，从而起到防止金属锈蚀的作用。

④ 加强检查，经常维护保养。金属材料在保管期间，必须按照规定的检查制度，进行经常的和定期的、季节性的和重点的各种检查，以便及时掌握材料质量的变化情况，及时采取防锈措施，以有效地防止金属材料的锈蚀。

9.7 钢筋试验

9.7.1 取样与试验环境条件

1. 取样

自每批钢筋中任意抽取两根，于每根距端部 500 mm 处各取一套试样（两根试件），在每套试样中取一根做拉伸试验，用另一根做冷弯试验。

2. 试验环境条件

试验一般在 10 ℃ ~35 ℃ 的室温范围内进行。对温度要求严格的试验，试验温度应为 23 ℃ ±5 ℃。

9.7.2 拉伸试验

1. 试验目的

通过试验测定钢筋的屈服点、抗拉强度及伸长率，评定钢筋的质量。

2. 主要仪器设备

万能试验机、钢筋打点机或划线机、游标卡尺等。

3. 试验准备

拉伸试验用钢筋试件不得进行车削加工，可以用两个或一系列等分小冲点或细线标出试件原始标距，测量标距长度 L_0，如图 9-11 所示。根据钢筋的公称直径按表 9-11 选取公称横截面积。

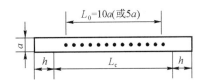

a—试件原始直径；L_0—标距长度；
h—夹头长度；L_c—试件平行长度（$\geq L_0+a$）。

图 9-11　钢筋拉伸试件

表 9-11　钢筋的公称横截面积

公称直径/mm	公称横截面积/mm²	公称直径/mm	公称横截面积/mm²
8	50.27	22	380.1
10	78.54	25	490.9
12	113.1	28	615.8
14	153.9	32	804.2
16	201.1	36	1 018
18	254.5	40	1 257
20	314.2	50	1 964

4. 试验步骤

① 调整试验机初始参数。

② 将试件固定在试验机夹头内。开动试验机进行拉伸，拉伸速度为：屈服前，应力增加速度为 10 MPa/s；屈服后，试验机活动夹头在荷载下每分移动距离不大于 0.5 L_c，直到试件拉断。

③ 拉伸过程中，测力度盘指针停止转动时的恒定荷载或第一次回转时的最小荷载，即屈服荷载 F_s。

④ 向试件连续施加荷载直到拉断，由显示屏幕读出最大荷载 F_b。

⑤ 将已拉断试件的两段在断裂处对齐，尽量使其轴线位于一条直线上。强拉断处由于各种因素形成缝隙，则此缝隙应计入试件拉断后的标距部分长度内。如果拉断处到邻近的标距点的距离大于 1/3 L_0，可用游标卡尺直接量出已被拉长的标距长度 L_1。如果拉断处到邻近的标距端点的距离小于或等于 1/3 L_0，可按下述移位法确定 L_1：在长段上，从拉断处 O 点取基本等于短段格数，得 B 点，接着取等于长段所余格数〔偶数，见图 9-12（a）〕之半，得 C 点；或者取所余格数〔奇数，见图 9-12（b）〕减 1 与加 1 之半，得 C 与 C_1 点。移位后的 L_1 分别为 $AB+2BC$ 或者 $AB+BC+BC_1$。如果直接量测所求得的伸长率能达到技术条件的规定值，则可不采用移位法。

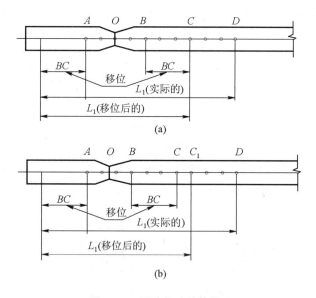

图 9-12 用移位法计算标距
（a）$L_1=AB+2BC$；（b）$L_1=AB+BC+BC_1$

5. 结果整理与评定

（1）结果整理

钢筋的屈服点 σ_s、抗拉强度 σ_b 由式（9-2）计算：

$$\sigma_s = \frac{F_s}{A}$$
$$\sigma_b = \frac{F_b}{A}$$

（9-2）

式中：F_s、F_b——钢筋的屈服荷载和最大荷载，MPa；

　　　A——试件的公称横截面积，mm^2。

当 σ_s、σ_b 大于 1 000 MPa 时，计算应精确至 10 MPa；当 σ_s、σ_b 为 200~1 000 MPa 时，计算应精确至 5 MPa；当 σ_s、σ_b 小于 200 MPa 时，计算应精确至 1 MPa。

钢筋的伸长率 δ_5 或 δ_{10} 按式（9-3）计算，精确至 1%：

$$\delta_5(\text{或}\delta_{10}) = \frac{L_1 - L_0}{L_0} \times 100\%$$

（9-3）

式中：δ_5、δ_{10}——L_0=5a 或 L_0=10a 时的伸长率；

　　　L_0——原标距长度，L_0=5a 或 L_0=10a，mm；

　　　L_1——试件拉断后直接量出或按移位法算出的标距长度，mm。

如试件在标距端点上或标距处断裂，则试验结果无效，应重新进行试验。

（2）结果评定

拉伸试验的两根试件中，如其中一根试件的屈服点、抗拉强度和伸长率三个指标中，有一个指标达不到标准中规定的数值，应再抽取双倍（四根）钢筋，制取双倍（四根）试件重做试验。如仍有一根试件的一个指标达不到标准要求，则不论这个指标在第一次试件中是否达到标准要求，拉伸试验结果也被评定为不合格。

9.7.3　冷弯试验

1. 试验目的

通过冷弯试验，测定钢筋弯曲塑性变形性能。

2. 主要仪器设备

万能试验机、具有一定弯心直径的冷弯冲头等。

3. 试验步骤

① 按图 9-13（a）调整试验机各种平台上支辊距离 L_1。d 为冷弯冲头直径，d=na，n 为自然数，其值根据钢筋级别确定。

② 将试件按图 9-13（a）安放好后，平稳地加荷，钢筋绕冷弯冲头弯曲至规定角度（90º 或 180º）后，停止冷弯，如图 9-13（b）和图 9-13（c）所示。

4. 结果评定

① 在常温下，按规定的弯心直径和弯曲角度对钢筋进行弯曲，检测弯曲钢筋的外表面，

若无裂纹、断裂或起层，即判定冷弯合格，否则为冷弯不合格。

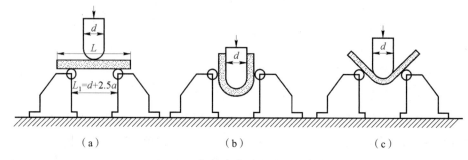

图 9-13 钢筋冷弯试验装置示意图

（a）冷弯试件和支座；（b）弯曲 180°；（c）弯曲 90°

② 在冷弯试验中，如果有一根试件不符合标准要求，应同样抽取双倍钢筋，制成双倍试件重做试验，如仍有一根试件不符合标准要求，冷弯试验结果即评定为不合格。

试验演示：钢筋试验

小结

建筑钢材是主要的建筑材料之一。在建筑工程中主要使用碳素结构钢和低合金结构钢制作钢结构构件及做混凝土结构中的增强材料。建筑钢材是工程中耗量较大而价格较高的建筑材料，所以如何经济合理地利用钢材，以及设法用其他较廉价的材料来代替钢材，以节约钢材资源、降低成本，是非常重要的课题。

本章重点介绍了建筑结构用钢材的主要力学性能、工艺性能和选择使用，以及钢材的分类及化学成分对钢材性能的影响。

自测题

思考题

1. 建筑工程中主要使用哪些钢材？

2. 化学成分对钢材的性能有何影响？

3. 评价钢材技术性质的主要指标有哪些？

4. 钢材拉伸性能的表征指标有哪些？各指标的含义是什么？

5. 什么是钢材的冷弯性能？应如何进行评价？

6. 何谓钢材的冷加工和时效？钢材经冷加工和时效处理后性能有何变化？

7. 钢筋混凝土用热轧钢筋有哪几个牌号? 其表示的含义是什么?

8. 试述碳素结构钢和低合金钢在工程中的应用。

9. 建筑钢材的锈蚀原因有哪些? 如何防护?

测验评价

完成"建筑钢材"测评

10

CHAPTER 10

高分子建筑材料

📖 导言

在上一章中，你主要学习了当代重要的主体建筑材料钢材的品种、分类、技术性能和选择应用，本章你将学习另一种在生活中与你密切相关，而且在建筑工程中日益得到广泛应用的新兴材料—高分子建筑材料。

高分子材料是指以有机高分子化合物为主要成分的材料。有机高分子材料分为天然高分子材料和合成高分子材料两大类。如木材、天然橡胶、棉织品等都是天然高分子材料；而现代生活中广泛使用的塑料、橡胶、化学纤维以及某些涂料、胶黏剂等，都是以高分子化合物为基础材料制成的，这些高分子化合物大多数又是人工合成的，故称为合成高分子材料。

高分子材料是现代工程材料中不可缺少的一类材料。由于合成高分子材料的原料（石油、煤等）来源广泛，化学结合效率高，产品具有多种建筑功能且具有质轻、强韧、耐化学腐蚀、功能多、易加工成型等优点，因此在建筑工程中的应用日益广泛，不仅可用作保温、装饰、吸声材料，还可用作结构材料，代替钢材、木材。

10.1 高分子化合物的基本知识

10.1.1 高分子化合物的定义及制备方法

1. 定义

高分子化合物（也称聚合物）是由千万个原子彼此以共价键连接的大分子化合物，其分子量一般在 10^4 以上。虽然高分子化合物的分子量很大，但其化学组成都比较简单，一个大分子往往由许多相同的、简单的结构单元通过共价键连接而成。高分子化合物分为天然高分子化合物和合成高分子化合物两类。

2. 制备方法

合成高分子化合物是由不饱和的低分子化合物（称为单体）聚合而成的。常用的聚合方法有加聚反应（其生成物称为加聚物，也称聚合树脂）和缩聚反应（其生成物称为缩聚物，也称缩合树脂）。

工程中常见的加聚物有聚乙烯、聚氯乙烯、聚丙烯、聚苯乙烯、聚甲基丙烯酸甲酯和聚四氟乙烯等；工程中常用的缩聚物有酚醛树脂、脲醛树脂、环氧树脂、聚酯树脂、三聚氰胺甲醛树脂及有机硅树脂等。

10.1.2 高分子化合物的分类及主要性质

1. 高分子化合物的分类

高分子化合物的分类方法很多，如按分子键的几何形状、按合成方法和按受热时的性质等分类。

高分子化合物按其在热作用下所表现出来的性质不同，可分为热塑性聚合物和热固性聚合物两种。热塑性聚合物具有受热软化、冷却固化并可多次反复的特性，其制成品可重复利用、反复加工。这类聚合物的密度和熔点都较低，耐热性较低，刚度较小，抗冲击韧性较好。热固性聚合物则是固化后不能再软化、不能重新加工的聚合物。这类聚合物的密度和熔点都较高，耐热性较好，刚度较大，质地硬而脆。

2. 高分子化合物的主要性质

（1）物理力学性质

高分子化合物的密度较小，一般为 $0.8\sim2.2\ \text{g/cm}^3$，只有钢材的 1/8~1/4、混凝土的 1/3、铝的 1/2。而它的比强度高，多数大于钢材和混凝土制品，是极好的轻质高强材料，但其力学性质受温度变化的影响很大；它的导热性很小，是一种很好的轻质保温隔热材料；它的电绝缘性好，是极好的绝缘材料。由于它的减震、消声性好，可制成隔热、隔音和抗震材料。

（2）化学及物理化学性质

① 老化。在光、热、大气作用下，高分子化合物的组成和结构发生变化，致使其性质变化，如失去弹性，出现裂纹，变硬、脆，或变软、发黏，失去原有的使用功能，这种现象称为老化。

② 耐腐蚀性。一般的高分子化合物对侵蚀性化学物质（酸、碱和盐溶液）及蒸汽的作用具有较高的稳定性。但有些聚合物在有机溶液中会溶解或溶胀，使几何形状和尺寸改变、性能恶化，使用时应注意。

③ 可燃性及毒性。聚合物一般属于可燃的材料，但其可燃性受组成和结构的影响有很大差别。如聚乙烯遇明火会很快燃烧起来，而聚氯乙烯则有自熄性，离开火焰会自动熄灭。大部分液态的聚合物有不同程度的毒性，而固化后的聚合物大多是无毒的。

10.2　建筑塑料

塑料是以合成高分子化合物或天然高分子化合物为主要基料，与其他原料在一定条件下经混炼，塑化成型，在常温常压下能保持产品形状不变的材料。塑料在一定的温度和压力下具有较大的塑性，容易制成所需要的各种形状、尺寸的制品，而成型以后，在常温下能保持既得的形状和必需的强度。

10.2.1　塑料的基本组成

塑料大多数以合成树脂为基本材料，再按一定比例加入填充料、增塑剂、固化剂、着色剂及其他助剂等加工而成。

合成树脂是塑料的主要组成材料，塑料的性质主要取决于所用合成树脂的性质。

填充料又称填充剂，是为了改善塑料的某些性能而加入的，其作用是提高塑料的强度、硬度、韧性、耐热性、耐老化性和抗冲击性等，同时降低塑料的成本。

增塑剂的作用是提高塑料加工时的可塑性、流动性以及塑料制品在使用时的弹性和柔软性，改善塑料的低温脆性等，但会降低塑料的强度与耐热性。

固化剂又称硬化剂，主要用于热固性树脂中，其作用是使线型高聚物交联成体型高聚物，从而制得坚硬的塑料制品。

着色剂又称色料，着色剂的作用是使塑料制品具有鲜艳的色彩和光泽。着色剂按其在着色介质中或水中的溶解性分为染料和颜料两大类。

为了改善和调节塑料的某些性能，以适应使用和加工的特殊要求，可在塑料中掺加各种不同的助剂。

10.2.2 塑料的主要性质

1. 塑料的优良性能

塑料是具有质轻、绝缘、耐腐、耐磨、绝热和隔音等优良性能的材料。在建筑上可作为装饰材料、绝热材料、吸声材料、防火材料、墙体材料、管道及卫生洁具等。它与传统材料相比，具有以下优异性能：

（1）质轻、比强度高

塑料的密度为 0.9~2.2 g/cm^3，平均为 1.45 g/cm^3，约为铝的 1/2、钢的 1/5、混凝土的 1/3。而其比强度却远远超过水泥、混凝土，接近或超过钢材，是一种优良的轻质高强材料。

（2）加工性能好

塑料可以采用各种方法制成具有各种断面形状的通用材或异型材，如塑料薄膜、薄板、管材和门窗型材等，且加工性能优良并可采用机械化大规模生产，生产效率高。

（3）导热系数小

塑料制品的热传导、电传导能力较小。其导热能力为金属的 1/600~1/500、混凝土的 1/40、砖的 1/20，是理想的绝热材料。

（4）装饰性优异

塑料制品可完全透明，也可着色，而且色彩绚丽耐久，表面光亮有光泽；可通过照相制版印刷，模仿天然材料的纹理，达到以假乱真的程度；还可通过电镀、热压、烫金制成各种图案和花型，使其表面具有立体感和金属的质感。使用电镀技术，还可使塑料具有导电、耐磨和屏蔽电磁波等功能。

（5）具有多功能性

塑料的品种多，功能不一，且可通过改变配方和生产工艺，在相当大的范围内制成具有各种特殊性能的工程材料，如强度超过钢材的碳纤维复合材料，能够承重，质轻，具有隔音、保温功能的复合板材，柔软而富有弹性的密封、防水材料等。各种建筑塑料又具有各种特殊性能，如防水性、隔热性、隔音性、耐化学腐蚀性等，有些性能是传统材料难以具备的。

（6）经济性

塑料建材无论是从生产时所消耗的能量还是使用效果来看都有节能效果。塑料生产的能耗低于传统材料，为 63~188 kJ/m^3，而钢材为 316 kJ/m^3，铝材为 617 kJ/m^3。在使用过程中，某些塑料产品还具有节能效果。

2. 塑料的主要缺点

（1）耐热性差、易燃

塑料的耐热性差，受到较高温度的作用时会产生热变形，甚至产生分解。建筑中常用的热塑性塑料的热变形温度为 80 ℃ ~120 ℃，热固性塑料的热变形温度为 150 ℃左右。因此，在使用中要注意塑料的限制温度。

塑料一般可燃，且燃烧时会产生大量的烟雾，甚至产生有毒气体。因此，一般在生产过程中掺入一定量的阻燃剂，以提高塑料的耐燃性。但在重要的建筑物场所或易产生火灾的部位，不宜采用塑料装饰制品。

（2）易老化

塑料在热、空气、阳光，以及环境介质中的酸、碱、盐等作用下，分子结构会产生递变，增塑剂等组分挥发，使塑料性能变差，甚至产生硬脆和破坏等现象称为老化。塑料的耐老化性可通过添加外加剂的方法得到很大提高。如某些塑料制品的使用年限可达 50 年左右，甚至更长。

（3）热膨胀性大

塑料的热膨胀系数较大，因此在温差变化较大的场所使用塑料时，尤其是与其他材料结合时，应当考虑变形因素，以保证制品的正常使用。

（4）刚度小

塑料与钢铁等金属材料相比，强度和弹性模量较小，即刚度差，且在荷载长期作用下会产生蠕变。因此给塑料的使用带来一定的局限性，尤其是用作承重结构时应慎重。

总之，塑料及其制品的优点大于缺点，且塑料的缺点可以通过采取措施加以改进。随着塑料资源的不断发展，建筑塑料的发展前景是非常广阔的。

10.2.3 常用的建筑塑料及制品

1. 常用建筑塑料

常用建筑塑料的性能及主要用途见表 10-1，常用建筑塑料的物理力学性能见表 10-2。

表 10-1 常用建筑塑料的性能及主要用途

名称	特性	用途
聚乙烯（PE）	柔软性好，耐低温性好，耐化学腐蚀和介电性能优良，成型工艺好，但刚性差，耐热性差（使用温度 <50 ℃），耐老化差	防水材料、给排水管和绝缘材料等
聚氯乙烯（PVC）	耐化学腐蚀性和电绝缘性优良，力学性能较好，具有难燃性，但耐热性较差，升高温度时易发生降解	有软质、硬质、轻质发泡制品，广泛用于建筑各部位，是应用最多的一种塑料

名称	特　性	用　途
聚苯乙烯（PS）	树脂透明，有一定机械强度，电绝缘性能好，耐辐射，成型工艺好，但脆性大，耐冲击和耐热性差	主要以泡沫塑料形式作为隔热材料，也用来制造灯具、平顶板等
聚丙烯（PP）	耐腐蚀性能优良，力学性能和刚性超过聚乙烯，耐疲劳和耐应力开裂性好，但收缩率较大，低温脆性大	管材、卫生洁具、模板等
ABS塑料	具有韧、硬、刚相均衡的优良力学特性，电绝缘性与耐化学腐蚀性好，尺寸稳定性好，表面光泽性好，易涂装和着色，但耐热性不太好，耐候性较差	用于生产建筑五金和各种管材、模板、异型板等
酚醛塑料（PF）	电绝缘性能和力学性能良好，耐水性、耐酸性和耐腐蚀性能优良，坚固耐用、尺寸稳定、不易变形	生产各种层压板、玻璃钢制品、涂料和胶黏剂等
环氧树脂（EP）	黏结性和力学性能优良，耐化学药品性（尤其是耐碱性）良好，电绝缘性能好，固化收缩率低，可在室温、接触压力下固化成型	主要用于生产玻璃钢、胶黏剂和涂料等产品
不饱和聚酯（UP）	可在低压下固化成型，用玻璃纤维增强后具有优良的力学性能，具有良好的耐化学腐蚀性和电绝缘性能，但固化收缩率较大	主要用于玻璃钢、涂料和聚酯装饰板等
聚氨酯（PUP）	强度高，耐化学腐蚀性优良，耐热、耐油、耐溶剂性好，黏结性和弹性优良	主要以泡沫塑料形式作为隔热材料及优质涂料、胶黏剂、防水涂料和弹性嵌缝材料等
脲醛塑料（UF）	电绝缘性好，耐弱酸、碱，无色、无味、无毒，着色力好，不易燃烧，耐热性差，耐水性差，不利于复杂造型	胶合板和纤维板，泡沫塑料，绝缘材料，装饰品等
有机硅塑料	耐高温、耐腐蚀、电绝缘性好、耐水、耐光、耐热，固化后的强度不高	防水材料、黏结剂、电工器材、涂料等

表10-2 常用建筑塑料的物理力学性能

性能	聚乙烯		聚丙烯	聚氯乙烯		聚苯乙烯	聚碳酸酯	聚酯（填充玻纤）	ABS塑料（通用型）	酚醛树脂	环氧树脂	不饱和聚酯树脂
	低密度	高密度		软	硬							
密度/(g·cm⁻³)	0.910~0.940	0.941~0.965	0.90~0.91	1.16~1.35	1.35~1.45	1.05~1.07	1.18~1.20	—	—	1.3	1.9	1.2
抗拉强度/MPa	10.0~16.0	20.0~30.0	30.0~39.0	10.0~25.0	35.0~56.0	≥30.0	66.0	49.2	35~48	45.0~52.0	30.0~40.0	30.0~60.0
抗弯强度/MPa	—	20.0~30.0	42.0~56.0	—	70.0~120.0	≥50.0	105	91.4	59~75	70.3	98.4	80~100
冲击强度（缺口）/(J·cm⁻²)	—	10~30	2.2~2.5	—	0.218~1.09	1.2~1.6	25左右	6.4~7.5	60~310	19.6~58.8	>3	1~1.5
热变形温度（0.46 MPa)/℃	49~65	60~82	99~116	—	57~82	65~96	115~135	204	62~70	177	149	—
热膨胀系数/（×10⁻⁵/℃）	16~18	11~13	10.8~11.2	7~25	5~8.5	—	—	—	—	—	1.1~1.3	—
介电性	优	优	优	良	良	优	良	优	良	良	良	良
抗溶剂性	良	良	良	—	—	较差	—	良	—	良	良	良
抗酸性	良	良	良	良	优	良	良	良	良	良	良	良
燃烧难易	少烟	少烟	滴落少烟	缓慢自熄	自熄	大量黑烟	自熄	易	—	难	缓慢	—

学习活动 10-1

热塑性塑料与热固性塑料的辨识

在此活动中，你将在已了解热塑性塑料和热固性塑料的概念以及常用建筑塑料性能的基础上，总结并进一步掌握两种塑料的辨识方法，进而不断提高通过表观现象揭示性能内在变化，以正确认知和指导高分子建筑材料选择应用的职业能力。

完成此活动需要花费 15 min。

步骤 1：请你根据一般加聚物如聚乙烯、聚氯乙烯、聚丙烯、聚苯乙烯、聚甲基丙烯酸甲酯（俗称有机玻璃）都呈热塑性，而缩聚物如酚醛树脂、脲醛树脂、环氧树脂、聚酯树脂、三聚氰胺甲醛树脂及有机硅树脂等呈热固性的表观现象，总结两种塑料根据命名特点的辨识方法（仅考虑一般性）。

步骤 2：取你最方便得到的两类塑料试样各一份（可取自废旧塑料制品），观察其受热、冷却变化性态的不同。

反馈：

1. 对于步骤 1 报告所得结论，教师给予评价，并指出不符合的特例。

2. 根据步骤 2 的小试验，进一步推断两类塑料可燃性的规律，利用表 10-1 和表 10-2 验证结论的正确性。

2. 建筑塑料制品

建筑工程中塑料制品主要用作装饰材料、水暖工程材料、防水工程材料、结构材料及其他用途材料等。常用建筑塑料制品见表 10-3。

表 10-3 常用建筑塑料制品

分　类	主要塑料制品
装饰材料	塑料地面材料：塑料地砖、塑料地板、塑料涂布地板和塑料地毯
	塑料内墙面材料：塑料壁纸、三聚氰胺装饰层压板、塑铝板、塑料墙面砖等
	建筑涂料：内外墙有机高分子溶剂型涂料、乳液型涂料、水溶性涂料、有机无机复合涂料
	塑料门窗：塑料门（框板门、镶板门）、塑料窗、塑钢窗、百叶窗、窗帘
	装修线材：踢脚线、画镜线、扶手、踏步
	塑料建筑小五金、灯具
	塑料平顶（吊平顶、发光平顶）
	塑料隔断板

续表

分　类	主要塑料制品
水暖工程材料	给排水管材、管件、水落管
	卫生洁具：玻璃钢浴缸、水箱、洗脚池等
防水工程材料	防水卷材、防水涂料、密封和嵌缝材料、止水带
隔热材料	现场发泡泡沫塑料、泡沫塑料
混凝土工程材料	塑料模板
墙面及屋面材料	护墙板：异型板材、扣板、折板、复合护墙板
	屋面板：屋面天窗、透明压花塑料天花板
	屋面有机复合材料：瓦、聚四氟乙烯涂覆玻璃布
塑料建筑	充气建筑、塑料建筑物、盒子卫生间、厨房

（1）塑料装饰板材

塑料装饰板材以其质量轻、装饰性强、生产工艺简单、施工简便、易于保养、适于与其他材料复合等特点在装饰工程中得到越来越广泛的应用。

塑料装饰板材按原材料的不同可分为塑料金属复合板、硬质PVC板、三聚氰胺层压板、玻璃钢板、塑铝板、聚碳酸酯采光板和有机玻璃装饰板等类型。按结构和断面形式，其可分为平板、波形板、实体异型断面板、中空异型断面板、格子板和夹芯板等类型。

（2）塑料壁纸

塑料壁纸的特点有：具有一定的伸缩性和耐裂强度，装饰效果好、性能优越、粘贴方便、使用寿命长、易维修保养等。塑料壁纸是目前使用广泛的一种室内墙面装饰材料，也可用于顶棚、梁柱等处的贴面装饰。塑料壁纸的宽度为530 mm和900~1 000 mm，前者每卷长度为10 m，后者每卷长度为50 m。

（3）塑料地板

塑料地板具有许多优良性能：种类花色繁多，具有良好的装饰性能；功能多变、适应面广；质轻、耐磨、脚感舒适；施工、维修、保养方便。塑料地板按其外形可分为块材地板和卷材地板；按其组成和结构特点可分为单色地板、透底花纹地板、印花压花地板；按其材质的软硬程度可分为硬质地板、半硬质地板和软质地板；按其所采用的树脂类型可分为聚氯乙烯（PVC）地板、聚丙烯地板和聚乙烯-醋酸乙烯酯地板等，国内普遍采用的是硬质PVC地板和半硬质PVC地板。

（4）塑钢门窗

塑钢门窗具有外形美观、尺寸稳定、抗老化、不褪色、耐腐蚀、耐冲击、气密和水密性能优良以及使用寿命长等优点。

（5）玻璃钢

玻璃钢制品具有良好的透光性和装饰性，可制成色彩绚丽的透光或不透光构件或饰件；强度高（可超过普通碳素钢）、质量轻（密度 1.4~2.2 g/cm³，仅为钢的 1/5~1/4、铝的 1/3 左右），是典型的轻质高强材料；成型工艺简单灵活，可制成复杂的构件；具有良好的耐化学腐蚀性和电绝缘性；耐湿、防潮，可用于有耐湿要求的建筑物的某些部位。玻璃钢制品的最大缺点是表面不够光滑。

10.3 建筑胶黏剂

胶黏剂是指具有良好的黏结性能，能在两个物体表面间形成薄膜并把它们牢固地黏结在一起的材料，又称黏合剂或粘接剂。与焊接、铆接、螺纹连接等连接方式相比，胶接具有很多突出的优越性：胶接为面际连接，应力分布均匀，耐疲劳性好；不受胶接物的形状、材质等限制，胶接后具有良好的密封性能；几乎不增加黏结物的质量；方法简单等。因此，胶黏剂在建筑工程中的应用越来越广泛，成为工程上不可缺少的配套材料。

10.3.1 胶黏剂的组成与分类

1. 组成

胶黏剂是一种多组分的材料，它一般由黏结物质、固化剂、增韧剂、填料、稀释剂和改性剂等组分配制而成。

2. 分类

胶黏剂的品种繁多，组成各异，分类方法也各不相同，一般可按黏结物质的性质、胶黏剂的强度特性及固化条件来划分。

（1）按黏结物质的性质分类

胶黏剂按黏结物质的性质不同，其分类见表 10-4。

（2）按强度特性分类

按强度特性不同，胶黏剂可分为：结构胶黏剂（胶结强度较高，至少与被胶结物本身的材料强度相当）、非结构胶黏剂（要求有一定的强度，但不承受较大的力，只起定位作用）和次结构胶黏剂。

（3）按固化条件分类

按固化条件的不同，胶黏剂可分为溶剂型胶黏剂、反应型胶黏剂和热熔型胶黏剂。

溶剂型胶黏剂中的溶剂从黏合端面挥发或者被吸收，形成黏合膜而发挥黏合力。反应型胶黏剂的固化是由不可逆的化学变化引起的。热熔型胶黏剂通过加热熔融黏合，随后冷却、固化，发挥黏合力。

表 10-4　胶黏剂按黏结物质的性质分类

有机类	合成类	树脂型	热固性：酚醛树脂、环氧树脂、不饱和聚酯、聚氨酯、脲醛树脂等
			热塑性：聚醋酸乙烯酯、聚氯乙烯－醋酸乙烯酯、聚丙烯酸酯、聚苯乙烯聚酰胺、醇酸树脂、纤维素、饱和聚酯等
		橡胶型：再生橡胶、丁苯橡胶、丁基橡胶、氯丁橡胶、聚硫橡胶等	
		混合型：酚醛－聚乙烯醇缩醛、酚醛－氯丁橡胶、环氧－酚醛、环氧－聚硫橡胶等	
	天然类	葡萄糖衍生物：淀粉、可溶性淀粉、糊精、阿拉伯树胶、海藻酸钠等	
		氨基酸衍生物：植物蛋白、酪元、血蛋白、骨胶、鱼胶	
		天然树脂：木质素、单宁、松香、虫胶、生漆	
		沥青、沥青胶	
无机类	硅酸盐类		
	磷酸盐类		
	硼酸盐		
	硫黄胶		
	硅溶胶		

10.3.2　常用胶黏剂及应用

1. 常用胶黏剂的性能及应用

建筑上常用胶黏剂的性能及应用见表 10-5。

2. 选用原则

选择胶黏剂的基本原则有以下几方面：

① 了解黏结材料的品种和特性。根据被黏结材料的物理性质和化学性质选择合适的胶黏剂。

② 了解黏结材料的使用要求和应用环境，即黏结部位的受力情况、使用温度、耐介质及耐老化性、耐酸碱性等。

③ 了解粘接工艺性，即根据黏结结构的类型采用适宜的粘接工艺。

表 10-5　建筑上常用胶黏剂的性能及应用

种　类		特　性	主要用途
热塑性合成树脂胶黏剂	聚乙烯醇缩甲醛类胶黏剂	黏结强度较高，耐水性、耐油性、耐磨性及抗老化性较好	粘贴壁纸、墙布和瓷砖等，可用于涂料的主要成膜物质，或用于拌制水泥砂浆，能增强砂浆层的黏结力
	聚醋酸乙烯酯类胶黏剂	常温固化快，黏结强度高，黏结层的韧性和耐久性好，不易老化，无毒、无味、不易燃爆，价格低，但耐水性差	广泛用于粘贴壁纸、玻璃、陶瓷、塑料、纤维织物、石材、混凝土、石膏等各种非金属材料，也可作为水泥增强剂
	聚乙烯醇胶黏剂（胶水）	水溶性胶黏剂，无毒，使用方便，黏结强度不高	可用于胶合板、壁纸、纸张等的胶接
热固性合成树脂胶黏剂	环氧树脂类胶黏剂	黏结强度高，收缩率小，耐腐蚀，电绝缘性好，耐水、耐油	粘接金属制品、玻璃、陶瓷、木材、塑料、皮革、水泥制品、纤维制品等
	酚醛树脂类胶黏剂	黏结强度高，耐疲劳，耐热，耐气候老化	用于粘接金属、陶瓷、玻璃、塑料和其他非金属材料制品
	聚氨酯类胶黏剂	黏附性好，耐疲劳，耐油，耐水，耐酸，韧性好，耐低温性能优异，可室温固化，但耐热性差	适于胶接塑料、木材、皮革等，特别适用于防水、耐酸、耐碱等工程
合成橡胶胶黏剂	丁腈橡胶胶黏剂	弹性及耐候性良好，耐疲劳，耐油，耐溶剂性好，耐热，有良好的混溶性，但黏着性差，成膜缓慢	适用于耐油部件中橡胶与橡胶、橡胶与金属、织物等的胶接，尤其适用于粘接软质聚氯乙烯材料
	氯丁橡胶胶黏剂	黏附力、内聚强度高，耐燃，耐油，耐溶剂性好，但储存稳定性差	用于结构粘接或不同材料的粘接，如橡胶、木材、陶瓷、石棉等不同材料的粘接
	聚硫橡胶胶黏剂	很好的弹性、黏附性。耐油，耐候性好，对气体和蒸汽不渗透，防老化性好	作密封胶及用于路面、地坪、混凝土的修补，表面密封和防滑，用于海港、码头及水下建筑物的密封
	硅橡胶胶黏剂	良好的耐紫外线性、耐老化性、耐热性、耐腐蚀性，黏附性好，防水防震	用于金属、陶瓷、混凝土、部分塑料的粘接，尤其适用于门窗玻璃的安装以及隧道、地铁等地下建筑中瓷砖、岩石接缝间的密封

239

④ 了解胶黏剂组分的毒性。

⑤ 了解胶黏剂的价格和来源难易。在满足使用性能要求的条件下，尽可能选用价廉的、来源容易的、通用性强的胶黏剂。

3. 使用注意事项

为了提高胶黏剂在工程中的黏结强度，满足工程需要，使用胶黏剂粘接时应注意：

① 粘接面要清洗干净，彻底清除被粘接物表面的水分、油污、锈蚀和漆皮等附着物。

② 胶层要匀薄。大多数胶黏剂的胶接强度随胶层厚度增加而降低。胶层薄，胶面上的黏附力起主要作用，而黏附力往往大于内聚力，同时胶层产生裂纹和缺陷的概率变小，胶接强度就高。但胶层过薄，易产生缺胶，影响胶接强度。

③ 凉置时间要充分。对含有稀释剂的胶黏剂，胶接前一定要凉置，使稀释剂充分挥发，否则在胶层内会产生气孔和疏松现象，影响胶接强度。

④ 固化要完全。胶黏剂的固化一般需要一定压力、温度和时间。加一定的压力有利于胶液的流动和湿润，保证胶层的均匀和致密，使气泡从胶层中挤出。温度是固化的主要影响因素，适当提高固化温度有利于分子间的渗透和扩散，有助于气泡的逸出和增加胶液的流动性。温度越高，固化越快。但温度过高会使胶黏剂发生分解，影响黏结强度。

小结

本章首先介绍高分子化合物的定义、分类，高分子化合物的主要性质和应用；建筑塑料一节介绍了塑料的基本组成及其作用、建筑塑料的主要性质和常用建筑塑料及制品的特性及应用；建筑胶黏剂一节介绍了胶接的优越性、建筑胶黏剂的组成、选用建筑胶黏剂的基本原则、提高建筑胶黏剂使用效果的措施。

自测题

思考题

1. 高分子材料的组成特征和性能特征是什么？

2. 热塑性聚合物与热固性聚合物的主要不同点是什么？

3. 塑料的组分有哪些？它们在塑料中所起的作用如何？

4. 建筑塑料有何优缺点？工程中常用的建筑塑料有哪些？

5. 胶接具有哪些突出的优越性？

6. 如何才能提高胶黏剂在工程中的黏结强度？

7. 应如何选用建筑胶黏剂？

测验评价

完成"高分子建筑材料"测评

11

CHAPTER 11

防水材料

🏛 导言

在上一章中，你主要学习了在建筑工程中得到日益广泛应用的新兴材料——高分子建筑材料，本章你将以石油沥青为主线学习建筑物防水基本功能的承载体——防水材料。

防水材料是保证建筑物防止雨水、地下水与其他水分侵蚀渗透的重要功能性材料，是建筑工程构造中不可或缺的组成部分，同时在公路桥梁、水利工程中也有广泛的应用。

建筑工程防水按构造做法可分为构件自身防水和防水层防水两大类。防水层防水按做法又可分为刚性防水和柔性防水。刚性防水是采用涂抹防水砂浆、浇筑掺有防水剂的混凝土或预应力混凝土等的做法；柔性防水是采用铺设防水卷材和涂抹防水涂料等的做法。多数建筑物采用的是柔性防水。

建筑物的使用耐久性与防水材料的质量优劣密切相关。国内外用沥青作为防水材料有悠久历史，直至现在，沥青基防水材料仍是应用最广的防水材料，但因其易老化，故使用寿命较短。石油工业的发展，各种高分子材料的出现，为研制性能优良的新型防水材料提供了原料和技术，传统沥青防水材料已向高聚物改性沥青和橡胶及树脂基防水材料系列发展，防水层的构造已由多层防水向单层防水发展，施工方法亦已由热熔法向冷粘法发展。

> ▶ 课程讲解：防水材料　防水材料的发展及分类

11.1　沥青材料

沥青材料是由一些极其复杂的高分子碳氢化合物及其非金属（氧、硫、氮）衍生物所组成的黑色、黑褐色固体、半固体或液体混合物。

沥青属于憎水性有机胶凝材料，其结构致密，完全不溶于水，不吸水，与混凝土、砂浆、木材、金属、砖、石料等材料有非常好的黏结能力；具有较好的抗腐蚀能力，能抵抗一般酸、碱、盐等的腐蚀；具有良好的电绝缘性。因此，沥青广泛用于建筑工程的防水、防潮、防渗及防腐和道路工程。

11.1.1　沥青的分类

沥青按其在自然界中获取的方式，可分为地沥青和焦油沥青两大类。

1. 地沥青
地沥青是天然存在的或由石油精制加工得到的沥青材料，包括天然沥青和石油沥青。天然沥青是石油在自然条件下，长时间经受地球物理因素作用而形成的产物。石油沥青是指石油原油经蒸馏等工艺提炼出各种轻质油及润滑油后的残留物，再进一步加工得到的产物。

2. 焦油沥青
焦油沥青是含有有机物的烟煤、木材、页岩等干馏加工得到焦油后，再经分馏加工提炼出各种轻质油后而得到的产品，包括煤沥青、木沥青和页岩沥青等。

建筑工程中最常用的是石油沥青和煤沥青。

> ▶ 课程讲解：防水材料　沥青的组分及技术性质

11.1.2　石油沥青的组分

石油沥青是由多种碳氢化合物及其非金属（氧、硫、氮）衍生物组成的混合物。由于沥青化学组成结构的复杂性，只能从使用角度将沥青中化学性质相近而且与其工程性能有一定联系的成分划分为若干化学成分组，这些成分组称为组分。

石油沥青中的组分有油分、树脂、沥青质，其含量的变化直接影响沥青的技术性质：油分含量的多少直接影响沥青的柔软性、抗裂性及施工难度；中性树脂赋予沥青一定的塑性、可流动性和黏结性，其含量增加，沥青的黏结力和延伸性增加，酸性树脂能改善沥青对矿物材料的浸润性，特别是能提高与碳酸盐类岩石的黏附性、增强沥青的可乳化性；沥青质决定着沥青的黏结力、黏度、温度稳定性和硬度等，沥青质含量增加时，沥青的黏度和黏结力增加，硬度和软化点提高。

11.1.3 石油沥青的技术性质

1. 黏滞性

石油沥青的黏滞性（黏性）是反映沥青材料内部阻碍其相对流动的一种特性，以绝对黏度表示，是沥青性质的重要指标之一。

石油沥青的黏滞性大小与组分及温度有关。沥青质含量高，同时有适量的树脂，而油分含量较低时，黏滞性较大。在一定温度范围内，当温度上升时，则黏滞性随之降低，反之则随之增大。

石油沥青的黏度用针入度仪测定的针入度来表示。针入度值越小，表明石油沥青的黏度越大。黏稠石油沥青的针入度是在规定温度 25 ℃条件下，以规定质量（100 g）的标准针，经历规定时间（5 s）贯入试样中的深度，以 1/10 mm 为单位，符号为 P。

对于液体石油沥青或较稀的石油沥青，其黏度可用标准黏度计测定的标准黏度表示。标准黏度值越大，则表明石油沥青的黏度越大。标准黏度是在规定温度（20 ℃、25 ℃、30 ℃或 60 ℃）下，由规定直径（3 mm、5 mm 或 10 mm）的孔口流出 50 mL 沥青所需的时间，符号为 $C_d^t T$，d 为流口孔径，t 为试样温度，T 为流出 50 mL 沥青所需的时间。

2. 塑性

塑性是指石油沥青在外力作用下产生变形而不破坏（产生裂缝或断开），除去外力后仍保持变形后的形状不变的性质，又称延展性。塑性是沥青性质的重要指标之一。

石油沥青的塑性大小与组分有关。石油沥青中树脂含量较多，且其他组分含量适当时，则塑性较大。影响沥青塑性的因素有温度和沥青膜层厚度。温度升高，塑性增大。膜层越厚，塑性越高；反之，膜层越薄，则塑性越差。当膜层厚度薄至 1 μm 时，塑性消失，即接近于弹性。在常温下，塑性较好的沥青在产生裂缝时，也可能由于特有的黏塑性而自行愈合，故塑性还反映了沥青开裂后的自愈能力。沥青之所以能用来制造性能良好的柔性防水材料，很大程度上取决于沥青的塑性。沥青的塑性使其对冲击振动有一定的吸收能力，能减少摩擦时的噪声，故沥青也是一种优良的地面材料。

石油沥青的塑性用延度表示。延度越大，塑性越好。

沥青延度是将沥青制成"8"字形标准试件（中间最小截面积 1 cm²），在规定拉伸速度（5 cm/min）和规定温度（25 ℃）下拉断时的长度（cm）。

3. 温度敏感性

温度敏感性是指石油沥青的黏滞性和塑性随温度升降而变化的性能，也称温度稳定性。温度敏感性也是沥青性质的重要指标之一。

石油沥青中沥青质含量较多时，在一定程度上能够降低其温度敏感性（提高温度稳定性），沥青中含蜡量较多时，则会增大其温度敏感性。建筑工程上要求选用温度敏感性较小的沥青材料，因而在工程使用时往往加入滑石粉、石灰石粉或其他矿物填充料来降低其温度敏感性。

沥青的温度敏感性用软化点表示，采用"环球法"测定，即将沥青试样装入规定尺寸（直径约 16 mm、高约 6 mm）的铜环内，试样上放置一个标准钢球（直径 9.53 mm，质量 3.5 g），浸入水或甘油中，以规定的升温速度（5 ℃/min）加热，使沥青软化下垂，下垂到规定距离（25.4 mm）时的温度即软化点，单位为℃。软化点越高，则温度敏感性越低。

4. 大气稳定性

大气稳定性是指石油沥青在热、阳光、空气和潮湿等因素的长期综合作用下抵抗老化的性能。

在阳光、空气和热等的综合作用下，沥青各组分会不断递变，低分子化合物将逐步转变成高分子物质，即油分和树脂逐渐减少，而沥青质逐渐增多，从而使沥青流动性和塑性逐渐减小，硬脆性逐渐增大，直至脆裂，这个过程称为石油沥青的老化。

石油沥青的大气稳定性以沥青试样在 160 ℃下加热蒸发 5 h 后质量蒸发损失百分率和蒸发后针入度比表示。蒸发损失百分率越小，蒸发后针入度比越大，则表示沥青的大气稳定性越好，即老化越慢。

5. 施工安全性

黏稠沥青在使用时必须被加热，当加热至一定温度时，沥青材料中挥发的油分蒸气与周围空气组成混合气体，此混合气体遇火焰则易发生闪火。若继续加热，油分蒸气的饱和度增加。由于此种蒸气与空气组成的混合气体遇火焰极易燃烧而引发火灾，因此，必须测定沥青加热闪火和燃烧的温度，即闪点和燃点。

闪点是指加热沥青产生的可燃气体和空气的混合物，在规定条件下与火焰接触，初次闪火（有蓝色闪光）时的沥青温度（℃）。燃点是指加热沥青产生的气体和空气的混合物，与火焰接触能持续燃烧 5 s 以上时的沥青温度（℃）。燃点比闪点约高 10 ℃。沥青质含量越多，闪点和燃点相差越大。液体沥青由于油分较多，闪点和燃点相差很小。

闪点和燃点的高低表明沥青引起火灾或爆炸可能性的大小，它们关系到运输、储存和加热使用等方面的安全。

6. 防水性

石油沥青是憎水性材料，且本身构造致密。它与矿物材料表面有很好的黏结力，能紧密黏附于矿物材料表面。同时，它又具有一定的塑性，能适应材料或构件的变形。因此，沥青具有良好的防水性，被广泛用作建筑工程的防潮、防水、抗渗材料。

7. 溶解度

溶解度是指石油沥青在三氯乙烯、四氯化碳或苯中溶解的百分率，以表示石油沥青中有效物质的含量，即纯净程度。那些不溶解的物质会降低沥青的性能（如黏性等），应把不溶物视为有害物质（如沥青碳或似碳物）而加以限制。

11.1.4　石油沥青的分类及选用

课程讲解：防水材料　沥青的牌号与性能指标的关系

1. 分类

根据我国现行石油沥青标准，石油沥青主要划分为三大类：道路石油沥青、建筑石油沥青和普通石油沥青。各品种按技术性质划分为多种牌号。各牌号的质量指标要求见表 11-1（GB/T 494—2010《建筑石油沥青》）和表 11-2（NB/SH/T 0522—2010《道路石油沥青》）。

表 11-1　建筑石油沥青的技术要求

项　　目	质量指标		
	10 号[①]	30 号	40 号
针入度（25 ℃，100 g，5 s）/10^{-1} mm	10~25	26~35	36~50
针入度（46 ℃，100 g，5 s）/10^{-1} mm	报告[②]	报告	报告
针入度（0 ℃，200 g，5 s）/10^{-1} mm，不小于	3	6	6
延度（25 ℃，5 cm/min）/cm，不小于	1.5	2.5	3.5
软化点（环球法）/℃，不低于	95	75	60
溶解度（三氯乙烯），不小于	99.0%		
蒸发后质量变化（163 ℃，5 h），不大于	1%		
蒸发后 25 ℃针入度比[③]，不小于	65%		
闪点（开口杯法）/℃，不低于	260		

注：①10 号、30 号、40 号为建筑石油沥青的牌号；
　　②报告应为实测值；
　　③测定蒸发损失后样品的 25 ℃针入度与原 25 ℃针入度之比乘以 100 后所得的百分比值，称为蒸发后针入度比。

表 11-2　道路石油沥青的技术要求

项　目		质量指标				
		200 号[①]	180 号	140 号	100 号	60 号
针入度（25 ℃，100 g，5 s）/10⁻¹ mm		200~300	150~200	110~150	80~110	50~80
延度[②]（25 ℃）/cm，不小于		20	100	100	90	70
软化点 /℃		30~48	35~48	38~51	42~55	45~58
溶解度，不小于		99.0%				
闪点（开口）/℃，不低于		180	200	230		
密度（25 ℃）/（g·cm⁻³）		报告				
蜡含量，不大于		4.5%				
薄膜烘箱试验（163 ℃，5 h）	质量变化，不大于	1.3%	1.3%	1.3%	1.2%	1.0%
	针入度比	报告				
	延度（25 ℃）/cm	报告				

注：① 200 号、180 号、140 号、100 号、60 号为道路石油沥青的牌号；
　　② 如 25 ℃延度达不到，15 ℃延度达到，也认为是合格的，指标要求与 25 ℃延度一致。

从表 11-1 可以看出，石油沥青是按针入度指标来划分牌号的，而每个牌号还应保证相应的延度和软化点以及符合溶解度、蒸发损失、蒸发后针入度比、闪点等技术指标的要求。

2. 选用

选用石油沥青材料时，应根据工程性质（房屋、道路、防腐）、当地气候条件以及所处工作环境（屋面、地下）来选择不同牌号的石油沥青。在满足使用要求的前提下，尽量选用较高牌号的石油沥青，以保证在正常使用条件下，石油沥青有较长的使用年限。

（1）道路石油沥青

道路石油沥青主要在道路工程中作胶凝材料，用来与碎石等矿质材料共同配制成沥青混凝土、沥青砂浆等沥青拌合物用于道路路面或车间地面等工程。通常，道路石油沥青牌号越高，则黏性越小（针入度越大），塑性越好（延度越大），温度敏感性越强（软化点越低）。

在道路工程中选用石油沥青时，要根据交通量和气候特点来选择。南方地区宜选用高黏度的石油沥青，以保证在夏季沥青路面具有足够的稳定性；而北方寒冷地区宜选用低黏度的石油沥青，以保证沥青路面在低温下仍具有一定的变形能力，减少低温开裂。

道路石油沥青还可用作密封材料、黏结剂以及沥青涂料等，此时一般选用黏性较大和软化点较高的道路石油沥青。

课程讲解：防水材料　建筑石油沥青的选用

（2）建筑石油沥青

建筑石油沥青针入度小（黏性较大），软化点较高（耐热性较好），但延伸度较小（塑性较小），主要用于制造油纸、油毡、防水涂料和沥青嵌缝膏。它们绝大部分用于屋面及地下防水、沟槽防水防腐及管道防腐等工程。使用时制成的沥青胶膜较厚，增大了对温度的敏感性。同时黑色沥青表面吸热良好，一般同一地区的沥青屋面的表面温度比其他材料屋面的高，据高温季节测试，沥青屋面达到的表面温度比当地最高气温高 25 ℃~30 ℃，为避免夏季流淌，一般屋面用沥青材料的软化点还应比本地区屋面最高温度高 20 ℃以上。软化点低，夏季易流淌；软化点过高，冬季低温，易硬脆甚至开裂。因此，选用石油沥青时要根据地区、工程环境及要求而定。

石油沥青用于地下防潮、防水工程时，一般对其软化点要求不高，但塑性要好，黏性要大，使沥青层能与建筑物黏结牢固，并能适应建筑物的变形而保持防水层完整，不遭破坏。

（3）普通石油沥青

普通石油沥青含有害成分石蜡较多，一般含量大于 5%，有的含量为 20% 以上，石蜡熔点低（32 ℃~55 ℃），黏结力差。当沥青温度达到软化点时，石蜡已接近流动状态，所以易产生流淌现象。当采用普通石油沥青黏结材料时，随时间增长，沥青中的石蜡会向胶结层表面渗透，在表面形成薄膜，使沥青黏结层的耐热性和黏结力降低。故在建筑工程中一般不宜直接使用普通石油沥青。

3. 沥青的掺配

某一种牌号的沥青往往不能满足工程技术要求，因此需用不同牌号沥青进行掺配。

在进行掺配时，为了不使掺配后的沥青胶体结构破坏，应选用表面张力相近和化学性质相似的沥青。试验证明，同产源的沥青容易保证掺配后的沥青胶体结构的均匀性。所谓同产源是指同属石油沥青，或同属煤沥青（或焦油沥青）。

两种沥青掺配的比例可按式（11-1）估算：

$$Q_1 = \frac{T_2 - T}{T_2 - T_1} \times 100\%$$
$$Q_2 = 100\% - Q_1$$
（11-1）

式中：Q_1——较软沥青用量；

　　　Q_2——较硬沥青用量；

　　　T——掺配后的沥青软化点，℃；

　　　T_1——较软沥青软化点，℃；

　　　T_2——较硬沥青软化点，℃。

例 11-1　某工程需要用软化点为 80 ℃的石油沥青，现有 10 号和 60 号两种石油沥青，应如何掺配以满足工程需要？

解： 由试验测得，10 号石油沥青的软化点为 95 ℃，60 号石油沥青的软化点为 45 ℃，估算掺配量：

$$60\text{ 号石油沥青的掺配量} = \frac{95-80}{95-45} \times 100\% = 30\%$$

$$10\text{ 号石油沥青的掺配量} = 100\% - 30\% = 70\%$$

根据估算的掺配比例和其邻近的比例 ±（5%~10%）进行试配（混合熬制均匀），测定掺配后沥青的软化点,然后绘制"掺配比-软化点"曲线,即可从曲线上确定所要求的掺配比例。同样也可采用针入度指标按上法进行估算及试配。

如石油沥青过于黏稠需要进行稀释,通常可以采用石油产品系统的轻质油,如汽油、煤油和柴油等。

11.1.5　改性沥青

课程讲解：防水材料　沥青的改性

建筑上使用的沥青必须具有一定的物理性质和黏附性，即：在低温条件下应有弹性和塑性；在高温条件下要有足够的强度和稳定性；在加工和使用条件下具有抗"老化"能力；应与各种矿物料和结构表面有较强的黏附力；具有对构件变形的适应性和耐疲劳性等。通常，石油加工厂制备的沥青不一定能全面满足这些要求，如只控制了耐热性（软化点），其他方面就很难达到要求，致使目前沥青防水屋面渗漏现象严重，使用寿命短。为此，常用橡胶、树脂和矿物填充料等对沥青改性。橡胶、树脂和矿物填充料等通称为石油沥青改性材料。

1. 橡胶改性沥青

橡胶是沥青的重要改性材料，它和沥青有较好的混溶性，并能使沥青具有橡胶的很多优点，如高温变形小、低温柔性好。由于橡胶的品种不同，掺入的方法也有所不同，因而各种橡胶沥青的性能也有差异。常用的品种有氯丁橡胶沥青、丁基橡胶沥青和再生橡胶沥青。

（1）氯丁橡胶沥青

沥青中掺入氯丁橡胶后，其气密性、低温柔性、耐化学腐蚀性、耐光性、耐臭氧性、耐气候性和耐燃烧性可得到大大改善。

氯丁橡胶掺入沥青中的方法有溶剂法和水乳法。先将氯丁橡胶溶于一定的溶剂（如甲苯）中形成溶液，然后掺入沥青（液体状态）中，混合均匀即成为氯丁橡胶沥青。或者分别将橡胶和沥青制成乳液，再混合均匀即可使用。

（2）丁基橡胶沥青

丁基橡胶沥青具有优异的耐分解性，并有较好的低温抗裂性能和耐热性能。它的配制方法是：将丁基橡胶碾切成小片，于搅拌条件下把小片溶于加热到 100 ℃的溶剂中（不得超过100 ℃），制成浓溶液。同时将沥青加热脱水熔化成液体状沥青。通常在 100 ℃左右把两种液体按比例混合搅拌均匀，进行浓缩 15~20 min，以达到要求的性能指标。同样也可以分别将丁基橡胶和沥青制备成乳液，然后按比例把两种乳液混合。丁基橡胶在混合物中的含量一般为 2%~4%。

（3）再生橡胶沥青

再生橡胶掺入沥青中后，可大大提高沥青的气密性、低温柔性、耐光性、耐热性、耐臭氧性和耐气候性。

再生橡胶沥青材料的制备方法是：先将废旧橡胶加工成 1.5 mm 以下的颗粒，然后与沥青混合，经加热搅拌脱硫，就能得到具有一定弹性、塑性和黏结力良好的再生橡胶沥青材料。废旧橡胶的掺量视需要而定，一般为 3%~15%。

2. 树脂改性沥青

用树脂改性石油沥青，可以改进沥青的耐寒性、黏结性和不透气性。由于石油沥青中含芳香性化合物很少，故树脂和石油沥青的相溶性较差，而且可用的树脂品种也较少。常用的树脂沥青品种有古马隆树脂沥青（香豆桐树脂沥青）、聚乙烯树脂沥青和无规聚丙烯树脂沥青等。

3. 橡胶和树脂改性沥青

橡胶和树脂同时用于改善石油沥青的性质，可使石油沥青同时具有橡胶和树脂的特性，且树脂比橡胶便宜，橡胶和树脂有较好的混溶性，故效果较好。

橡胶、树脂和沥青在加热熔融状态下，沥青与高分子聚合物之间发生相互侵入和扩散，沥青分子填充在聚合物大分子的间隙内，同时聚合物分子的某些链节扩散进入沥青分子中，形成凝聚的网状混合结构，故可以得到较优良的性能。

配制时，采用的原材料品种、配比、制作工艺不同，可以得到很多性能各异的产品，主要有卷、片材，密封材料，防水材料等。

4. 矿物填充料改性沥青

矿物填充料改性沥青（沥青玛琋脂）是在沥青中掺入适量粉状或纤维状矿物填充料经均匀混合而成。矿物填充料掺入沥青中后，能被沥青包裹形成稳定的混合物，由于沥青对矿物填充料的湿润和吸附作用，沥青可能呈单分子状排列在矿物颗粒（或纤维）表面，形成结合力牢固的沥青薄膜，具有较高的黏性和耐热性等，因而提高了沥青的黏结能力、柔韧性和耐热性，降低了沥青的温度敏感性，并且可以节省沥青。常用的矿物填充料大多数是粉状和纤维状材料，主要有滑石粉、石灰石粉、硅藻土和石棉等。掺入粉状填充料时，合适的掺量一般为沥青质量的 10%~25%；采用纤维状填充料时，合适掺量一般为沥青质量的 5%~10%。

矿物填充料改性沥青主要用于粘贴卷材、嵌缝、接头、补漏及做防水层的底层，既可热用也可冷用。热用时，将石油沥青完全熔化脱水后，再慢慢加入填充料，同时不停地搅拌至均匀为止，要防止粉状填充料沉入锅底。填充料在掺入沥青前应干燥并宜加热。热沥青玛琋脂的加热温度不应超过 240 ℃，使用温度不应低于 190 ℃。冷用时，将沥青熔化脱水后，缓慢加入稀释剂，再加入填充料搅拌而成。它可在常温下施工，改善劳动条件，同时减少沥青用量，但成本较高。

11.2 其他防水材料

11.2.1 橡胶型防水材料

橡胶是有机高分子化合物的一种，具有高聚物的特征与基本性质，是一种弹性体。橡胶最主要的特性是在常温下具有显著的高弹性能，即在外力作用下它很快发生变形，变形可达百分之数百，当外力除去后，又会恢复到原来的状态，而且保持这种性质的温度区间很大。

橡胶在阳光、热、空气（氧和臭氧）或机械力的反复作用下，表面会变色、变硬、龟裂、发黏，同时机械强度降低，这种现象叫老化。为了防止老化，一般加入防老化剂，如蜡类和二苯基对苯二胺等。

橡胶可分为天然橡胶和合成橡胶两类。

1. 天然橡胶

天然橡胶主要由橡胶树的浆汁中取得。在橡胶树的浆汁中加入少量的醋酸、氧化锌或氟硅酸钠即行凝固，凝固体经压制后成为生橡胶，再经硫化处理则得到软质橡胶（熟橡胶）。

天然橡胶的密度为 0.91~0.93 g/cm^3，130 ℃~140 ℃软化，150 ℃~160 ℃变黏软，220 ℃熔化，270 ℃迅速分解，常温下弹性很大。天然橡胶易老化失去弹性，一般用作橡胶制品的原料。

2. 合成橡胶

合成橡胶又称人造橡胶，其生产过程一般可以看作两步：首先将基本原料制成单体，然后将单体经聚合、缩合作用合成橡胶。建筑工程中常用的合成橡胶有氯丁橡胶、丁苯橡胶、丁基橡胶、乙丙橡胶和三元乙丙橡胶、丁腈橡胶、再生橡胶。

（1）氯丁橡胶

氯丁橡胶（CR）为浅黄色及棕褐色弹性体，密度为 1.23 g/cm^3，溶于苯和氯仿，在矿物油中稍溶胀而不溶解，硫化后不易老化，耐油、耐热、耐臭氧、耐酸碱腐蚀性好，黏结力较高，脆化温度为 -55 ℃~-35 ℃，热分解温度为 230 ℃~260 ℃，最高使用温度为 120 ℃~150 ℃。与天然橡胶比较，氯丁橡胶绝缘性较差，但抗拉强度、透气性和耐磨性较好。

（2）丁苯橡胶

丁苯橡胶（SBR）是应用最广、产量最多的合成橡胶。丁苯橡胶为浅黄褐色，其延性与天然橡胶相近，加入炭黑后，强度与天然橡胶相仿。密度随苯乙烯的含量不同，通常为 0.91~0.97 g/cm³，不溶于苯和氯仿。丁苯橡胶耐老化性、耐磨性、耐热性较好，但耐寒性、黏结性较差，脆化温度为 −52℃，最高使用温度为 80 ℃~100 ℃。它能与天然橡胶混合使用。

（3）丁基橡胶

丁基橡胶（BR）密度为 0.92 g/cm³，能溶于 5 个碳以上的直链烷烃或芳香烃的溶剂。它是耐化学腐蚀性、耐老化性、不透气性和绝缘性最好的橡胶。它具有抗断裂性能好、耐热性好、吸水率小等优点，具有较好的耐寒性，其脆化温度为 −79 ℃，最高使用温度为 150 ℃，但弹性较差，加工温度高，黏结性差，难与其他橡胶混用。

（4）乙丙橡胶和三元乙丙橡胶

乙丙橡胶（EPM）的密度仅为 0.85 g/cm³ 左右，是最轻的橡胶，且耐光、耐热、耐氧及臭氧、耐酸碱、耐磨等性能非常好，也是最廉价的合成橡胶。但乙丙橡胶硫化困难，为此，在乙丙橡胶共聚反应时，可加入第三种非共轭双键的二烯烃单体，得到可用硫进行硫化的三元乙丙橡胶（EPDM 或 EPT）。目前，三元乙丙橡胶已普遍得到发展和利用。

（5）丁腈橡胶

丁腈橡胶（NBR）的特点是对油类及许多有机溶剂的抵抗力极强。它的耐热、耐磨和抗老化性能也胜于天然橡胶，但绝缘性较差，塑性较低，加工较难，成本较高。

（6）再生橡胶

再生橡胶（再生胶）是由废旧轮胎和胶鞋等橡胶制品或生产中的下脚料经再生处理而得到的橡胶。这类橡胶原料来源广，价格低，建筑上使用较多。脱硫过程破坏了原橡胶的部分弹性，但使其获得了部分塑性和黏性。

11.2.2　树脂型防水材料

以合成树脂为主要成分的防水材料，称为树脂型防水材料，如氯化聚乙烯防水卷材、聚氯乙烯防水卷材、氯化磺化聚乙烯防水卷材、聚氨酯密封膏、聚氯乙烯接缝膏等。合成树脂的有关知识已在第 10 章中介绍。

11.3　防水卷材

> ▶　课程讲解：防水材料　防水卷材

防水卷材是建筑工程防水材料的重要品种之一。防水卷材的品种较多，性能各异。但无论何种防水卷材，要满足建筑防水工程的要求，均需具备以下性能。

1. 耐水性

耐水性是指在水的作用下和被水浸润后其性能基本不变，在压力水作用下具有不透水性，常用不透水性、吸水性等指标表示。

2. 温度稳定性

温度稳定性是指在高温下不流淌、不起泡、不滑动，低温下不脆裂的性能，即在一定温度变化下保持原有性能的能力，常用耐热度、耐热性等指标表示。

3. 机械强度、延伸性和抗断裂性

机械强度、延伸性和抗断裂性是指防水卷材承受一定荷载、应力或在一定变形条件下不断裂的性能，常用拉力、拉伸强度和断裂伸长率等指标表示。

4. 柔韧性

柔韧性是指在低温条件下保持柔韧性的性能，常用柔度、低温弯折性等指标表示。它对保证易于施工、不脆裂十分重要。

5. 大气稳定性

大气稳定性是指在阳光、热、臭氧及其他化学侵蚀性介质等因素的长期综合作用下抵抗侵蚀的能力，常用耐老化性、热老化保持率等指标表示。

各类防水卷材的选用应充分考虑建筑的特点、地区环境条件和使用条件等多种因素，结合材料的特性和性能指标来选择。

11.3.1 石油沥青防水卷材

石油沥青防水卷材是用原纸、纤维织物和纤维毡等胎体浸涂石油沥青，表面撒布粉状、粒状或片状材料制成的可卷曲的片状防水材料，常用的有石油沥青纸胎油毡、石油沥青玻璃布油毡、石油沥青玻纤胎油毡和石油沥青麻布胎油毡等。其特点及适用范围见表11-3。

表11-3 石油沥青防水卷材的特点及适用范围

卷材名称	特　　点	适用范围	施工工艺
石油沥青纸胎油毡	我国传统的防水材料，曾在屋面工程中占主导地位。其低温柔性差，防水层耐用年限较短，但价格较低，已列为禁、限用产品	三毡四油、二毡三油叠层铺设的屋面工程	热熬沥青、乳化沥青、冷玛琋脂粘贴施工
石油沥青玻璃布油毡	抗拉强度高，胎体不易腐烂，材料柔韧性好，耐久性比纸胎油毡提高一倍以上	多用作纸胎油毡的增强附加层和突出部位的防水层	热玛琋脂、冷玛琋脂粘贴施工

续表

卷材名称	特　点	适用范围	施工工艺
石油沥青玻纤胎油毡	有良好的耐水性、耐腐蚀性和耐久性，柔韧性也优于纸胎油毡	常用于屋面或地下防水工程	热玛𝑟脂、冷玛𝑟脂粘贴施工
石油沥青麻布胎油毡	抗拉强度高，耐水性好，但胎体材料易腐烂	常用作屋面增强附加层	热玛𝑟脂、冷玛𝑟脂粘贴施工
石油沥青铝箔胎油毡	有很高的阻隔蒸汽渗透能力，防水功能好，且具有一定的抗拉强度	与带孔玻纤毡配合或单独使用，宜用于隔气层	热玛𝑟脂粘贴施工

11.3.2　高聚物改性沥青防水卷材

高聚物改性沥青防水卷材是以合成高分子聚合物改性沥青为涂盖层，纤维织物或纤维毡为胎体，粉状、粒状、片状或薄膜材料为覆面材料制成的可卷曲片状防水材料。

高聚物改性沥青防水卷材克服了传统沥青防水卷材温度稳定性差、延伸率小的不足，具有高温不流淌、低温不脆裂、拉伸强度高、延伸率较大等优异性能，且价格适中，在我国属中低档防水卷材。此类防水卷材按厚度可分为 2 mm、3 mm、4 mm、5 mm 等规格，一般单层铺设，也可复合使用。根据不同卷材可采用热熔法、冷粘法、自粘法施工。常见高聚物改性沥青防水卷材的特点和适用范围见表 11-4。

表 11-4　常见高聚物改性沥青防水卷材的特点和适用范围

卷材名称	特　点	适用范围	施工工艺
SBS 改性沥青防水卷材	与沥青防水卷材相比，耐高、低温性能有明显提高，卷材的弹性和耐疲劳性明显改善	单层铺设的屋面防水工程或复合使用，适合于寒冷地区和结构变形频繁的建筑	冷施工铺贴或热熔铺贴
APP 改性沥青防水卷材	具有良好的强度、延伸性、耐热性、耐紫外线照射及耐老化性能	单层铺设，适合于紫外线辐射强烈及炎热地区屋面使用	热熔法或冷粘法铺设
PVC 改性焦油沥青防水卷材	有良好的耐热及耐低温性能，最低开卷温度为 -18℃	有利于在冬季负温度下施工	可热作业，亦可冷施工
再生胶改性沥青防水卷材	有一定的延伸性，且低温柔性较好，有一定的防腐蚀能力，价格低廉属低档防水卷材	变形较大或档次较低的防水工程	热沥青粘贴
废橡胶粉改性沥青防水卷材	比普通石油沥青纸胎油毡的抗拉强度、低温柔性均明显改善	叠层使用于一般屋面防水工程，宜在寒冷地区使用	热沥青粘贴

11.3.3　合成高分子防水卷材

课程讲解：防水材料　新型防水卷材

随着合成高分子材料的发展，出现了以合成橡胶、合成树脂为主的新型防水卷材——合成高分子防水卷材。它分为加筋增强型和非加筋增强型两种。

合成高分子防水卷材具有弹性高、拉伸强度高、延伸率大、耐热性和低温柔性好、耐腐蚀、耐老化、可冷施工、单层防水和使用寿命长等优点。其可分为橡胶基、树脂基和橡塑共混基三大类。此类卷材按厚度分为 1 mm、1.2 mm、1.5 mm、2.0 mm 等规格，一般单层铺设，可采用冷粘法或自粘法施工。

合成高分子防水卷材因所用的基材不同而性能差异较大，使用时应根据其性能特点合理选择，常见合成高分子防水卷材的特点和适用范围见表 11-5。

表 11-5　常见合成高分子防水卷材的特点和适用范围

卷材名称	特　点	适用范围	施工工艺
三元乙丙橡胶防水卷材	防水性能优异，耐候性好，耐臭氧，耐化学腐蚀，弹性和抗拉强度大，对基层变形开裂的适应性强，质量轻，使用温度范围广，寿命长，但价格高，黏结材料尚需配套完善	防水要求较高、防水层耐用年限要求长的工业与民用建筑，单层或复合使用	冷粘法或自粘法
丁基橡胶防水卷材	有较好的耐候性、耐油性、抗拉强度和延伸率，耐低温性能稍低于三元乙丙橡胶防水卷材	单层或复合使用于要求较高的防水工程	冷粘法施工
氯化聚乙烯防水卷材	具有良好的耐候、耐臭氧、耐热老化、耐油、耐化学腐蚀及抗撕裂的性能	单层或复合使用，宜用于紫外线强的炎热地区	冷粘法施工
氯磺化聚乙烯防水卷材	延伸率较大、弹性较好，对基层变形开裂的适应性较强，耐高、低温性能好，耐腐蚀性能优良，有很好的难燃性	适合于有腐蚀介质影响及在寒冷地区的防水工程	冷粘法施工
聚氯乙烯防水卷材	具有较高的拉伸和撕裂强度，延伸率较大，耐老化性能好，原材料丰富，价格较低，容易黏结	单层或复合使用于外露或有保护层的防水工程	冷粘法或热风焊接法施工

续表

卷材名称	特　点	适用范围	施工工艺
氯化聚乙烯－橡胶共混防水卷材	不但具有氯化聚乙烯特有的高强度和优异的耐臭氧、耐老化性能，而且具有橡胶所特有的高弹性、高延伸性以及良好的低温柔性	单层或复合使用，尤宜用于寒冷地区或变形较大的防水工程	冷粘法施工
三元乙丙橡胶－聚乙烯共混防水卷材	是热塑性弹性材料，有良好的耐臭氧和耐老化性能，使用寿命长，低温柔性好，可在负温条件下施工	单层或复合使用于外露防水屋面，宜在寒冷地区使用	冷粘法施工

学习活动 11-1

网上搜索新型防水材料资料

在此活动中，你将在网上搜索新型防水材料资料，以不断适应新材料的发展，了解相应的技术和市场信息，进而增强获取新信息、拓展知识面和应用技能的职业能力。

完成此活动需要花费 30 min。

步骤 1：观看资源包课程讲解部分新型防水卷材的介绍。

步骤 2：上网查询"聚乙烯丙纶复合防水卷材"的相关资料。请思考：网上搜寻时，关键词如何选取才能使搜索的结果更为快捷而准确？

反馈：

1. 网上查询聚乙烯丙纶复合防水卷材是否有相关的国家产品标准。

2. 对于新型材料，若暂无相应的国家产品标准，如何保证产品质量？

3. 根据该新型防水材料的性价比资料，试判断一下其应用的市场前景。

11.4　防水涂料、防水油膏、防水粉

11.4.1　防水涂料

防水涂料是一种流态或半流态物质，涂布在基层表面，经溶剂或水分挥发或各组分间发生化学反应，形成有一定弹性和厚度的连续薄膜，使基层表面与水隔绝，起到防水、防潮作用。

防水涂料固化成膜后的防水涂膜具有良好的防水性能，特别适合于各种复杂、不规则部位的防水，能形成无接缝的完整防水膜。它大多采用冷施工，不必加热熬制，既减少了环境污染，改善了劳动条件，又便于施工操作，加快了施工进度。此外，涂布的防水涂料既是防水层的主体，又是黏结剂，因而施工质量容易保证，维修也较简单。但是，防水涂料须采用刷子或刮板等逐层涂刷（刮），故防水涂膜的厚度较难保持均匀一致。防水涂料广泛适用于工业与民用建筑的屋面防水工程、地下室防水工程和地面防潮、防渗等。

防水涂料按液态类型可分为溶剂型、水乳型和反应型三种；按成膜物质的主要成分可分为沥青类、高聚物改性沥青类和合成高分子类。

1. 防水涂料的性能

防水涂料的品种很多，各品种之间的性能差异很大，但无论何种防水涂料，要满足防水工程的要求，必须具备以下性能。

（1）固体含量

固体含量是指防水涂料中所含固体的比例。由于涂料涂刷后靠其中的固体成分形成涂膜，因此固体含量多少与成膜厚度及涂膜质量密切相关。

（2）耐热度

耐热度是指防水涂料成膜后的膜层在高温下不发生软化变形、不流淌的性能，即耐高温性能。

（3）柔性

柔性是指防水涂料成膜后的膜层在低温下保持柔韧的性能。它反映防水涂料在低温下的施工和使用性能。

（4）不透水性

不透水性是指防水涂料成膜后的膜层在一定水压（静水压或动水压）和一定时间内不出现渗漏的性能。它是防水涂料满足防水功能要求的主要质量指标。

（5）延伸性

延伸性是指防水涂膜适应基层变形的能力。防水涂料成膜后必须具有一定的延伸性，以适应温差、干湿等因素造成的基层变形，保证防水效果。

2. 防水涂料的选用

防水涂料的选用除考虑其本身的特点和性能指标外，还应考虑建筑的特点、环境条件和使用条件等因素。

（1）沥青基防水涂料

沥青基防水涂料是指以沥青为基料配制而成的水乳型或溶剂型防水涂料。这类涂料对沥青基本没有改性或改性作用不大，有石灰乳化沥青、膨润土沥青乳液和水性石棉沥青防水涂料等。它主要适用于Ⅲ级和Ⅳ级防水等级的工业与民用建筑屋面、混凝土地下室和卫生间防水。

（2）高聚物改性沥青防水涂料

高聚物改性沥青防水涂料是指以沥青为基料，用合成高分子聚合物进行改性，制成的水乳型或溶剂型防水涂料。这类涂料在柔韧性、抗裂性、拉伸强度、耐高低温性能和使用寿命等方面比沥青基涂料有很大改善。高聚物改性沥青防水涂料品种有再生橡胶改性沥青防水涂料、水乳型氯丁橡胶沥青防水涂料和 SBS 橡胶改性沥青防水涂料等。

（3）合成高分子防水涂料

合成高分子防水涂料是指以合成橡胶或合成树脂为主要成膜物质制成的单组分或多组分的防水涂料。这类涂料具有高弹性、高耐久性及优良的耐高、低温性能，品种有聚氨酯防水涂料、丙烯酸酯防水涂料、聚合物水泥涂料和有机硅防水涂料等。它适用于Ⅰ级、Ⅱ级和Ⅲ级防水等级的屋面、地下室、水池及卫生间等的防水工程。

11.4.2　防水油膏

防水油膏是一种非定型的建筑密封材料，也称密封膏、密封胶和密封剂，是溶剂型、乳液型、化学反应型等黏稠状的材料。防水油膏与被黏基层应具有较高的黏结强度，具备良好的水密性和气密性，良好的耐高、低温性和耐老化性，一定的弹塑性和拉伸-压缩循环性能，以适应屋面板和墙板的热胀冷缩、结构变形、高温不流淌、低温不脆裂的要求，保证接缝不渗漏、不透气的密封作用。

防水油膏的选用，应考虑它的黏结性能和使用部位。密封材料与被黏基层的良好黏结，是保证密封的必要条件，因此，应根据被黏基层的材质、表面状态和性质来选择黏结性良好的防水油膏；建筑物中不同部位的接缝，对防水油膏的要求不同，如室外的接缝要求较高的耐候性，而伸缩缝则要求较好的弹塑性和拉伸-压缩循环性能。

目前，常用的防水油膏有沥青嵌缝油膏、聚氯乙烯接缝膏和塑料油膏、丙烯酸类密封膏、聚氨酯密封膏、硅酮密封胶和改性硅酮密封胶等。

1. 沥青嵌缝油膏

沥青嵌缝油膏主要用作屋面、墙面、沟和槽的防水嵌缝材料。

使用沥青嵌缝油膏嵌缝时，缝内应洁净干燥，先刷涂冷底子油一道，待其干燥后即嵌填油膏。油膏表面可加石油沥青、油毡、砂浆、塑料作为覆盖层。

2. 聚氯乙烯接缝膏和塑料油膏

聚氯乙烯接缝膏和塑料油膏有良好的黏结性、防水性、弹塑性，耐热、耐寒、耐腐蚀和抗老化性能也较好。它们可以热用，也可以冷用。热用时，将聚氯乙烯接缝膏或塑料油膏用文火加热，加热温度不得超过 140 ℃，达到塑化状态后，应立即浇灌于清洁干燥的缝隙或接头等部位。冷用时，加溶剂稀释。

这种油膏适用于各种屋面嵌缝或表面涂布作为防水层，也可用于水渠、管道等接缝，用于工业厂房自防水屋面嵌缝、大型墙板嵌缝等的效果也较好。

3. 丙烯酸类密封膏

丙烯酸类密封膏在一般建筑基底上不产生污渍。它具有优良的抗紫外线性能，尤其是对于透过玻璃的紫外线。它的延伸率很好，初期固化阶段为 200%~600%，经过热老化、气候老化试验后达到完全固化时为 100%~350%。丙烯酸类密封膏在 −34 ℃ ~80 ℃ 具有良好的性能。丙烯酸类密封膏比橡胶类便宜，是中等价格及性能的产品。

丙烯酸类密封膏主要用于屋面、墙板、门、窗嵌缝，它的耐水性能一般，所以不宜用于经常泡在水中的工程，如不宜用于广场、公路、桥面等有交通来往的接缝，也不宜用于水池、污水处理厂、灌溉系统、堤坝等水下接缝。丙烯酸类密封膏一般在常温下用挤枪嵌填于各种清洁、干燥的缝内，为节省材料，缝宽不宜太大，一般为 9~15 mm。

4. 聚氨酯密封膏

聚氨酯密封膏一般用双组分配制，使用时，将甲、乙两组分按比例混合，经固化反应成弹性体。

聚氨酯密封膏的弹性、黏结性及耐气候老化性能特别好，与混凝土的黏结性也很好，同时不需要打底。所以聚氨酯密封膏可以用于屋面、墙面的水平或垂直接缝，尤其适用于游泳池工程。它还是公路及机场跑道的补缝、接缝的好材料，也可用于玻璃、金属材料的嵌缝。

5. 硅酮密封胶和改性硅酮密封胶

硅酮密封胶和改性硅酮密封胶具有优异的耐热、耐寒性和良好的耐候性，与各种材料都有较好的黏结性，耐拉伸-压缩疲劳性强，耐水性好。密封胶是在隔绝空气条件下将各组分混合均匀后装于密闭的包装筒中，施工后，密封胶借助空气中的水分进行交联作用，形成橡胶弹性体。

根据GB/T 14683—2017《硅酮和改性硅酮建筑密封胶》的规定，产品按组分分为单组分（Ⅰ）和多组分（Ⅱ）两个类型。

（1）分类

硅酮建筑密封胶按用途分为三类：F类，建筑接缝用；Gn类，普通装饰装修镶装玻璃用，不适用于中空玻璃；Gw类，建筑幕墙非结构性装配用，不适用于中空玻璃。

改性硅酮建筑密封胶按用途分为两类：F类，建筑接缝用；R类，干缩位移接缝用，常见于装配式预制混凝土外挂墙板接缝。

（2）级别

产品按 GB/T 22083—2008《建筑密封胶分级和要求》中的规定对位移能力进行分级，见表 11-6。

（3）次级别

按 GB/T 22083—2008 中 4.3.1 的规定将产品的拉伸模量分为高模量（HM）和低模量（LM）两个次级别。

表 11-6　密封胶位移能力级别

级别	试验抗压幅度	位移能力
50	± 50%	50.0%
35	± 35%	35.0%
25	± 25%	25.0%
20	± 20%	20.0%

（4）标记

硅酮建筑密封胶标记为SR，改性硅酮建筑密封胶标记为MS，产品按名称、标准编号、类型、级别、次级别顺序标记。

①硅酮建筑密封胶的标记示例：单组分、填装玻璃用25级、高模量、硅酮建筑密封胶，其标记为

硅酮建筑密封胶（SR）GB/T 14683–I–Gn–25HM

②改性硅酮建筑密封胶的标记示例：多组分、干缩位移接缝用20级、低模量、改性硅酮建筑密封胶，其标记为

改性硅酮建筑密封胶（MS）GB/T 14683–Ⅱ–R–20LM

11.4.3　防水粉

防水粉是一种粉状的防水材料。它是利用矿物粉或其他粉料与有机憎水剂、抗老剂和其他助剂等根据机械力化学原理，使基料中的有效成分与添加剂经过表面化学反应和物理吸附作用，生成链状或网状结构的拒水膜，包裹在粉料的表面，使粉料由亲水材料变成憎水材料，达到防水效果。

防水粉主要有两种类型。一种是以轻质碳酸钙为基料，通过与脂肪酸盐作用形成长链憎水膜包裹在粉料表面；另一种是以工业废渣（炉渣、矿渣、粉煤灰等）为基料，利用其中有效成分与添加剂发生反应，生成网状结构拒水膜，包裹在其表面。

防水粉施工时是将其以一定厚度铺于屋面，利用颗粒本身的憎水性和粉体的反毛细管压力，达到防水目的，再覆盖隔离层和保护层即可组成松散型防水体系。这种防水体系具有三维自由变形的特点，不会发生其他防水材料由变形引起本身开裂而丧失抗渗性能的现象。但必须精心施工，铺洒均匀以保证质量。

防水粉具有松散、应力分散、透气不透水、不燃、抗老化、性能稳定等特点，适用于屋面防水、地面防潮，地铁工程的防潮、抗渗等。它的缺点是：露天风力过大时施工困难，建筑节点处理稍难，立面防水不好解决。如果能克服这几方面的不足，或配以复合防水，提高设防能力，防水粉还是很有发展前途的。

11.5 石油沥青试验

> 🔘 试验演示：石油沥青试验

11.5.1 针入度测定

1. 试验目的

通过试验测定石油沥青的针入度，为划分沥青牌号及判定沥青质量提供依据。

2. 主要仪器设备

针入度仪、标准针、恒温水槽等。

3. 试验准备

① 将预先除去水分的沥青试样在电炉或砂浴上小心加热，不断搅拌以防止局部过热并消除气泡，加热温度不得超过试样估计软化点 100 ℃，加热时间不得超过 30 min，用 0.6~0.8 mm 筛网过滤。

② 将试样倒入盛样皿中，试样厚度不小于 30 mm，并盖上盛样皿，以防落入灰尘。盛有试样的盛样皿在 15 ℃ ~30 ℃室温中冷却 1~1.5 h（小盛样皿）、1.5~2 h（大盛样皿）或 2~2.5 h（特殊盛样皿）。

③ 调整针入度仪使之水平。检查针连杆和导轨，以确认无水和其他外来物，无明显摩擦。用三氯乙烯或其他溶剂清洗标准针，并擦干。将标准针插入针连杆，用螺丝固定。按试验条件，加上附加砝码。

4. 试验步骤

① 从恒温水槽中取出达到恒温的盛样皿，并移入水温控制在试验温度 ±0.1 ℃（可用恒温水槽中的水）的平底玻璃皿中的三脚支架上，试样表面以上的水层深度不少于 10 mm。

② 将盛有试样的平底玻璃皿置于针入度仪的平台上，慢慢放下针连杆，用适当位置的反光镜或灯光反射观察，使针尖恰好与试样表面接触。拉下刻度盘的拉杆，使之与针连杆顶端轻轻接触，调节刻度盘或深度指示器的指针指示为零。

③ 用手紧压按钮，同时开动秒表，使标准针自动下落贯入试样，经规定时间（5 s），停压按钮使标准针停止移动。

④ 拉下刻度盘拉杆与针连杆顶端接触，读取刻度盘指针或位移指示器的读数，精确至

0.5（0.1 mm）。

⑤ 同一试样做平行试验至少三次，各测试点之间及与盛样皿边缘的距离不应少于10 mm。每次试验后应将盛有盛样皿的平底玻璃皿放入水槽，使平底玻璃皿中的水温保持试验温度。每次试验应换一根干净标准针或将标准针取下用蘸有三氯乙烯溶剂的棉花或布揩净，再用干棉花或布擦干。

⑥ 测定针入度大于 200 的沥青试样时，至少用三支标准针，每次试验后将针留在试样中，直至三次平行试验完成后，才能将标准针取出。

5. 结果整理

① 当同一试样的三次测定值中的最大值和最小值之差在如表 11-7 所示的允许最大差值范围内时，计算三次试验结果的算术平均值，取整数作为针入度试验结果，以 0.1 mm 为单位。

② 当试验值不符合此要求时，应重新进行试验。

表 11-7　针入度测定允许最大差值　　　　　　　　　　　0.1 mm

针入度	允许最大差值	针入度	允许最大差值
0~49	2	150~249	6
50~149	4	250~350	8

11.5.2　延度测定

1. 试验目的

通过试验测定石油沥青的延度，为划分沥青牌号及判定沥青质量提供依据。

2. 主要仪器设备

延度仪、延度试模（见图 11-1）、试模底板、恒温水槽、温度计、砂浴或其他加热炉具、甘油滑石粉隔离剂（甘油与滑石粉的质量比为 2：1）、平刮刀、石棉网、酒精、食盐等。

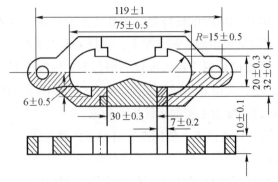

图 11-1　延度试模（单位：mm）

3. 试验准备

① 将隔离剂拌和均匀，涂于清洁干燥的试模底板和两个侧模的内侧表面，并将试模在试模底板上装妥。

② 将预先除去水分的沥青试样在电炉或砂浴上小心加热，不断搅拌以防止局部过热并消除气泡，加热温度不得超过试样估计软化点 100 ℃，加热时间不得超过 30 min，用 0.6~0.8 mm 筛网过滤。然后将试样呈细流状仔细地自试模的一端至另一端往返数次缓缓注入模中，使试样略高出试模，灌模时应注意勿使气泡混入。

③ 试样在室温中冷却 30~40 min，然后放入 25 ℃ ±0.1 ℃的恒温水槽中，保持 30 min 后取出，用热刮刀刮除高出试模的沥青，使沥青面与试模面齐平。刮沥青时应自试模的中间刮向两端，且表面应刮得平滑。将试模连同底板再浸入 25 ℃ ±0.1 ℃的恒温水槽中恒温 1~1.5 h。

④ 检查延度仪延伸速度是否符合规定要求，移动滑板使其指针正对标尺的零点。将延度仪注水，并保持温度为 25 ℃ ±0.5 ℃。

4. 试验步骤

① 将保温后的试件连同底板移入延度仪的水槽中，然后将盛有试样的试模自玻璃板或不锈钢板上取下，将试模两端的孔分别套在滑板及槽端固定板的金属柱上，并取下侧模。水面距试件表面应不小于 25 mm。

② 开动延度仪，并注意观察试样的延伸情况。此时应注意，在试验过程中，水温应始终保持在试验温度规定范围内，且仪器不得有振动，水面不得有晃动。

试验中，如发现沥青细丝浮于水面或沉入槽底，应在水中加入乙醇或食盐，调整水的密度至与试样相近后，再进行试验。

③ 试件拉断时，读取指针所指标尺上的读数，以 cm 为单位表示。在正常情况下，试件延伸时应成锥尖状，拉断时实际断面接近于零。如不能得到这种结果，则应在报告中注明。

5. 结果整理

① 同一试样，每次平行试验不少于三个。取平行测定的三个结果的算术平均值作为测定结果。

② 若三次测定值不在平均值的 5% 以内，但其中两个较高值在平均值的 5% 以内，则舍去最低值，取两个较高值的平均值作为测定结果，否则重新进行试验。

11.5.3 软化点测定

1. 试验目的

通过测定软化点，了解石油沥青的黏性和塑性随温度升高而变化的程度，并为评定沥青牌号提供依据。

2. 主要仪器设备

软化点试验仪（见图 11-2）、环夹（见图 11-3）、装有温度调节器的电炉或其他加热炉具（液化石油气、天然气等），其他同针入度及延度测定。

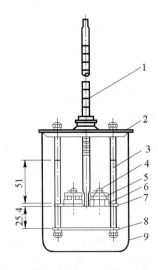

1—温度计；2—上盖板；3—立杆；4—钢球；5—钢球定位环；
6—金属环；7—中层板；8—下底板；9—烧杯。

图 11-2 软化点试验仪（单位：mm）

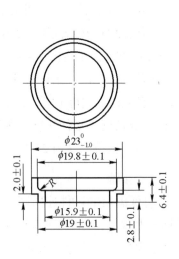

图 11-3 环夹（单位：mm）

3. 试验准备

① 将试样环置于涂有甘油滑石粉隔离剂的试样底板上。按规定方法将准备好的沥青试样徐徐注入试样环内至略高出环面为止。如估计试样软化点高于 120 ℃，则试样环和试样底板（不用玻璃板）均应预热至 80 ℃~100 ℃。

② 冷却 30 min 后，用环夹夹着试样环，并用热刮刀刮除环面上的试样，使之与环面齐平。

4. 试验步骤

（1）试样软化点在 80 ℃以下

① 将装有试样的试样环连同试样底板置于 5 ℃ ±0.5 ℃的恒温水槽中至少 15 min，同时将金属支架、钢球、钢球定位环等置于相同水槽中。

② 烧杯内注入新煮沸并冷却至 5 ℃的蒸馏水，水面略低于立杆上的深度标记。

③ 从恒温水槽中取出盛有试样的试样环放置在支架中层板的圆孔中，套上定位环；然后将整个环架放入烧杯中，调整水面至深度标记，并保持水温为 5 ℃ ±0.5 ℃。环架上任何部分不得附有气泡。将测温范围为 0 ℃~80 ℃的温度计由上层板中心孔垂直插入，使测温头底部与试样环下面齐平。

④ 将盛有水和环架的烧杯移至放有石棉网的加热炉具上，然后将钢球放在定位环中间的试样中央，立即开动振荡搅拌器，使水微微振荡，并开始加热，使杯中水温 3 min 内调节

至维持每分钟上升 5 ℃ ±0.5 ℃。在加热过程中，应记录每分钟上升的温度值，如温度上升速度超出此范围，则应重做试验。

⑤ 试样受热软化逐渐下坠，至与下层底板表面接触时，立即读取温度，准确至 0.5 ℃。

（2）试样软化点在 80 ℃ 及以上

① 将装有试样的试样环连同底板置于装有 32 ℃ ±1 ℃甘油的恒温槽中至少 15 min，同时将金属支架、钢球、钢球定位环等置于甘油中。

② 在烧杯内注入预先加热至 32 ℃的甘油，其液面略低于立杆上的深度标记。

③ 从恒温槽中取出装有试样的试样环，按上述的方法进行测定，准确至 1 ℃。

5. 结果整理

① 同一试样做平行试验两次，当两次测定值的差值符合重复性试验精密度要求时，取其平均值作为软化点试验结果，准确至 0.5 ℃。

② 当试样软化点小于 80 ℃时，重复性试验的允许差值为 1 ℃。

③ 当试样软化点等于或大于 80 ℃时，重复性试验的允许差值为 2 ℃。

小结

本章以石油沥青为主线介绍了建筑防水材料，主要介绍石油沥青的组分及其作用、主要性能特点及选用、沥青的掺配和改性，沥青防水卷材的性能要求、外观质量和物理性能要求，继而介绍了各类新型防水卷材的特点、应用和防水涂料的性能要求及选用。

自测题

思考题

1. 石油沥青的组分有哪些？各组分的性能和作用如何？

2. 说明石油沥青的技术性质及指标。

3. 什么是沥青的老化？如何延缓沥青的老化？

4. 要满足防水工程的要求，防水卷材应具备哪几方面的性能？

5. 与传统沥青防水卷材相比较，高聚物改性沥青防水卷材和合成高分子防水卷材各有什么突出的优点？

6. 防水涂料应具备哪几方面的性能？常用的防水涂料有哪些？如何选用？

7. 石油沥青的三大指标之间的相互关系如何？

8. 为什么要对石油沥青改性？有哪些改性措施？

计算题

某防水工程需用石油沥青 50 t，要求软化点为 85 ℃。现有 100 号和 10 号石油沥青，经试验测得它们的软化点分别是 46 ℃ 和 95 ℃。如何掺配才能满足工程需要？

测验评价

完成"防水材料"测评

12 CHAPTER 12

木材及制品

导言

在上一章中，你主要以石油沥青为主线学习了建筑防水材料，其中包括各类新型防水材料的性能特点及应用。在本章你将学习中国应用历史悠久的传统建筑材料——木材的相关知识。

木材具有很多优良的性能，如轻质高强、导电性和导热性低、有较好的弹性和韧性、能承受冲击和震动、易于加工等，是典型的低碳环保材料。近、现代由于水泥、钢材、混凝土在建筑工程中的广泛应用，木材较少用作建筑结构材料，但因它有美观的天然纹理，装饰效果较好，所以仍被广泛用作装饰与装修材料。树木生长周期较长、成材不易，受资源以及环境保护要求的限制，人们现在更加关注的是对木材资源的节约和综合利用。

课程讲解：木材 背景资料
木材的天然环保及卓越的技术性能使其仍为当代重要的建筑材料

12.1 树木的分类与构造

课程讲解：木材 树木的分类与构造

12.1.1 分类

树木的种类很多，一般按照树种可分为针叶树和阔叶树两类。

针叶树的树叶细长呈针状，树干通直高大，纹理顺直，材质均匀，木质较软且易于加工，故又称为软木材。针叶树材强度较高，表观密度及胀缩变形较小，耐腐蚀性较强，为建筑工程中的主要用材，被广泛用于承重构件，常用树种有松树、杉树、柏树等。

阔叶树的多数树种树叶宽大呈片状，多为落叶树，树干通直部分较短，材质坚硬，较难加工，故又称硬木材。阔叶树材一般较重，强度高，胀缩和翘曲变形大，易开裂，在建筑中常用于尺寸较小的装饰构件。对于具有美丽天然纹理的树种，特别适合于做室内装修、家具及胶合板等，常用树种有水曲柳、榆木、柞木等。

12.1.2 构造

树木的构造是决定木材性能的重要因素。树种不同，其构造相差很大，通常可从宏观和微观两方面观察认识。

1. 宏观构造

宏观构造是指用肉眼或放大镜能观察到的树木组织。由于树木是各向异性的，可通过横切面（树纵轴相垂直的横向切面）、径切面（通过树轴的纵切面）和弦切面（与树轴平行的纵向切面）了解其构造，如图12-1所示。

树木主要由树皮、髓心和木质部组成。建筑用木材主要使用木质部。木质部是髓心和树皮之间的部分，是木材的主体。在木质部中，靠近髓心的部分颜色较深，称为心材；靠近树皮的部分颜色较浅，称为边材。心材含水量较小，不易翘曲变形，耐蚀性较强；边材含水量较大，易翘曲变形，耐蚀性也不如心材，所以心材利用价值更大。

从横切面可以看到深浅相间的同心圆，称为年轮。每一年轮中，色浅而质软的部分是春季长成的，称为春材或早材；色深而质硬的部分是夏秋季长成的，称为夏材或晚材。相同的树种，夏材越多，木材强度越高；年轮越密且均匀，木材质量越好。木材横切面上，有许多径向的，从髓心向树皮呈辐射状的细线条或断或续地穿过数个年轮，称为髓线，是木材中较脆弱的部位，干燥时常沿髓线发生裂纹。

2. 微观构造

在显微镜下所看到的木材组织称为微观构造。针叶树和阔叶树的微观构造不同，如图 12-2 和图 12-3 所示。

从显微镜下可以看到，树木由无数细小空腔的管形细胞紧密结合组成，每个细胞有细胞壁和细胞腔，细胞壁由若干层细胞纤维组成，其纵向连接较横向连接牢固，因而细胞壁纵向的强度高，而横向的强度低，在组成细胞壁的纤维之间存在极小的空隙，能吸附和渗透水分。

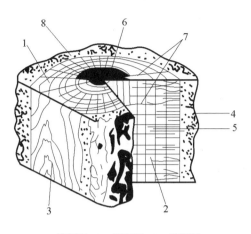

1—横切面；2—径切面；3—弦切面；4—树皮；5—木质部；6—髓心；7—髓线；8—年轮。

图 12-1　木材的宏观构造

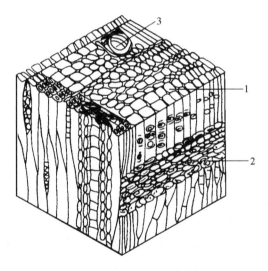

1—管胞；2—髓线；3—树脂道。
图 12-2　针叶树马尾松微观构造

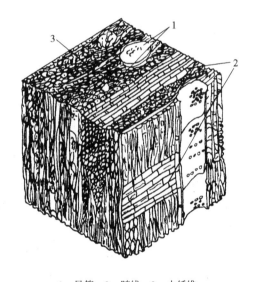

1—导管；2—髓线；3—木纤维。
图 12-3　阔叶树柞木微观构造

细胞本身的组织构造在很大程度上决定了木材的性质，如果细胞壁越厚，腔越小，木材组织越均匀，则木材越密实，表观密度与强度越大，同时胀缩变形也越大。

树木细胞因功能不同主要分为管胞、导管、木纤维、髓线等。针叶树微观构造较为简单而规则，由管胞、树脂道和髓线组成。管胞主要为纵向排列的厚壁细胞，约占木材总体积的90%。针叶树的髓线较细小而不明显。阔叶树的微观构造复杂，主要由导管、木纤维及髓线等组成。导管是壁薄而腔大的细胞，约占木材总体积的20%。木纤维是一种厚壁、细长的细胞，它是阔叶树的主要成分之一，占木材总体积的50%以上。阔叶树的髓线发达而明显。

导管和髓线是鉴别阔叶树的显著特征。

12.2 木材的物理力学性质

木材的物理力学性质主要有密度、含水量、湿胀干缩、强度等，其中含水量对木材的物理力学性质影响较大。

12.2.1 密度与体积密度

木材的密度平均约为 1.55 g/cm³，体积密度平均为 0.50 g/cm³，体积密度大小与木材种类及含水率有关，通常以含水率为15%（标准含水率）时的体积密度为准。

12.2.2 含水量

> 课程讲解：木材　木材的含水量及湿胀干缩
> 木材的含水量及湿胀干缩是影响木材多种技术性能及应用的重要因素

木材的含水量用含水率表示，指木材所含水的质量占木材干燥质量的百分率。

木材吸水的能力很强，其含水量随所处环境的湿度变化而异，所含水分由自由水、吸附水和化合水三部分组成。自由水是存在于细胞腔和细胞间隙内的水分，木材干燥时自由水首先蒸发，自由水的存在将影响木材的表观密度、保水性、燃烧性、抗腐蚀性等；吸附水是存在于细胞壁中的水分，木材受潮时其细胞首先吸水，吸附水的变化对木材的强度和湿胀干缩性影响很大；化合水是木材的化学成分中的结合水，它随树种的不同而异，对木材的性质没有影响。

当木材中吸附水已达饱和状态而又无自由水存在时的含水率称为该木材的纤维饱和点。其值随树种而异，一般为25%~35%，平均值为30%。它是木材物理力学性质随含水率而发生变化的转折点。

木材与周围空气相对湿度达到平衡时的含水率称为木材的平衡含水率，即当木材长时间处于一定温度和湿度的空气中，其水分的蒸发和吸收趋于平衡，含水率相对稳定时的含水率。木材的平衡含水率随大气的湿度变化而变化。如图12-4所示为各种不同温度和湿度环境条件下，木材相应的平衡含水率。我国木材平衡含水率平均为15%。木材平衡含水率因地域而异，如我国吉林省为12.5%，青海省为15.5%，江苏省为14.8%，海南省为16.4%，木材平衡含水率是木材和木制品使用时避免变形或开裂而应控制的含水率指标。

为了避免木材在使用过程中因含水率变化太大而出现变形或开裂，木材使用前，须干燥至使用环境长年平均的平衡含水率。

12.2.3 湿胀干缩

木材细胞壁内吸附水含量的变化会引起木材的变形（膨胀或收缩），即湿胀干缩。

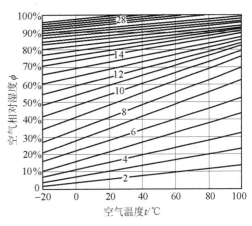

图 12-4 木材的平衡含水率

木材含水率大于纤维饱和点时，表示木材除吸附水达到饱和外，还含有一定数量的自由水。此时，木材如干燥或受潮，只是自由水改变。当含水率小于纤维饱和点时，则表明水分都吸附在细胞壁的纤维上，它的增加或减少能引起体积的膨胀或收缩，即只有吸附水的改变才影响木材的变形，如图 12-5 所示。

由于木材构造的不均匀性，木材的变形在各个方向上也不同，顺纹方向最小，径向较大，弦向最大。因此，湿材干燥后，其截面尺寸和形状会发生明显变化，如图 12-6 所示。

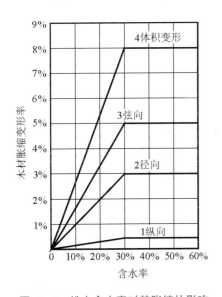

图 12-5 松木含水率对其胀缩的影响

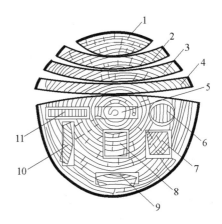

1—弓形成橄榄核状；2、3、4—成反翘的弦切板；5—通过髓心的径切板两头缩小成纺锤形；6—圆形成椭圆形；7—与年轮成对角线的正方形变菱形；8—两边与年轮平行的正方形变长方形；9、10—长方形板的翘曲；11—边材径向锯板较均匀。

图 12-6 木材干燥后截面形状的改变

湿胀干缩将影响木材的使用。干缩会使木材翘曲，开裂，接榫松动，拼缝不严；湿胀可造成表面鼓凸。因此，木材在加工或使用前应预先进行干燥，使其接近于与环境湿度相适应的平衡含水率。

学习活动 12-1

弦切板与径切板的识别及变形特性认知

在此活动中，你将通过识别木地板成品的弦切板与径切板，加深对木材变形性能与剖切方式密切相关的认识，增强选择、应用木材制品的能力。

完成此活动需要花费 20 min。

步骤 1：根据具体条件（学校材料样品室或建材市场），选择木纹较清晰的实木地板中的弦切板和径切板，观察两种板的木纹走向特征（可参照图 12-6），对其进行识别。

步骤 2：上网查询或通过市场询价了解仅剖切方向不同的板材，价格有何区别？

反馈：

1. 根据以上活动结果，总结弦切板与径切板的变形特性。

2. 解释为什么在其他条件完全相同的前提下，弦切板的价格要低于径切板。可从变形特性和出材率两方面分析。

12.2.4　木材的强度

> 课程讲解：木材　木材的强度及影响因素

1. 强度种类

木材的强度按受力状态分为抗拉、抗压、抗弯和抗剪四种，而抗拉、抗压和抗剪强度又有顺纹和横纹之分。所谓顺纹是指作用力方向与纤维方向平行；横纹是指作用力方向与纤维方向垂直。木材的顺纹强度和横纹强度有很大差别。

木材各种强度之间的比例关系见表 12-1。

表 12-1　木材各种强度之间的比例关系

抗压强度		抗拉强度		抗弯强度	抗剪强度	
顺纹	横纹	顺纹	横纹		顺纹	横纹
1	$\frac{1}{10} \sim \frac{1}{3}$	2~3	$\frac{1}{20} \sim \frac{1}{3}$	$\frac{3}{2} \sim 2$	$\frac{1}{7} \sim \frac{1}{3}$	$\frac{1}{2} \sim 1$

注：以顺纹抗压强度为 1。

2. 影响强度的主要因素

木材强度除由本身组织构造因素决定外，还与木材含水率、木材负荷时间、环境温度、木材缺陷（木节、斜纹、裂缝、腐朽及虫蛀）等因素有关。

（1）木材含水率

木材含水率在纤维饱和点以下时，含水率降低，吸附水减少，细胞壁紧密，木材强度增加，反之，强度降低。当含水率超过纤维饱和点时，只是自由水变化，木材强度不变。

木材含水率对其各种强度的影响程度是不相同的，受影响最大的是顺纹抗压强度，其次是抗弯强度，对顺纹抗剪强度影响较小，影响最小的是顺纹抗拉强度，如图12-7所示。

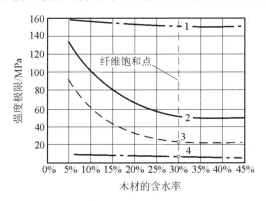

1—顺纹抗拉；2—抗弯；3—顺纹抗压；4—顺纹抗剪。

图 12-7 含水率对木材强度的影响曲线图

（2）木材负荷时间

木材在长期外力作用下，只有在应力远低于强度极限的某一范围之内时，才可避免因长期负荷而破坏。而它所能承受的不致引起破坏的最大应力，称为持久强度，木材的持久强度仅为极限强度的50%~60%。木材在外力作用下会产生塑性变形，当应力不超过持久强度时，变形到一定限度后趋于稳定；当应力超过持久强度时，经过一定时间后，变形急剧增加，从而导致木材破坏。因此，在设计木材结构时，应考虑负荷时间对木材强度的影响，一般应以持久强度为依据。

（3）环境温度

环境温度对木材强度有直接影响，当环境温度从25 ℃升至50 ℃时，木纤维和其间的胶体软化等，使木材抗压强度降低20%~40%，抗拉和抗剪强度降低12%~20%。当环境温度在100 ℃以上时，木材中部分组织会分解、挥发，木材变黑，强度明显下降。因此，环境温度长期超过50 ℃时，不应采用木结构。

（4）木材缺陷

木材在生长、采伐、储存、加工和使用过程中会产生一些缺陷，如木节、斜纹、裂缝、腐朽和虫蛀等。这会破坏木材的构造，造成材质的不连续性和不均匀性，从而使木材的强度大大降低，甚至可使其失去使用价值。

3. 常用树种的力学性质

我国建筑工程中常用树种的力学性质见表12-2。

表12-2　我国建筑工程中常用树种的力学性质

树种		产地	干缩系数		体积密度 /(g·cm⁻³)	顺纹抗压强度 /MPa	顺纹抗拉强度 /MPa	抗弯强度 /MPa	横纹抗压强度 /MPa				顺纹抗剪强度 /MPa	
									局部承压比例极限		全部承压比例极限			
			径向	弦向					径向	弦向	径向	弦向	径向	弦向
阔叶树	白桦	黑龙江	0.227	0.308	0.607	42.0	—	87.5	5.2	3.3	—	—	7.8	10.6
	柞木	长白山	0.199	0.316	0.766	55.6	155.4	124.0	10.4	8.8	—	—	11.8	12.9
	麻栎	安徽肥西	0.210	0.389	0.930	52.1	155.4	128.6	12.8	10.1	8.3	6.5	15.9	18.0
	枫香	江西全南	0.150	0.316	0.592	—	—	88.1	6.9	9.7	7.8	11.6	9.7	12.8
	水曲柳	长白山	0.197	0.353	0.686	52.5	138.7	118.6	7.6	10.7	—	—	11.3	10.5
	柏木	湖北崇阳	0.127	0.180	0.600	54.3	117.1	100.5	10.7	9.6	7.9	6.7	9.6	11.1
针叶树	杉木	湖南江华	0.123	0.277	0.371	37.8	77.2	63.8	3.1	3.3	1.8	1.5	4.2	4.9
		四川青衣江	0.136	0.286	0.416	36.0	83.1	63.4	3.1	3.8	2.3	2.6	6.0	5.9
	冷杉	四川大渡河	0.174	0.341	0.433	35.5	97.3	70.0	3.6	4.4	2.4	3.3	4.9	5.5
		长白山	0.122	0.300	0.390	32.5	73.6	66.4	2.8	3.6	2.0	2.5	6.2	6.5

续表

树种		产地	干缩系数		体积密度/ (g·cm⁻³)	顺纹抗压强度/ MPa	顺纹抗拉强度/ MPa	抗弯强度/ MPa	横纹抗压强度/MPa				顺纹抗剪强度/MPa	
			径向	弦向					局部承压比例极限		全部承压比例极限		径向	弦向
									径向	弦向	径向	弦向		
针叶树	云杉	四川平武	0.173	0.327	0.459	38.6	94.0	75.9	3.4	4.5	2.8	2.9	6.1	5.9
		新疆	0.139	0.390	0.432	32.0	—	62.1	6.2	4.3	2.9	2.6	6.1	7.0
	铁杉	四川青衣江	0.149	0.273	0.511	46.3	117.8	91.5	3.8	6.1	3.2	3.6	9.2	8.4
		云南丽江	0.145	0.269	0.449	36.1	87.4	76.1	4.6	5.5	3.5	3.8	7.0	6.9
	红松	小兴安岭及长白山	0.122	0.321	0.440	33.4	98.1	63.5	3.7	3.8	—	—	6.3	6.9
	落叶松	小兴安岭	0.169	0.398	0.641	57.6	129.9	118.3	4.6	8.4	—	—	8.5	6.8
		新疆	0.162	0.372	0.563	39.0	113.0	84.6	3.9	6.1	2.9	3.4	8.7	6.7
	马尾松	湖南郴县	0.152	0.297	0.519	44.4	104.9	91.0	4.0	6.6	2.1	3.1	7.5	6.7
		广西沙塘	0.123	0.277	0.449	31.4	66.8	66.5	4.3	4.1	2.6	2.6	7.4	6.7

12.3 木材的腐朽与防腐

12.3.1 木材的腐朽

木材受到真菌侵害后，其细胞颜色改变，结构逐渐变松、变脆，强度和耐久性降低，这种现象称为木材的腐朽。

侵害木材的真菌主要有霉菌、变色菌、腐朽菌等。它们在木材中生存和繁殖必须同时具备三个条件：适当的水分、足够的空气和适宜的温度。当空气相对湿度在90%以上，木材的含水率在35%~50%，环境温度在25 ℃~30 ℃时，适宜真菌繁殖，木材最易被腐蚀。

此外，木材还易受到白蚁、天牛、蠹虫等昆虫的蛀蚀，使木材形成很多孔眼或沟道，甚至蛀穴，破坏木质结构的完整性而使强度严重降低。

12.3.2 木材的防腐

木材防腐的基本原理在于破坏真菌及虫类生存和繁殖的条件，常用方法有以下两种：一是将木材干燥至含水率在20%以下，保证木结构处在干燥状态，对木结构物采取通风、防潮、表面涂刷涂料等措施；二是将化学防腐剂施加于木材，使木材成为有毒物质，常用的方法有表面喷涂法、浸渍法、压力渗透法等。常用的化学防腐剂有水溶性的、油溶性的及浆膏类的。水溶性防腐剂多用于内部木构件的防腐，常用氯化锌、氟化钠、铜铬合剂、硼氟酚合剂、硫酸铜等。油溶性防腐剂药力持久、毒性大、不易被水冲走、不吸湿，但有臭味，多用于室外、地下、水下，常用蒽油、煤焦油等。浆膏类防腐剂有恶臭，木材处理后呈黑褐色，不能油漆，如氟砷沥青等。

12.4 木材的综合利用及常用制品

课程讲解：木材　工程用木材制品

12.4.1　木材的种类及用途

建筑工程施工中，木材的使用应根据已有木材的树种、等级、材质等情况合理选择。常用木材按其用途和加工程度分为原条、原木、锯材和枕木四类，见表 12-3。

表 12-3　木材的种类及用途

名称	说　　明	主　要　用　途
原条	除去皮、根、树梢，但尚未按照一定尺寸加工成规定直径和长度的材料	建筑工程的脚手架、建筑用材、家具等
原木	已经除去皮、根、树梢，并已经按照一定尺寸加工成规定直径和长度的材料	直接使用的原木：用于建筑工程（屋架、檩、椽等）、桩木、电杆、坑木等； 加工原木：用于胶合板、造船、车辆、机械模型及一般加工用材
锯材	已加工锯解成材的木料，宽度为厚度 3 倍或 3 倍以上的，称为板材；不足 3 倍的，称为枋材	建筑工程、桥梁、家具、船舶、车辆和包装板箱等
枕木	按枕木断面和长度加工而成的成材	铁道工程

12.4.2　木材的综合利用

木材的综合利用就是将木材加工过程中的大量边角、碎料、刨花、木屑等，经过再加工处理，制成各种人造板材，有效提高木材利用率，这对弥补木材资源严重不足有着十分重要的意义。

1. 胶合板

胶合板亦称层压板，是由蒸煮软化的原木旋切成大张薄片，然后将各张按照木纤维方向相互垂直放置，用耐水性好的合成树脂胶黏结，再经加压、干燥、锯边、表面修整而成的板材。其层数成奇数，一般为 3~13 层，分别称为三合板、五合板等。用来制作胶合板的树种有椴木、桦木、水曲柳、榉木、色木、柳桉木等。

生产胶合板是合理利用、充分节约木材的有效方法。胶合板变形小、收缩率小，没有木结、裂纹等缺陷，而且表面平整，有美丽花纹，极富装饰性。

按原木种类，胶合板分为阔叶树胶合板和针叶树胶合板；按用途可分为普通胶合板和饰面胶合板。普通胶合板按成品板上可见的材质缺陷和加工缺陷的数量和范围，分为优等品、一等品、合格品胶合板。按使用环境条件，胶合板分为Ⅰ、Ⅱ、Ⅲ类胶合板：Ⅰ类胶合板即耐气候胶合板，供室外条件下使用，能通过煮沸试验；Ⅱ类胶合板即耐水胶合板，供潮湿条件下使用，能通过 63 ℃ ±3 ℃热水浸渍试验；Ⅲ类胶合板即不耐潮胶合板，供干燥条件下使用，能通过干燥试验。

室内用胶合板的甲醛释放限量应符合表 12-4 的规定。

胶合板广泛用作建筑室内隔墙板、护壁板、天花板、门面板以及各种家具和装修。

表 12-4　胶合板的甲醛释放限量

类别	限量值 / ($mg \cdot L^{-1}$)	备注
E_1	≤ 1.5	可直接用于室内
E_2	≤ 5.0	必须经饰面处理后可允许用于室内

2. 细木工板

细木工板是利用木材加工过程中产生的边角废料，经整形、刨光施胶、拼接、贴面而制成的一种人造板材。板芯一般采用充分干燥的短小木条，板面采用单层薄木或胶合板。细木工板不仅是一种综合利用木材的有效措施，而且这样制得的板材构造均匀、尺寸稳定、幅面较大、厚度较大。除可用于表面装饰外，细木工板也可直接用作构造材料。

细木工板按照板芯结构分为实心细木工板与空心细木工板。实心细木工板用于面积大、承载力相对较大的装饰装修，空心细木工板用于面积大而承载力小的装饰装修。按胶黏剂的性能，细木工板分为室外用细木工板与室内用细木工板。按面板的材质及加工工艺质量不同，细木工板分为优等品、一等品与合格品三个等级。

3. 纤维板

纤维板是将树皮、刨花、树枝等废料经破碎、浸泡、研磨成木浆，再经加压成型、干燥处理而制成的板材。因成型时温度和压力不同，纤维板可分为硬质、中密度、软质三种。纤维板构造均匀，完全克服了木材的各种缺陷，不易变形、翘曲和开裂，各向同性。硬质纤维板可代替木材用于室内墙面、顶棚等。软质纤维板可用作保温、吸声材料。

中密度纤维板是在装饰工程中广泛应用的纤维板品种，是以木质纤维或其他植物纤维为原料，经纤维制备，施加合成树脂，在加热加压条件下，压制成的厚度不小于 1.5 mm，密度范围为 $0.659\sim0.809$ g/cm³ 的板材。中密度纤维板按 GB/T 11718—2009《中密度纤维板》分为普通型、家具型和承重型。普通型是指通常不在承重场合使用以及非家具用的中密度纤维板，如展览会用的临时展板、隔墙板等。家具型是指用于家具或装饰装修，通常需要进行表面二次加工处理的中密度纤维板，如家具制造、橱柜制作、装饰装修件、细木工制品等。承重型是指通常用于小型结构部件，或承重状态下使用的中密度纤维板，如室内地面、棚架、室内普通建筑部件等。

4. 刨花板、木丝板、木屑板

刨花板、木丝板、木屑板是以木材加工中产生的大量刨花、木丝、木屑为原料，经干燥，与胶结料拌和、热压而成的板材，所用胶结料有动植物胶（豆胶、血胶）、合成树脂胶（酚醛树脂、脲醛树脂等）、无机胶凝材料（水泥、菱苦土等）。

这类板材表观密度小，强度较低，主要用作绝热和吸声材料，经饰面处理后，还可用作吊顶板材、隔断板材等。

12.5 人造板甲醛释放量的控制

课程讲解：木材　人造板有害物质的控制
这是在人造板应用中不可忽视的问题

人造板（刨花板、胶合板、细木工板、纤维板等）的生产应用提高了木材综合利用率。改革开放以来，我国人造板工业发生了巨大变化，利用有限的资源，满足了经济建设和人民生活的需要。人造板制造业的发展对缓解木材类产品供求矛盾、保护森林资源和生态环境、促进可持续发展发挥了突出的作用，也为全球生态环境的发展做出了贡献。

人造板在我国普遍采用的胶黏剂是酚醛树脂和脲醛树脂，二者皆以甲醛为主要原料，使用中会散发有害、有毒气体，影响环境质量。一般情况下，脲醛树脂中的游离甲醛浓度约为3%，酚醛树脂中也有一定的游离甲醛，由于脲醛树脂价格较低，故许多厂家采用脲醛树脂作胶黏剂，但由于这类胶黏剂强度较低，加之以往胶合板、细木工板等人造板国家没有甲醛释放量限制，所以许多人造板生产厂就采用多掺甲醛这种低成本的方法来提高粘接强度。人造板中甲醛的释放持续时间往往很长，所造成的污染很难在短时间内解决。

为控制民用建筑工程使用人造板及饰面人造板的甲醛释放，必须测定其游离甲醛含量或释放量。

国家标准GB 18580—2017《室内装饰装修材料　人造板及其制品中甲醛释放限量》规定：室内装饰装修材料人造板及其制品中甲醛释放限量值为 0.124 mg/m^3，限量标识为E_1。本标准适用于纤维板、刨花板、胶合板、细木工板、重组装饰材、单板层积材、集成板材、饰面人造板、木质地板、木质墙板、木质门窗等室内各种人造板及制品的甲醛释放量。测定人造板及其制品中甲醛释放量的方法为"1 m^3 气候箱法"，即将 1 m^2 表面积的样品放入温度、相对湿度、空气流速和空气置换率控制在一定值的气候箱内。甲醛从样品中释放出来，与箱内空气混合，定期抽取箱内空气，将抽出的空气通过盛有蒸馏水的吸收瓶，空气中的甲醛全部溶入水中；测定吸收液中的甲醛量及抽取的空气体积，计算出每立方米空气中的甲醛量，以毫克每立方米（mg/m^3）表示。抽气是周期性的，直到气候箱内的空气中甲醛质量浓度达到稳定状态为止。另外国家环境保护标准HJ 571—2010《环境标志产品技术要求　人造板及其制品》对人造板的甲醛释放量也提出了具体要求：人造板中甲醛释放量应小于 0.20 mg/m³；木地板中甲醛释放量应小于 0.12 mg/m³。

一般情况下，人造板可采取吸收、覆盖及中和等措施控制甲醛释放。例如，使用中采用仪器直接吸收释放的甲醛，喷涂特制的化学制剂形成薄膜抑制游离甲醛向外释放，同时中和由板材释放出的游离甲醛气体，产生无害的有机盐和水，且反应后产物无毒、不分解、不产生二次污染。随着行业标准的规范、严格的质量监控以及人们对建筑材料环保意识的不断提高，人造板的甲醛释放问题会逐步得到有效控制，以达到节约能源和环保的双重目的。

小结

木材是传统的三大建筑材料（水泥、钢材、木材）之一。但由于木材生长周期长，大量砍伐对保持生态平衡不利，所以在工程中应尽量以其他材料代替，节省木材资源。

本章重点介绍了木材的分类、构造以及纤维饱和点、平衡含水率、标准含水率和持久强度等概念，还介绍了木材的各向异性、湿胀干缩性，以及含水率等对木材性质的影响和木材在建筑工程中的主要应用。

自测题

思考题

1. 木材的纤维饱和点、平衡含水率、标准含水率的概念各是什么？各有什么实用意义？
2. 木材从宏观构造观察有哪些主要组成部分？
3. 木材含水率的变化对其性能有什么影响？
4. 影响木材强度的因素有哪些？如何影响？
5. 简述木材的腐朽原因及防腐方法。
6. 简述木材综合利用的实际意义。
7. 对人造板甲醛释放量的基本规定有哪些？

测验评价

完成"木材及制品"测评

13

CHAPTER 13

建筑功能材料

导言

在上一章中，你学习了中国传统建筑材料——木材的性能特点及应用。在本章你将学习建筑功能材料的相关知识，重点了解隔热保温材料和常用的建筑装饰材料。

建筑功能材料是指主要对建筑物提供装饰、隔热保温、吸声隔音、采光、防火防腐等使用功能的材料。随着社会的发展和人们生活水平的日益提高，人们对建筑物的使用已不单纯满足于遮风、避雨、安全等基本功能，而提出了许多更好、更全面、更高质量、与环境更友好的功能需求。这些在很大程度上要靠功能材料来实现。因此，建筑功能材料的地位和作用越来越受到人们的重视，这促进了新型功能材料的研究、开发与推广应用。

13.1　隔热保温材料

隔热保温材料是指对热流具有显著阻隔性的材料或材料复合体。建筑隔热保温材料是建筑节能的物质基础，性能优良的隔热保温材料、合理科学的设计和良好的保温技术是提高节能效果的关键。通常将导热系数 λ 值不大于 0.23 W/（m·K）的材料称为隔热材料，而将 λ 值小于 0.14 W/（m·K）的隔热材料称为保温材料。

隔热材料的种类很多，按材质可分为无机隔热材料、有机隔热材料和金属隔热材料；按形态可分为纤维状隔热材料（岩棉、矿渣棉、玻璃棉、硅酸铝棉及其制品和以植物纤维为原料的纤维板材）、多孔状隔热材料（膨胀珍珠岩、膨胀蛭石、微孔硅酸钙、泡沫石棉、泡沫玻璃、加气混凝土、泡沫塑料等）、层状隔热材料（各种镀膜制品）等。

13.1.1　岩棉、矿渣棉、玻璃棉

岩棉、矿渣棉统称岩矿棉，是用岩石或高炉矿渣的熔融体，以离心、喷射或离心喷射方法制成的玻璃质絮状纤维，前者称岩棉，后者称矿渣棉。蓬松的岩矿棉导热系数极小［0.047~0.072 W/（m·K）］，是良好的隔热保温材料。岩矿棉与黏结剂结合可制成岩矿棉制品，有板、管、毡、绳、粒、块六种形态。其中，岩矿棉毡或岩矿棉毡板常用于建筑围护结构的保温。岩矿棉具有良好的隔热、隔冷、隔音和吸声性能，良好的化学稳定性、耐热性以及不燃、防蛀、价廉等特点，是我国目前建筑保温常选用的材料。

玻璃纤维是由与制造玻璃相近的天然矿物和其他化工原料的熔融物以离心喷吹的方法制成的纤维，其中短纤维（150 mm 以下）组织蓬松，类似棉絮，外观洁白，称作玻璃棉。与岩矿棉相似，玻璃棉可制成玻璃棉制品，有毡、板、带、毯、管等形态。由于玻璃棉制品的玻璃纤维上有树脂胶黏剂，故制品外观呈黄色。玻璃棉制品具有表观密度小、手感柔软、导热系数小、绝热、吸声、抗震、不燃等特点。但由于玻璃棉的生产成本较高，今后较长一段时间建筑隔热保温材料仍将以岩矿棉及其制品为主。

13.1.2　膨胀珍珠岩、膨胀蛭石

珍珠岩是一种酸性岩浆喷出而成的玻璃质熔岩。膨胀珍珠岩是以珍珠岩矿石为原料，经破碎、分级、预热，然后在高温焙烧时急剧加热膨胀而成的一种轻质、多功能材料。

膨胀珍珠岩制品一般以胶黏剂命名，如水玻璃膨胀珍珠岩制品、水泥膨胀珍珠岩制品和磷酸盐膨胀珍珠岩制品等。按制作地点与时间的不同，其制作方法可分为现场浇制（现浇）

与制品厂预制两种。

膨胀珍珠岩表观密度小（堆积密度为 70~250 kg/m³）、导热系数小 [0.047~0.072 W/(m·K)]、化学稳定性好（pH=7）、使用温度范围广（-200 ℃~800 ℃）、吸湿能力小（<1%），并且无毒、无味、防火、吸声、价格低廉，是一种优良的建筑保温绝热吸声材料。

在建筑领域内，膨胀珍珠岩散料主要用作填充材料，现浇水泥珍珠岩保温、隔热层材料，粉刷材料以及耐火混凝土材料等，常用于墙体、屋面、吊顶等围护结构的散填保温隔热以及其他建筑工程或大型设备的保温绝热。

膨胀蛭石是以层状的含水镁铝硅酸盐矿物蛭石为原料，经烘干、焙烧，在短时间内体积急剧增大膨胀（6~20 倍）而成的一种金黄色或灰白色的颗粒状物料，是一种良好的绝热、绝冷和吸声材料。膨胀蛭石表观密度一般为 80~200 kg/m³，导热系数为 0.047~0.07 W/(m·K)。它有足够的耐火性，可以在 1 000 ℃~1 100 ℃温度下应用。由膨胀蛭石和其他材料制成的耐火混凝土，使用温度可达 1 450℃~1 500 ℃。

膨胀蛭石具有表观密度小、导热系数小、防火、防腐、化学性能稳定、无毒无味等特点，是一种优良的保温、隔热、吸声、耐冻融建筑材料。由于原料来源丰富，加工工艺简单，价格低廉，故膨胀蛭石及其制品的应用相当普遍。但其主要用途仍然是用作建筑保温材料。利用膨胀蛭石制造蛭石隔热制品，用于房屋的防护结构，可大大提高建筑物的热工性能，有效节约能源。

13.1.3 微孔硅酸钙

微孔硅酸钙是用粉状二氧化硅质材料、石灰、纤维增强材料、助剂和水经搅拌、凝胶化、成型、蒸压养护、干燥等工序制成的新型保温材料。

微孔硅酸钙材料具有表观密度小（100~1 000 kg/m³）、强度高（抗折强度为 0.2~15 MPa）、导热系数小 [0.036~0.224 W/(m·K)] 和使用温度高（1 000 ℃）以及质量稳定等特点，并具有耐水性好、防火性强、无腐蚀、经久耐用、制品可锯可刨、安装方便等优点。它被广泛用作工业保温材料，房屋建筑的内、外墙和平顶的防火覆盖材料，高层建筑的防火覆盖材料以及船用舱室墙壁和走道的防火隔热材料。

在建筑领域，微孔硅酸钙材料广泛用作钢结构、梁、柱及墙面的耐火覆盖材料。微孔硅酸钙材料的主要缺点是吸水性强，施工中采用传统的水泥砂浆抹面较为困难，表面容易开裂，抹面材料与基材不易黏合，须使用专门的抹面材料。

13.1.4 泡沫石棉

石棉是一类形态呈细纤维状的硅酸盐矿物的总称。石棉具有优良的防火、绝热、耐酸、耐碱、保温、隔音、电绝缘性能和较高的抗拉强度。但由于石棉对人的健康有危害，故世界一些国家限制石棉的生产，甚至禁止使用石棉制品。

泡沫石棉是一种新型的、超轻质的保温、隔热、绝冷、吸声材料。它是以温石棉为主要原料，在阴离子表面活性剂的作用下，使石棉纤维充分松解制浆、发泡、成型、干燥制成的具有网状结构的多孔毡状材料。与其他保温材料比较，在同等保温、隔热效果下，其用料量只相当于膨胀珍珠岩的 1/5、膨胀蛭石的 1/10，比超细玻璃棉轻 1/5，施工效率比上述几种保温吸声材料高 7~8 倍，是一种理想的新型保温、隔热、绝冷和吸声材料。

与其他保温材料相比，泡沫石棉表观密度小、材质轻、施工简便、保温效果好。其绝热性能优于其他几种常用的保温材料，制造和使用过程无污染，无粉尘危害，不像膨胀珍珠岩、膨胀蛭石散料那样随风飞扬，也不像岩矿棉、玻璃纤维会给施工人员带来刺痒。

泡沫石棉还具有良好的抗震性能，有弹性、柔软，易用于各种异型外壳的包覆，使用温度范围较广，低温不脆硬，高温时不散发烟雾或毒气，吸声效果好，还可用作建筑吸声材料。

13.1.5　泡沫塑料

1. 特性和品种

泡沫塑料是以各种树脂为基料，加入少量的发泡剂、催化剂、稳定剂以及其他辅助材料，经加热发泡而成的一种轻质、保温、隔热、吸声、防震材料。它保持了原有树脂的性能，并且与同种塑料相比，其具有表观密度小、导热系数低、防震、吸声、电性能好、耐腐蚀、耐毒变、加工成型方便、施工性能好等优点，广泛用于建筑保温、冷藏、绝缘、减振包装等若干领域。

泡沫塑料按其泡孔结构可分为闭孔、开孔和网状泡沫塑料三类；按柔韧性可分为软质、硬质和半硬质泡沫塑料；按燃烧性能可分为自熄性和非自熄性泡沫塑料；按塑料热性能可分为热塑性和热固性泡沫塑料；按其在建筑上的使用功能，可分为非结构性和结构性泡沫塑料。

泡沫塑料均以其构成的母体材料命名，目前比较常见的有聚苯乙烯泡沫塑料、聚乙烯泡沫塑料、聚氯乙烯泡沫塑料、聚氨酯泡沫塑料、脲醛泡沫塑料、环氧树脂泡沫塑料等。

目前，泡沫塑料生产品种主要是聚氨酯泡沫塑料和聚苯乙烯泡沫塑料。泡沫塑料用于建筑业的主要品种是钢丝网架夹芯复合内外墙板、金属夹芯板等。

2. 挤塑聚苯乙烯泡沫板

挤塑聚苯乙烯泡沫板，简称挤塑板，又名 XPS 板或挤塑聚苯板，是以聚苯乙烯树脂辅以其他聚合物在加热混合的同时，注入催化剂，而后采用挤压工艺制出的连续性闭孔发泡的硬质泡沫塑料板，其内部为独立闭孔气泡结构，是一种具有优异性能的环保型隔热保温材料。

挤塑聚苯乙烯泡沫板的优异性能主要体现在以下几方面：

（1）优异、持久的隔热保温性

尽可能低的导热系数是所有保温材料追求的目标。挤塑板主要以聚苯乙烯为原料制成，而聚苯乙烯原本就是极佳的低导热原料，再辅以挤塑压出紧密的蜂窝结构，就更为有效地阻止了热传导。挤塑板导热系数为 0.028 W/（m·K），具有高热阻、低线性膨胀率，导热系数远远低于其他保温材料，如 EPS 板、发泡聚氨酯、保温砂浆、珍珠岩等。

（2）优越的抗水、防潮性

挤塑板具有紧密的闭孔结构，聚苯乙烯分子结构本身不吸水，板材的正、反面都没有缝隙，因此吸水率极低，防潮和防渗透性能极佳。

（3）防腐蚀、高耐用性

一般的硬质发泡保温材料使用几年后易老化，随之会吸水造成性能下降。而挤塑板因具有优异的防腐蚀性、抗老化性、保温性，在高水蒸气压力下，仍能保持其优异的性能，使用寿命可达 30~40 年。

但不可忽视的是挤塑板的可燃性。在施工没有做面层，保温板裸露在外的阶段，仍要采取有效的防火措施。

挤塑板广泛应用于干墙体保温，平面混凝土屋顶及钢结构屋顶的保温，低温储藏地面、低温地板辐射采暖管、泊车平台、机场跑道、高速公路等领域的防潮保温，控制地面冻胀，是目前建筑业物美价廉、品质极佳的隔热、防潮材料。

随着我国节能降耗工作的深入开展，以及工业和民用建筑隔热保温要求的逐渐提高，泡沫塑料隔热保温材料的应用前景将会异常广阔。

学习活动 13-1

外墙有机保温板保温性能与防火性能统筹考虑的必要性

在此活动中，你将根据具体案例，了解墙体外保温广泛应用的有机保温材料（XPS、EPS、PU 板等）在施工中必须综合考虑其可燃性的必要性，以强化建筑工程全过程的防火安全意识，树立材料的性能特点只有在一定的使用前提下才能发挥的理念。

完成此活动需要花费 20 min。

步骤 1：阅读以下案例资料。

2010 年，上海"11·15"特别重大火灾事故现场大楼外立面上大量裸露聚氨酯（PU）泡沫保温材料是导致大火迅速蔓延的重要原因。其燃烧产生剧毒氰化氢气体，更是导致多人死亡的主要原因。

20 世纪 90 年代末，有机保温材料聚苯乙烯泡沫（EPS）塑料和挤塑板（XPS 板）开始在国内应用。这些材料优势明显，造价较低，保温性能好且易施工，但最大的缺点是可燃性强。随后逐步发展起来的聚氨酯（PU）保温材料，虽价位较高，但保温性更好、品质更高，然而，它的可燃性更强。

从 2007 年开始，随着各种外墙保温材料的广泛应用，国内由此引发的火灾此起彼伏：长春住宅楼电焊引燃外墙材料；乌鲁木齐一座在建高层住宅楼外墙保温层着火……这些高层建筑大火灾，九成在施工期间发生，大多跟外墙保温材料密切相关。

目前的有机保温材料中，都向原材料中添加了阻燃剂，有一定阻燃效果。但 EPS 和 XPS 仍易着火、易滴熔。PU 材料虽可自熄，但温度达到一定程度后就难以熄灭。

2006 年发布的 GB 8624—2006《建筑材料及制品燃烧性能分级》，虽然提高了外墙保温材料的阻燃性指标，但并没禁止使用，仅指出上述材料使用时存在安全隐患，需要采取防护措施。

2009 年 9 月 25 日，公安部、住房和城乡建设部联合制定了《民用建筑外保温系统及外墙装饰防火暂行规定》。根据防火等级，A 级材料燃烧性是不燃，B_1 级是难燃，B_2 级是可燃。规定指出，非幕墙类居住建筑，高度大于等于 100 m，其保温材料的燃烧性能应为 A 级；高度大于等于 60 m 小于 100 m，保温材料燃烧性能不应低于 B_2 级。如果使用 B_2 级材料，每层必须设置水平防火隔离带。

日本法规将耐热性能好、燃烧后发烟量低的酚醛泡沫作为公共建筑的标准节能耐燃材料，在我国仅有"水立方"、北京地铁等高档公共建筑施工中使用酚醛泡沫。目前，岩棉和玻璃棉作为保温材料，在国际上被广泛采用。岩棉耐高温，最高使用温度能达到 650 ℃，玻璃棉也可以达到 300 ℃。德国、瑞典及芬兰等发达国家大多使用岩棉进行外墙及屋面保温。我国已经开发出既保温又防火的材料，但因售价是普通材料的数倍，大面积推广仍需时间。

步骤 2：国家标准 GB/T 10801.2—2018《绝热用挤塑聚苯乙烯泡沫塑料（XPS）》和国家标准 GB 8624—2012《建筑材料及制品燃烧性能分级》规定，挤塑板分为 B_1、B_2 级，属于可燃的建筑材料，即使加入一定的阻燃剂（溴系阻燃剂），形成所谓阻燃型材料，也改变不了可燃材料的本质属性。

反馈：

1. 根据以上案例和技术资料，你对于外墙有机保温材料的使用有什么新的认识？如何认识材料的选择与经济发展水平的关系？

2. 在目前我国相关政策及市场环境条件下，处理好外墙有机保温板的保温性能与防火性能统筹考虑的问题是至关重要的。

13.1.6 轻质保温墙体及屋面材料

轻质保温墙体及屋面材料是新兴材料，具有自重轻、保温隔热、安装快、施工效率高、可提高建筑物的抗震性能、增加建筑物使用面积、节省生产使用能耗等优点。随着框架结构建筑的日益增多、墙体革新和建筑节能工程的实施以及为此而制定的各项优惠政策的推出，轻质保温墙体及屋面材料获得了迅猛发展。

轻质保温墙体及屋面制品通常是板材，墙体材料还可加工成各种砌块，常见的有加气混凝土砌块和板材、石膏砌块与板材、轻质混凝土砌块与板材、粉煤灰砌块、纤维增强水泥板材、钢丝网夹芯复合板材、有机纤维板与有机复合板、新型金属复合板材等。

13.2　建筑装饰材料

13.2.1　饰面石材

饰面石材内容详见 3.2.3。

13.2.2　陶瓷面砖

　IP 讲座：第 5 讲第二节　建筑饰面陶瓷

陶瓷通常是指以黏土为主要原料，经原料处理、成型、焙烧而成的无机非金属材料。陶瓷可分为陶和瓷两大部分。介于陶和瓷之间的一类产品，称为炻，也称为半瓷或石胎瓷。瓷、陶和炻通常又按其细密性、均匀性各分为精、粗两类。建筑陶瓷主要是指用于建筑内外饰面的干压陶瓷砖和陶瓷卫生洁具，其按材质主要属于陶和炻。

根据国家标准 GB/T 4100—2015《陶瓷砖》，陶瓷砖按材质分为瓷质砖（吸水率 ≤ 0.5%）、炻瓷砖（0.5%< 吸水率 ≤ 3%）、细炻砖（3%< 吸水率 ≤ 6%）、炻质砖（6%< 吸水率 ≤ 10%）、陶质砖（吸水率 >10%）。按应用特性，陶瓷砖有釉面内墙砖、陶瓷墙地砖和陶瓷锦砖等。

1. 釉面内墙砖

（1）分类

陶质砖可分为有釉陶质砖和无釉陶质砖两种。其中，以有釉陶质砖即釉面内墙砖应用最为普遍，其属于薄形陶质制品（吸水率 >10%，但不大于 21%）。釉面内墙砖采用瓷土或耐火黏土低温烧成，坯体呈白色或浅褐色，表面施透明釉、乳浊釉或各种色彩釉及装饰釉。

釉面内墙砖按形状可分为通用砖（正方形、矩形）和配件砖；按图案和施釉特点，可分为白色釉面砖、彩色釉面砖、图案砖、色釉砖等。

（2）特性

釉面内墙砖强度高、防潮、易清洗、耐腐蚀、变形小、抗急冷急热，表面光亮、细腻，色彩和图案丰富，风格典雅，极富装饰性。

釉面内墙砖是多孔陶质坯体，在长期与空气接触的过程中，特别是在潮湿的环境中使用，坯体会吸收水分，产生吸湿膨胀现象，但其表面釉层的吸湿膨胀性很小，与坯体结合得又很牢固，所以当坯体吸湿膨胀时，釉面会处于张拉应力状态，超过其抗拉强度时，釉面就会发生开裂。尤其是用于室外时，经长期冻融，釉面内墙砖会出现表面分层脱落、掉皮现象，所以釉面内墙砖只能用于室内，不能用于室外。

（3）技术要求

釉面内墙砖的技术要求有尺寸偏差、平整度、表面质量、物理性能和抗化学腐蚀性。其中，物理性能的要求为：吸水率平均值大于10%（单个值不小于9%，当平均值大于20%时，生产厂家应说明）；破坏强度和断裂模数、抗热震性、抗釉裂性应合格或检验后报告结果。

（4）应用

釉面内墙砖主要用于民用住宅、宾馆、医院、学校、实验室等的要求耐污、耐腐蚀、耐清洗的场所或部位，如浴室、厕所、盥洗室等，既有明亮清洁之感，又可保护基体，延长使用年限。它用于厨房的墙面装饰，不但清洗方便，还兼有防火功能。

2. 陶瓷墙地砖

陶瓷墙地砖是陶瓷外墙面砖和室内外陶瓷铺地砖的统称。由于目前陶瓷生产原料和工艺的不断改进，这类砖在材质上可满足墙地两用，故统称为陶瓷墙地砖。

（1）分类

陶瓷墙地砖采用陶土质黏土为原料，经压制成型再高温（1 100 ℃左右）焙烧而成，坯体带色。根据表面施釉与否，其可分为彩色釉面陶瓷墙地砖、无釉陶瓷墙地砖和无釉陶瓷地砖，前两类属炻质砖，后一类属细炻类陶瓷砖。炻质砖的平面形状分正方形和长方形两种，其中长宽比大于 3 的通常称为条砖。

（2）特性

陶瓷墙地砖具有强度高、致密坚实、耐磨、吸水率小（<10%）、抗冻、耐污染、易清洗、耐腐蚀、耐急冷急热、经久耐用等特点。

（3）技术要求

炻质砖的技术要求有：尺寸偏差、边直度、直角度和表面平整度、表面质量、物理力学性能与化学性能。其中物理力学性能与化学性能的要求为：吸水率的平均值不大于10%；破坏强度和断裂模数、耐热震性、抗釉裂性、抗冻性、地砖的摩擦系数、耐化学腐蚀性应合格或检验后报告结果。

无釉细炻砖的技术要求有：尺寸偏差、表面质量、物理力学性能。物理力学性能中的吸水率平均值为 $3\% < E \leqslant 6\%$，单个值不大于 6.5%；其他物理力学性能和化学性能技术要求项目同炻质砖。

（4）应用

炻质砖广泛应用于各类建筑物的外墙和柱的饰面和地面装饰，一般用于装饰等级要求较高的工程。用于不同部位的陶瓷墙地砖应考虑对其特殊的要求。例如，用于铺地时，应考虑彩色釉面陶瓷墙地砖的耐磨类别；用于寒冷地区时，应选用吸水率尽可能小、抗冻性能好的陶瓷墙地砖。

无釉细炻砖适用于商场、宾馆、饭店、游乐场、会议厅、展览馆的室内外地面。各种防滑无釉细炻砖也广泛用于民用住宅的室外平台、浴厕等地面装饰。

陶瓷墙地砖的品种创新很快，劈离砖、麻面砖、渗花砖、玻化砖、大幅面幕墙瓷板等都是常见的陶瓷墙地砖新品种。

3. 陶瓷锦砖

陶瓷锦砖是陶瓷什锦砖的简称，俗称马赛克，是指由边长不大于 40 mm、具有多种色彩和不同形状的小块砖，镶拼组成的各种花色图案的陶瓷制品。陶瓷锦砖的生产工艺是采用优质瓷土烧制成方形、长方形、六角形等薄片状小块瓷砖后，再通过铺贴盒将其按设计图案反贴在牛皮纸上，称作一联，每 40 联为一箱。陶瓷锦砖可制成多种色彩或纹点，但大多为白色砖。陶瓷锦砖的表面有无釉和施釉两种。

陶瓷锦砖具有色泽明净、图案美观、质地坚实、抗压强度高、耐污染、耐腐蚀、耐磨、耐水、抗火、抗冻、不吸水、不滑、易清洗等特点，它坚固耐用，且造价较低。

陶瓷锦砖主要用于室内地面铺贴，由于砖块小，不易被踩碎，其适用于工业建筑的洁净车间、工作间、化验室以及民用建筑的门厅、走廊、餐厅、厨房、盥洗室、浴室等的地面铺装，也可用作高级建筑物的外墙饰面材料，它对建筑立面具有良好的装饰效果，且可增强建筑物的耐久性。

13.2.3   建筑玻璃

    IP 讲座：第 5 讲第三节   建筑玻璃

建筑玻璃在过去主要是用作采光和装饰材料，随着现代建筑技术的发展，玻璃制品正在向多品种、多功能的方向发展。近年来，兼具装饰性与功能性的玻璃新品种不断问世，为现代建筑设计提供了更加宽广的选择余地，现代建筑中越来越多地采用玻璃门窗、玻璃幕墙和玻璃构件，以达到光控、温控、节能、降低噪声以及降低结构自重、美化环境等多种目的。

1. 玻璃的基本知识

玻璃是用石英砂、纯碱、长石和石灰石为主要原料，在 1 550 ℃ ~1 600 ℃高温下熔融、成型，并经急冷而制成的固体材料。

玻璃的品种繁多，分类方法也有多种，通常按其化学组成和用途进行分类。按玻璃的化学组成，其可分为钠玻璃、钾玻璃、铝镁玻璃、硼硅玻璃、铅玻璃和石英玻璃；按玻璃的用途，其可分为平板玻璃、安全玻璃、特种玻璃及玻璃制品。

玻璃是均质的无定型非结晶体，具有各向同性的特点。普通玻璃的密度为 2 450~2 550 kg/m³，其密实度 $D=1$，孔隙率 $P=0$，故可以认为玻璃是绝对密实的材料。

玻璃的抗压强度高，一般为 600~1 200 MPa；抗拉强度很小，为 40~80 MPa，故玻璃在冲击作用下易破碎，是典型的脆性材料。性脆是玻璃的主要缺点，脆性大小可用脆性指数（弹性模量与抗拉强度之比）来评定。脆性指数越大，说明越脆。玻璃的脆性指数为 1 300~1 500（橡胶为 0.4~0.6，钢材为 400~600，混凝土为 4 200~9 350）。玻璃的弹性模量为 60 000~75 000 MPa，莫氏硬度为 6~7。

玻璃具有优良的光学性质，特别是其透明性和透光性，所以广泛用于建筑采光和装饰，也用于光学仪器和日用器皿等。

玻璃的导热系数较低，普通玻璃耐急冷、急热性差。

玻璃具有较高的化学稳定性，在通常情况下对水、酸以及化学试剂或气体具有较强的抵抗能力，能抵抗除氢氟酸以外的各种酸类的侵蚀。但碱液和金属碳酸盐能溶蚀玻璃。

2. 平板玻璃

（1）分类及规格

平板玻璃按颜色属性分为无色透明平板玻璃和本体着色平板玻璃。按生产方法不同，其可分为普通平板玻璃和浮法玻璃两类。根据国家标准 GB 11614—2009《平板玻璃》的规定，平板玻璃按其公称厚度可分为 2 mm、3 mm、4 mm、5 mm、6 mm、8 mm、10 mm、12 mm、15 mm、19 mm、22 mm、25 mm 十二种规格。

（2）特性

平板玻璃具有良好的透视、透光性能（3 mm 和 5mm 厚的无色透明平板玻璃的可见光透射比分别为 88% 和 86%），对太阳光中近红外热射线的透过率较高，但对可见光射至室内墙顶地面和家具、织物而反射产生的远红外长波热射线能够有效阻挡，故可产生明显的"暖房效应"。无色透明平板玻璃对太阳光中紫外线的透过率较低。

平板玻璃具有隔音和一定的保温性能，其抗拉强度远小于抗压强度，是典型的脆性材料。

平板玻璃具有较高的化学稳定性，通常情况下，对酸、碱、盐及化学试剂和气体有较强的抵抗能力，但长期遭受侵蚀性介质的作用也会变质和被破坏，如玻璃的风化和发霉都会导致外观的破坏和透光能力的降低。

平板玻璃热稳定性较差，受急冷、急热，易发生炸裂。

（3）等级

按照国家标准 GB 11614—2009，平板玻璃根据其外观质量分为优等品、一等品和合格品三个等级。

（4）应用

3~5 mm 的平板玻璃一般直接用于有框门窗的采光，8~12 mm 的平板玻璃可用于隔断、橱窗、无框门。平板玻璃的另外一个重要用途是作为钢化、夹层、镀膜、中空等深加工玻璃的原片。

3. 装饰玻璃

（1）彩色平板玻璃

彩色平板玻璃又称有色玻璃或饰面玻璃。彩色平板玻璃分为透明和不透明两种。透明彩色平板玻璃是在平板玻璃中加入一定量的着色金属氧化物，按一般的平板玻璃生产工艺生产而成；不透明彩色平板玻璃又称为饰面玻璃。

彩色平板玻璃也可以采用在无色玻璃表面喷涂高分子涂料或粘贴有机膜制得。这种方法在装饰上更具有随意性。

彩色平板玻璃的颜色有茶色、黄色、桃红色、宝石蓝色、绿色等。

彩色平板玻璃可以拼成各种图案，并有耐腐蚀、抗冲刷、易清洗等特点，主要用于建筑物的内外墙、门窗装饰及对光线有特殊要求的部位。

（2）釉面玻璃

釉面玻璃是指在按一定尺寸切裁好的玻璃表面涂敷一层彩色的易熔釉料，经烧结、退火或钢化等处理工艺，使釉层与玻璃牢固结合，制成的具有美丽色彩或图案的玻璃。

釉面玻璃的特点是：图案精美，不褪色，不掉色，易于清洗，可按用户的要求或艺术设计图案制作。

釉面玻璃具有良好的化学稳定性和装饰性，广泛用于室内饰面层、一般建筑物门厅和楼梯间的饰面层及建筑物外饰面层。

（3）压花玻璃

压花玻璃又称为花纹玻璃或滚花玻璃，分为一般压花玻璃、真空镀膜压花玻璃和彩色膜压花玻璃几类。单面压花玻璃具有透光而不透视的特点，具有私密性，作为浴室、卫生间门窗玻璃时应注意将其压花面朝外。

（4）喷花玻璃

喷花玻璃又称为胶花玻璃，是在平板玻璃表面贴以图案，抹以保护面层，经喷砂处理形成透明与不透明相间的图案而成。喷花玻璃给人以高雅、美观的感觉，适用于室内门窗和隔断。

（5）乳花玻璃

乳花玻璃是在平板玻璃的一面贴上图案，抹以保护层，经化学蚀刻而成。它的花纹柔和、清晰、美丽，富有装饰性。

（6）刻花玻璃

刻花玻璃是由平板玻璃经涂漆、雕刻、围蜡与酸蚀、研磨而成。刻花玻璃图案的立体感非常强，似浮雕一般，在室内灯光的照耀下，更是熠熠生辉。刻花玻璃主要用于高档场所的室内隔断或屏风。

（7）冰花玻璃

冰花玻璃是一种将平板玻璃经特殊处理而形成的具有随机裂痕似自然冰花纹理的玻璃。冰花玻璃对通过的光线有漫射作用。它具有花纹自然、质感柔和、透光不透明、视感舒适的特点。

冰花玻璃装饰效果优于压花玻璃，给人以典雅清新之感，是一种新型的室内装饰玻璃，可用于宾馆、饭店、酒吧等场所的门窗、隔断、屏风和家庭装饰。

4. 安全玻璃

安全玻璃通常是对普通玻璃进行增强处理，或者将其和其他材料复合，或者是采用特殊成分制成的。节能玻璃是兼具采光、调节光线、调节热量进入或散失、防止噪声、改善居住环境、降低空调能耗等多种功能的建筑玻璃。

（1）防火玻璃

普通玻璃因热稳定性较差，遇火易发生炸裂，故防火性能较差。防火玻璃是经特殊工艺加工和处理，在规定的耐火试验中能保持完整性和隔热性的特种玻璃。防火玻璃原片可选用浮法平板玻璃、钢化玻璃，复合防火玻璃原片还可选用单片防火玻璃制造。

防火玻璃按结构可分为复合防火玻璃（FFB）和单片防火玻璃（DFB）；按耐火性能可分为隔热型防火玻璃（A类）和非隔热型防火玻璃（C类）；按耐火极限可分为0.50 h、1.00 h、1.50 h、2.00 h、3.00 h 五个等级。

防火玻璃主要用于有防火隔热要求的建筑幕墙、隔断等构造和部位。

（2）钢化玻璃

钢化玻璃是用物理的或化学的方法，在玻璃的表面形成一个压应力层，而内部处于较大的拉应力状态，内外拉压应力处于平衡状态，其本身具有较高的抗压强度，表面不会造成破坏的玻璃品种。当玻璃受到外力作用时，这个压应力层可将部分拉应力抵消，避免玻璃碎裂，从而达到提高玻璃强度的目的。

钢化玻璃的特性主要表现为：机械强度高；弹性好；热稳定性好；碎后不易伤人；可发生自爆。

钢化玻璃具有较好的机械性能和热稳定性，常用作建筑物的门窗、隔墙、幕墙及橱窗、家具等。但钢化玻璃使用时不能切割、磨削，边角亦不能碰击挤压，需按现成的尺寸规格选用或提出具体设计图纸进行加工定制。用于大面积玻璃幕墙的玻璃在钢化程度上要予以控制，宜选择半钢化玻璃（没达到完全钢化，其内应力较小），以避免风荷载引起振动而自爆。对于公称厚度不小于 4 mm 的建筑用半钢化玻璃，其上开孔的位置和孔径应符合 GB/T 17841—2008《半钢化玻璃》的规定。

（3）夹丝玻璃

夹丝玻璃也称防碎玻璃或钢丝玻璃。它是由压延法生产的，即在玻璃熔融状态时将经预热处理的钢丝或钢丝网压入玻璃中间，经退火、切割而成。夹丝玻璃表面可以是压花的或磨光的，颜色可以是无色透明或彩色。

夹丝玻璃的特性主要表现为以下几方面：

① 安全性。夹丝玻璃中钢丝网的骨架作用，不仅提高了玻璃的强度，而且当遭受到冲击或温度骤变而破坏时，碎片也不会飞散，避免了碎片对人的伤害。

② 防火性。当遭遇火灾时，夹丝玻璃受热炸裂，但由于金属丝网的作用，玻璃仍能保持固定，可防止火焰蔓延。

③ 防盗抢性。当遇到盗抢等意外情况时，夹丝玻璃中玻璃虽碎但金属丝仍可保持一定的阻挡性，起到防盗、防抢的安全作用。

夹丝玻璃应用于建筑的天窗、采光屋顶、阳台及须有防盗、防抢功能要求的营业柜台的遮挡部位。当用作防火玻璃时，要符合相应耐火极限的要求。夹丝玻璃可以切割，但断口处裸露的金属丝要做防锈处理，以防锈体体积膨胀，引起玻璃"锈裂"。

（4）夹层玻璃

夹层玻璃是玻璃与玻璃和（或）塑料等材料，用中间层分隔并通过处理使其黏结为一体的复合材料的统称。常见和大多使用的夹层玻璃是玻璃与玻璃，用中间层分隔并通过处理使其黏结为一体的玻璃构件。而安全夹层玻璃是指在破碎时，中间层能够限制其开口尺寸并提供残余阻力以减少割伤或扎伤危险的夹层玻璃。用于生产夹层玻璃的原片可以是浮法玻璃、钢化玻璃、着色玻璃、镀膜玻璃等。夹层玻璃的层数有 2 层、3 层、5 层、7 层，最多可达 9 层。

夹层玻璃的特性表现为：透明度好；抗冲击性能要比一般平板玻璃高好几倍，用多层普通玻璃或钢化玻璃复合起来，可制成抗冲击性极高的安全玻璃；由于粘接用中间层（PVB胶片等材料）的黏合作用，玻璃即使破碎时，碎片也不会散落伤人；通过采用不同的原片玻璃，夹层玻璃还可具有耐久、耐热、耐湿、耐寒等性能。

夹层玻璃有着较高的安全性，一般在建筑上用于高层建筑的门窗、天窗、楼梯栏板和有抗冲击作用要求的商店、银行、橱窗、隔断及水下工程等安全性能要求高的场所或部位等。

夹层玻璃不能切割，需要选用定型产品或按尺寸定制。

5. 节能装饰型玻璃

（1）着色玻璃

着色玻璃是一种既能显著地吸收阳光中热作用较强的近红外线，又能保持良好透明度的节能装饰性玻璃。着色玻璃通常都带有一定的颜色，所以也称为着色吸热玻璃。

着色玻璃的特性有：可有效吸收太阳的辐射热，产生"冷室效应"，可达到蔽热节能的效果；可吸收较多的可见光，使透过的阳光变得柔和，避免眩光并改善室内色泽；能较强地吸收太阳的紫外线，有效地防止紫外线使室内物品褪色和变质；具有一定的透明度，能清晰地观察室外景物；色泽鲜丽，经久不变，能增加建筑物的外形美观。

着色玻璃在建筑装修工程中的应用比较广泛。凡既需采光又须隔热之处均可采用。采用不同颜色的着色玻璃能合理利用太阳光，调节室内温度，节省空调费用，而且对建筑物的外形有很好的装饰效果。着色玻璃一般多用作建筑物的门窗或玻璃幕墙。

（2）镀膜玻璃

镀膜玻璃分为阳光控制镀膜玻璃和低辐射镀膜玻璃，是一种既能保证可见光良好透过，又可有效反射热射线的节能装饰型玻璃。镀膜玻璃由无色透明的平板玻璃镀覆金属膜或金属氧化物而制得。根据外观质量，阳光控制镀膜玻璃和低辐射镀膜玻璃可分为优等品和合格品。

阳光控制镀膜玻璃是对太阳光具有一定控制作用的镀膜玻璃。

这种玻璃具有良好的隔热性能。它可有效地屏蔽进入室内的太阳辐射能，保证室内采光柔和；可以避免暖房效应，减少室内降温空调的能源消耗；具有单向透视性，单向透视性表现为，光弱方至光强方呈透明，故又称为单反玻璃。

阳光控制镀膜玻璃可用作建筑门窗玻璃、幕墙玻璃，还可用于制作高性能中空玻璃。它具有良好的节能和装饰效果，很多现代的高档建筑都选用镀膜玻璃做幕墙。但在使用时应注意，不恰当使用或使用面积过大会造成光污染，影响环境和谐。单面镀膜玻璃在安装时，应将膜层面向室内，以延长膜层的使用寿命，并取得节能的最大效果。

低辐射镀膜玻璃又称"Low-E"玻璃，是一种对远红外线有较高反射比的镀膜玻璃。

低辐射镀膜玻璃对于太阳可见光和近红外光有较高的透过率，有利于自然采光，可节省照明费用。但玻璃的镀膜对阳光中的和室内物体所辐射的热射线均可有效阻挡，因而可使夏季室内凉爽而冬季有良好的保温效果，总体节能效果明显。此外，低辐射镀膜玻璃还具有较强的阻止紫外线透射的功能，可以有效地防止室内陈设物品、家具等受紫外线照射而老化、褪色等。

低辐射镀膜玻璃一般不单独使用，往往与普通平板玻璃、浮法玻璃、钢化玻璃等配合，制成高性能的中空玻璃。

（3）中空玻璃

中空玻璃是由两片或多片玻璃以有效支撑均匀隔开并周边粘接密封，使玻璃层间形成有干燥气体的空间，从而达到保温隔热效果的节能玻璃制品。中空玻璃按玻璃层数，有双层和多层之分，一般是双层结构。可采用无色透明玻璃、热反射玻璃、吸热玻璃或钢化玻璃等作为中空玻璃的基片。

中空玻璃的特性主要表现在以下几方面：

① 光学性能良好。由于中空玻璃所选用的玻璃原片可具有不同的光学性能，因而制成的中空玻璃的可见光透过率、太阳能反射率和吸收率及色彩可在很大范围内变化，从而满足建筑设计和装饰工程的不同要求。

② 保温隔热、降低能耗。中空玻璃玻璃层间干燥气体导热系数极小，故能起到良好的隔热作用，可有效保温隔热、降低能耗。以 6 mm 厚玻璃为原片，玻璃间隔（空气层厚度）

为 9 mm 的普通中空玻璃的保温作用与 100 mm 厚普通混凝土大体相当。它适用于寒冷地区和需要保温隔热、降低采暖能耗的建筑物。

③ 防结露。中空玻璃的露点很低，因玻璃层间干燥气体层起着良好的隔热作用。在通常情况下，中空玻璃内层玻璃接触室内高湿度空气的时候，由于玻璃表面温度与室内接近，不会结露，而外层玻璃虽然温度低，但接触的空气湿度也低，所以也不会结露。

④ 良好的隔音性能。中空玻璃具有良好的隔音性能，一般可使噪声下降 30~40 dB。

中空玻璃主要用于对保温隔热、隔音等功能要求较高的建筑物，如宾馆、住宅、医院、商场、写字楼等，也广泛用于车船等交通工具。内置遮阳中空玻璃制品是一种新型中空玻璃制品，这种制品是在中空玻璃内安装遮阳装置，可控遮阳装置的功能动作在中空玻璃外面操作，大大提高了普通中空玻璃隔热、保温、隔音等性能，并增加了性能的可调控性。

13.2.4　建筑涂料

涂敷于物体表面能与基体材料很好黏结并形成完整而坚韧保护膜的材料称为涂料。建筑涂料是专指用于建筑物内、外表面装饰的涂料，建筑涂料同时还可对建筑物起到一定的保护作用和某些特殊功能作用。

1. 涂料的组成

涂料由主要成膜物质、次要成膜物质和辅助成膜物质构成。

（1）主要成膜物质

涂料所用主要成膜物质有树脂和油料两类。

树脂有天然树脂（虫胶、松香、大漆等）、人造树脂（甘油酯、硝化纤维等）和合成树脂（醇酸树脂、聚丙烯酸酯、环氧树脂、聚氨酯、聚磺化聚乙烯和聚乙烯醇缩聚物、聚醋酸乙烯及其共聚物等）。

油料有桐油、亚麻籽油等植物油和鱼油等动物油。

为满足涂料的各种性能要求，可以在一种涂料中采用多种树脂配合，或树酯与油料配合，共同作为主要成膜物质。

（2）次要成膜物质

次要成膜物质是各种颜料，包括着色颜料、体质颜料和防锈颜料三类，它是构成涂膜的组分之一。其主要作用是使涂膜着色并赋予涂膜遮盖力，增加涂膜质感，改善涂膜性能，增加涂料品种，降低涂料成本等。

（3）辅助成膜物质

辅助成膜物质主要是指各种溶剂（稀释剂）和各种助剂。涂料所用溶剂有两大类：一类是有机溶剂，如松香水、乙醇、汽油、苯、二甲苯、丙酮等；另一类是水。

助剂是为改善涂料的性能，提高涂膜的质量而加入的辅助材料，如催干剂、增塑剂、固化剂、流变剂、分散剂、增稠剂、消泡剂、防冻剂、紫外线吸收剂、抗氧化剂、防老化剂、防霉剂、阻燃剂等。

2. 建筑涂料的分类

按使用部位，建筑涂料可分为木器涂料、内墙涂料、外墙涂料和地面涂料。

按溶剂特性，建筑涂料可分为溶剂型涂料、水溶性涂料和乳液型涂料。

按涂膜形态，建筑涂料可分为薄质涂料、厚质涂料、复层涂料和砂壁状涂料。

3. 常用建筑涂料品种

（1）木器涂料

溶剂型涂料用于家具饰面或室内木装修，又常被称为油漆。传统的油漆品种有清油、清漆、调和漆、磁漆等；新型木器涂料有聚酯树脂漆和聚氨酯漆等。

① 传统的油漆品种。清油又称熟油，是由干性油、半干性油或将干性油与半干性油加热，熬炼并加少量催干剂而成的浅黄至棕黄色黏稠液体。

清漆为不含颜料的透明漆，其主要成分是树脂和溶剂或树脂、油料和溶剂，是一种人造漆。

调和漆是以干性油和颜料为主要成分制成的油性不透明漆。稀稠适度时，它可直接使用。油性调和漆中加入清漆，则得磁性调和漆。

磁漆是以清漆为基础加入颜料等研磨而制得的黏稠状不透明漆。

② 聚酯树脂漆。聚酯树脂漆是以不饱和聚酯和苯乙烯为主要成膜物质的无溶剂型漆。

聚酯树脂漆可高温固化，也可常温固化（施工温度不低于 15 ℃），干燥速度快。漆膜丰满厚实，有较好的光泽度、保光性及透明度；漆膜硬度高、耐磨、耐热、耐寒、耐水、耐多种化学药品的作用。它固含量高，涂饰一次，漆膜厚可达 200~300 μm；固化时溶剂挥发少，污染小。

该种涂料的缺点是漆膜附着力差、稳定性差、不耐冲击；为双组分固化型，施工配制较麻烦，涂膜破损不易修补；涂膜干性不易掌握，表面易受氧阻聚。

聚酯树脂漆主要用于高级地板涂饰和家具涂饰。施工时应注意不能用虫胶漆或虫胶泥子打底，否则会降低黏附力。施工温度不低于 15 ℃，否则固化困难。

③ 聚氨酯漆。聚氨酯漆是以聚氨酯为主要成膜物质的木器涂料。

聚氨酯漆可高温固化，也可常温或低温（0 ℃以下）固化，故可现场施工也可工厂化涂饰。它装饰效果好、漆膜坚硬、韧性高、附着力强、涂膜强度高、高度耐磨，具有优良的耐溶性和耐腐蚀性。

该种涂料的缺点是含有游离异氰酸酯（TDI），污染环境；遇水或潮气时易胶凝起泡；保色性差，遇紫外线照射易分解，漆膜泛黄。

聚氨酯漆广泛用于竹、木地板和船甲板的涂饰。

木器涂料必须执行GB 18581—2020《木器涂料中有害物质限量》的强制性条文。

（2）内墙涂料

内墙涂料目前应用最为广泛的是乳液型内墙涂料，即乳胶漆。乳胶漆以水为稀释剂，是一种施工方便、安全，耐水洗、透气性好的涂料，它可根据不同的配色方案调配出不同的色泽。

① 分类。乳液型内墙涂料包括丙烯酸酯乳胶漆、苯-丙乳胶漆、乙烯-乙酸乙烯乳胶漆。

② 特性及应用。丙烯酸酯乳胶漆涂膜光泽柔和、耐候性好、保光保色性优良、遮盖力强、附着力高、易于清洗、施工方便、价格较高，属于高档建筑装饰内墙涂料。

苯-丙乳胶漆有良好的耐候性、耐水性、抗粉化性，色泽鲜艳、质感好，由于聚合物粒度细，可制成有光型乳胶漆，属于中高档建筑内墙涂料。它与水泥基层附着力好，耐洗刷性好，可以用于潮气较大的部位。

乙烯-乙酸乙烯乳胶漆是在乙酸乙烯共聚物中引入乙烯基团形成的乙烯-乙酸乙烯（VAE）乳液中，加入填料、助剂、水等调配而成。该种涂料成膜性好、耐水性较高、耐候性较好，价格较低，属于中低档建筑装饰内墙涂料。

（3）外墙涂料

① 分类。外墙涂料分为以下几类：

溶剂型外墙涂料，包括过氯乙烯、苯乙烯焦油、聚乙烯醇缩丁醛、丙烯酸酯、丙烯酸酯复合型、聚氨酯系外墙涂料。

乳液型外墙涂料，包括薄质涂料（纯丙乳胶漆、苯-丙乳胶漆、乙-丙乳胶漆）和厚质涂料（乙-丙乳液厚涂料、氯-偏共聚乳液厚涂料）。

水溶性外墙涂料，以硅溶胶外墙涂料为代表。

其他类型外墙涂料包括复层外墙涂料和砂壁状涂料。

② 特性及应用。过氯乙烯外墙涂料具有良好的耐大气稳定性、化学稳定性、耐水性、耐霉性。

丙烯酸酯外墙涂料有良好的抗老化性、保光性、保色性，不粉化，附着力强，施工温度范围宽（0 ℃以下仍可干燥成膜）。但该种涂料耐玷污性较差，因此，常利用其与其他树脂能良好相混溶的特点，将聚氨酯、聚酯或有机硅对其改性制得丙烯酸酯复合型耐玷污性外墙涂料，使其综合性能大大改善，从而得到广泛应用。施工时基体含水率不应超过8%，可以直接在水泥砂浆和混凝土基层上进行涂饰。

复层涂料由基层封闭涂料、主层涂料、罩面涂料三部分构成。按主层涂料的黏结料的不同，复层涂料可分为聚合物水泥系（CE）、硅酸盐系（SI）、合成树脂乳液系（E）和反应固化型合成树脂乳液系（RE）复层外墙涂料。复层涂料黏结强度高，具有良好的耐褪色性、耐久性、耐污染性、耐高低温性。涂料成膜外观可成凹凸花纹状、环状等立体装饰效果，故亦称浮感涂料或凹凸花纹涂料。它适用于水泥砂浆、混凝土、水泥石棉板等多种基层的装饰。

（4）地面涂料（水泥砂浆基层地面涂料）

① 分类。地面涂料分为以下几类：

溶剂型地面涂料，包括过氯乙烯地面涂料、丙烯酸-硅树脂地面涂料、聚氨酯-丙烯酸酯地面涂料，为薄质涂料，涂覆在水泥砂浆地面的抹面层上，起装饰和保护作用。

乳液型地面涂料，有聚醋酸乙烯地面涂料等。

合成树脂厚质地面涂料，包括环氧树脂厚质地面涂料、聚氨酯弹性地面涂料和不饱和聚酯地面涂料等。该类涂料常采用刮涂方法施工，涂层较厚，可与塑料地板媲美。

② 特性及应用。过氯乙烯地面涂料干燥快，与水泥地面结合好，耐水、耐磨、耐化学药品腐蚀。施工时有大量有机溶剂挥发，易燃，要注意防火、通风。

聚氨酯-丙烯酸酯地面涂料涂膜外观光亮平滑，有瓷质感，具有良好的装饰性、耐磨性、耐水性、耐酸碱性、耐化学药品性。

以上两种地面涂料适用于图书馆、健身房、舞厅、影剧院、办公室、会议室、厂房、车间、机房、地下室、卫生间等水泥地面的装饰。

环氧树脂厚质地面涂料是以黏度较小、可在室温固化的环氧树脂（如 E-44、E-42 等牌号）为主要成膜物质，加入固化剂、增塑剂、稀释剂、填料、颜料等配制而成的双组分固化型地面涂料。其特点是黏结力强、膜层坚硬耐磨且有一定韧性，耐久、耐酸、耐碱、耐有机溶剂、耐火、防尘，可涂饰各种图案。其施工操作比较复杂。环氧树脂厚质地面涂料主要应用于机场、车库、实验室、化工车间等室内外水泥基地面的装饰。

（5）氟碳涂料

氟碳涂料是在氟树脂基础上经改性、加工而成的涂料，简称氟涂料，又称氟碳漆，属于新型高档高科技全能涂料。

① 分类。按固化温度的不同，氟碳涂料可分为高温固化型（主要指 PVDF 涂料，即聚偏氟乙烯涂料，180 ℃固化）、中温固化型和常温固化型。按组成和应用特点，氟碳涂料可分为溶剂型氟涂料、水性氟涂料、粉末氟涂料和仿金属氟涂料等。

② 特性。氟碳涂料具有优异的耐候性、耐污性、自洁性，耐酸碱、耐腐蚀、耐高低温，涂层硬度高，与各种材质的基体有良好的黏结性能，色彩丰富有光泽，装饰性好，施工方便，使用寿命长。

③ 应用。氟碳涂料广泛用于金属幕墙、柱面、墙面、铝合金门窗框、栏杆、天窗、金属家具、商业指示牌户外广告的着色及各种装饰板的高档饰面。

13.3 建筑功能材料的新发展

1. 绿色功能建筑材料

绿色功能建筑材料简称绿色建材，又称生态建材、环保建材等，即采用清洁生产技术，少用天然资源和能源，大量使用工农业或城市废弃物生产的无毒害、无污染，达生命周期后可回收再利用，有利于环境保护和人体健康的建筑材料。在当前的科学技术和社会生产力条件下，已经可以利用各类工业废渣生产水泥、砌块、装饰砖和装饰混凝土等，利用废弃的泡沫塑料生产保温墙体材料，利用无机抗菌剂生产各种抗菌涂料和建筑陶瓷等各种新型绿色功能建筑材料。

2. 复合多功能建筑材料

复合多功能建筑材料是指材料在满足某一主要建筑功能的基础上，附加了其他使用功能的建筑材料。例如抗菌自洁涂料，它既具有一般建筑涂料对建筑主体结构材料的保护和装饰墙面的作用，又具有抵抗细菌生长和自动清洁墙面的附加功能，使人类居住环境的质量进一步提高，满足了人们对健康居住环境的要求。

3. 智能化建筑材料

所谓智能化建筑材料是指材料本身具有自我诊断和预告失效、自我调节和自我修复的功能并可继续使用的建筑材料。当这类材料的内部发生异常变化时，材料能将内部状况反映出来，以便在材料失效前采取措施，甚至材料能够在材料失效初期自动进行自我调节，恢复材料的使用功能。如自动调光玻璃，能够根据外部光线的强弱，自动调节透光率，保持室内光线的强度平衡，既避免了强光对人的伤害，又可调节室温和节约能源。

4. 建筑功能新材料品种

（1）热弯夹层纳米自洁玻璃

该种新型功能玻璃充分利用纳米 TiO_2 材料的光催化活性，把纳米 TiO_2 镀于玻璃表面，在阳光照射下，可分解粘在玻璃上的有机物，在雨、水冲刷下实现玻璃表面的自洁。以热弯夹层纳米自洁玻璃作采光棚顶和玻璃幕墙，可大大降低清洁成本，而且可明显提升城市整体形象。

（2）自愈合混凝土

相当部分建筑物在完工尤其受到动荷载作用后，会产生不利的裂纹，对抗震尤其不利。自愈合混凝土可克服此缺点，大幅提高建筑物的抗震能力。自愈合混凝土是将低模量粘接剂填入中空玻璃纤维，粘接剂在混凝土中可长期保持性能稳定不变。为防玻璃纤维断裂，该技术将填充了粘接剂的玻璃纤维用水溶性胶粘接成束，平直地埋入混凝土中。当结构产生开裂时，与混凝土黏结为一体的玻璃纤维断裂，粘接剂释放，自行粘接嵌补裂缝，从而使混凝土结构达到自愈合效果。该种自愈合功能性混凝土可大大提高混凝土结构的抗震能力，有效提高使用的耐久性和安全性。

（3）新型水性化环保涂料

新型水性化环保涂料是用水作为分散介质和稀释剂，而且涂料采用的原料无毒无害，在制造工艺过程中也无毒无污染的涂料。其与溶剂型涂料最大的区别就在于其使用水作为溶剂，大大减少了有机溶剂挥发气体的排放，而且水作为普遍的资源之一，大大简化了涂料稀释的工艺性。同时该种功能新材料非常便于运输和储藏，这些特点都是溶剂型涂料所无法比拟的。

中国是世界涂料市场增长较快的国家，但产品多以传统的溶剂型涂料为主，污染相对较严重。目前在工业和木器涂料中，水性涂料应用比例还较低。在欧美市场，由于制定了严格的环保标准，走出了一条粉末涂料加水性涂料的绿色之路，产品普遍应用在木器、塑料、钢铁涂层上，甚至连火车也刷涂水性涂料。在政府的推动和支持下，我国新型水性环保涂料有着非常广阔的发展前景。

小结

本章主要介绍了隔热保温材料和装饰材料两大类建筑功能材料。隔热保温材料部分主要介绍了目前广泛用于墙体保温的无机、有机材料的品种、特性和应用要点。装饰材料部分主要对常用的建筑陶瓷、建筑玻璃、建筑涂料进行了简要介绍，包括：建筑上常用的陶瓷品种的特性及用途；玻璃的基本知识，平板玻璃、安全玻璃及节能玻璃等各品种的特性及用途；建筑涂料的功能、组成和应用，以及新型建筑涂料的类型、性能特点及其应用。最后简述了新型建筑功能材料的发展。

自测题

思考题

1. 试分析隔热保温材料受潮后，其隔热保温性能明显下降的原因。

2. 结合具体案例说明外墙有机保温板的保温性能与防火性能必须统筹考虑的必要性。

3. 常用的陶瓷饰面材料有哪几种？各有何用途？

4. 釉面砖为何不宜用于室外？

5. 玻璃在建筑上的用途有哪些？有哪些性质？

6. 常用的安全玻璃有哪几种？各有何特点？用于何处？

7. 什么是吸热玻璃、热反射玻璃、中空玻璃？各自的特点及应用有哪些？

8. 不同种类的安全玻璃有何不同？

9. 建筑涂料对建筑物有哪些应用功能？

10. 有机建筑涂料主要有哪几种类型？各有什么特点？

11. 从溶剂型涂料和乳液型涂料的组成特点分析它们应用性能的不同和各自的特色。

测验评价

完成"建筑功能材料"测评

Reference | 参考文献

［1］湖南大学，天津大学，同济大学，等. 土木工程材料. 北京：中国建筑工业出版社，2002.

［2］刘祥顺. 建筑材料. 北京：中国建筑工业出版社，1997.

［3］周士琼. 建筑材料. 2 版. 北京：中国铁道出版社，1999.

［4］高琼英. 建筑材料. 3 版. 武汉：武汉理工大学出版社，2006.

［5］魏鸿汉. 建筑材料. 5 版. 北京：中国建筑工业出版社，2017.

［6］王忠德，张彩霞，方碧华，等. 实用建筑材料试验手册. 3 版. 北京：中国建筑工业出版社，2008.

［7］全国一级建造师执业资格考试用书编写委员会. 建筑工程管理与实务. 3 版. 北京：中国建筑工业出版社，2011.